电子技术基础实验

杨善晓　陈财明　陈月芬　周　强　编著

ZHEJIANG UNIVERSITY PRESS
浙江大学出版社
·杭州·

U0692523

图书在版编目（CIP）数据

电子技术基础实验 / 杨善晓等编著. —杭州：浙江大学
出版社，2009.6（2025.1重印）
高职高专应用电子专业工学结合规划教材
ISBN 978-7-308-06792-8

Ⅰ.电… Ⅱ.杨… Ⅲ.电子技术－实验－高等学校：技
术学校－教材 Ⅳ.TN－33

中国版本图书馆 CIP 数据核字（2009）第 079549 号

电子技术基础实验

杨善晓 　陈财明 　陈月芬 　周　强 　编著

责任编辑	杜希武	
封面设计	刘依群	
出版发行	浙江大学出版社	
	（杭州天目山路 148 号　邮政编码 310007）	
	（网址：http://www.zjupress.com）	
排　版	杭州好友排版工作室	
印　刷	广东虎彩云印刷有限公司绍兴分公司	
开　本	787mm×1092mm　1/16	
印　张	18	
字　数	438 千	
版 印 次	2009 年 6 月第 1 版　2025 年 1 月第 5 次印刷	
书　号	ISBN　978-7-308-06792-8	
定　价	30.00 元	

版权所有　侵权必究　印装差错　负责调换

浙江大学出版社发行中心联系方式：（0571）88925591；http://zjdxcbs.tmall.com

前　言

随着电子信息产业的飞速发展和我国高等教育大众化的深层次推进,如何培养电子电气类专业学生的工程实践能力的问题,已经越来越受到人们的重视。电子技术基础实验课程是高等工科院校本科电类专业的一门技术性很强的基础实践课,包含《电路原理》、《模拟电子技术》、《数字电子技术》等课程的实践教学。本书注重对学生基本实验技能的训练,主要任务是:通过实验操作使学生巩固并加深对理论知识的理解,培养学生分析、处理实际问题的能力和创新意识,增强工程实践能力与实际动手能力,提高学生的综合应用素质。

全书共分六章,第一章为电子技术实验的基础知识,主要介绍实验须知,基本测量技术、测量误差与实验数据。第二、三、四章是全书的核心内容,涵盖了电路基础、模拟电子技术、数字电子技术等课程所涉及的实验项目39个,每一个实验都给出了实验目的、预习要求、实验原理和实验方法,便于学生预习,既有验证性实验,又有设计性实验。第五章给出了4个详细的课程设计实例以及10个设计参考题目。第六章结合仿真实例介绍PSpice软件的主要功能及其使用方法。附录部分编入常用电子仪器的主要性能指标、使用方法及集成电路引脚排列,便于使用时查阅。

本书第一章由杨善晓编写,第二、三、五章由杨善晓、周强编写,第四、五、六章由陈财明编写,附录由杨善晓、陈财明、陈月芬编写,绘图、排版由陈月芬负责。全书由杨善晓负责统编定稿。

孙运旺副教授提出许多宝贵意见和建议,范灵芝老师参与前期实验指导书的编写,在此向他们表示衷心的感谢!由于作者水平有限,书中难免存在错误和不妥之处,恳请读者批评指正。

编　者

2009 年 4 月

目　录

电子技术实验基础知识

1.1 实验须知

实验室是培养学生理论联系实际,提高学生动手能力的场所,也是培养学生实事求是的科学作风、严肃的科学态度、严谨的科学思维习惯、进而增强创新意识的地方。因此必须自觉地保持实验室安静,整洁。不准喧闹、吐痰、抽烟、吃零食、扔纸屑等,保持良好的实验习惯。凡参加本课程实验的学生必须做到:

一、课前准备

为了避免盲目性,提高实验效率,实验者应对实验内容进行充分预习,做到以下三点:

1. 认真阅读实验指导书,明确本次实验要求及实验内容。

2. 实验预习内容一般包括:①本次实验的简要原理及注意事项;②设计原始数据记录表格;③认真准备实验课所要讨论的问题。

3. 根据实验内容,写出相应的预习报告。

二、课内实验

1. 自觉遵守实验室的各项规章制度,确保实验室有良好的实验环境。实验课不得无故迟到、旷课及早退。没有预习报告或无故迟到十五分钟以上者均不得参加本次实验。1/3实验未参加者或实验不合格者不得参加理论课考试。

2. 未经指导教师同意不得乱拿他组仪器、设备。

3. 实验时要严肃、认真、仔细观察实验现象、做好记录,实验数据经指导教师审阅签字有效。

4. 实验时,先开总电源开关,后开仪器电源开关。实验完成后,先关仪器电源开关,后关电源总开关。示波器、毫伏表、信号发生器上的电源线及探头线均无须拔下。

5. 实验时按指定位置就座。

三、注意事项

1. 实验时必须认真、仔细、遵守实验操作规程,认真检查接线是否正确,加电之前必须确认电源电压符合所需的数值,极性连接无误后,方可通电以免出现由于接线错误而造成的不必要的损失。

2. 实验中若发现有不正常情况,如打火、冒烟等或其他事故时,应立即切断电源,保持现场,立即向指导教师或实验室技术人员报告。

3. 实验中若由于粗心大意或违反实验操作规程损坏仪器、设备,必须及时报告,认真检查原因,从中吸取教训。要填写仪器损坏单,经指导教师签字后,并按规定的赔偿办法处理。

4. 要养成只有在测试或测量操作时才打开电源,其他情况下及时关掉电源的好习惯。因为电路瞬间短路或带电插接集成块等都可能损坏器件,因此在改变电路时,或验算实验结果是否正确等不进行测量时候,要及时关掉电源。

5. 实验结束后要填写仪器使用登记表,整理好仪器,关掉电源,方可离去。

四、实验报告

撰写实验报告是对实验进行总结和提高的过程。通过这个过程可以加深对实验现象和内容的理解,更好地将理论和实际结合起来,这个过程也是提高写作能力的重要环节。

1. 实验报告中应写明班级、组别、姓名、学号、日期。

2. 实验报告是一份工作报告。实验报告的质量是衡量实验者的技术水平。一般实验报告应包括下面的几个部分:

(1)实验名称。

(2)实验目的和要求。

(3)实验中所使用的仪器名称、型号、编号及主要元器件。

(4)实验电路及工作原理。

(5)实验内容、方法及步骤。实验原始数据及实验过程的详细记录;整理并处理测试数据,列出表格或用坐标纸画出曲线。

(6)实验结果和分析。对测试结果进行理论分析,做出简明扼要的结论。分析产生误差的原因。

(7)实验小结。总结实验过程的完成情况,对实验方案和实验结果进行讨论;记录产生故障的情况,说明排除故障的过程和方法,对实验中碰到的问题进行分析,简述实验的收获、体会及对实验改进的建议。

3. 实验数据必须实事求是、不得弄虚作假,必须随报告上交且有指导教师签字的原始数据记录,否则作未做实验处理。

4. 实验报告应结论正确、分析合理、讨论深入、字迹工整、文句简洁、条理清楚、图表清晰。

5. 实验报告必须认真书写,杜绝抄袭,一旦发现类同,则所有这些类同报告全按零分处理。

1.2　基本测量技术

一、仪器仪表的正确选择及使用注意事项

每一台电子仪器都有一定的技术指标,只有在技术指标允许的范围内工作,测试结果才准确、有效。例如示波器 YB4320,Y 轴输入带宽 DC～20MHz,用它可以测量直流信号,也可测量交流电压,但被测信号的频率高于 20MHz 时,就不应使用此仪器。有时许多仪器可以测量同一个参数,但它们所得的结果是不同的,例如测直流电压,用数字万用表测量出的结果,其精度将远高于从示波器荧光屏上所得到的读数,若测量非正弦信号电压的幅度,用 YB2173 毫伏表测量,由于波形误差,将引起很大的测量误差,而用示波器测量,误差就小得多。因此正确选用测量仪器,对测量结果有决定性的影响。

1. 正确选择测量仪器的功能和量程

当仪器接入被测电路之前,必须首先正确调整仪器面板上有关的开关、旋钮,选择合适的功能和量程,以得到最精确的测量。如用 UT56 型数字万用表测量＋18V 左右的直流电压,就应选 20V 档的量程(五位有效数字),如置于 200V 档则过高,读数不精确(因为只能读出四位有效数字)。如置于 2V 档不仅无法测量需要的数据,还会因严重过载而损坏仪器。若功能选择错误,误将开关放在电流档去测电源电压,则会造成仪器的严重损坏。因此,正确选择仪器的功能和量程十分重要。

2. 正确选择测量方法

不同的测量方法,往往得到不同的测量精度。例如,测量低频放大器的放大倍数时,必须测出放大器的输入电压和输出电压。若输入为 1kHz 的信号电压,输出电压可用 YB4320 双踪示波器测量,也可用 YB2173 毫伏表测量。但两种方法的测量结果却有较大差距,其原因是示波器的读数误差太大,因此一般应采用 YB2173 毫伏表进行测量。

3. 严格遵守仪器使用的操作程序

对电子电路进行测试时,如违反仪器使用的操作顺序,不仅得不到正确的测量结果,还可能使被测电路的元件和测量仪器损坏。例如:使用直流稳压电源时,必须先调整好所需电压值,然后再接入被测电路;如果改变被测电路形式或结构,必须先关闭直流稳压电源;当发生异常现象或故障时,也必须首先关闭直流稳压电源,否则就有可能发生元件和仪器损坏的事故。

4. 使用仪器应注意"共地"问题

在电子技术实验中,应特别注意各电子仪器的"共地"问题,即各台仪器以及被测网络的地端都应按照信号输入、输出的顺序可靠地连在一起。一般的电工测量,测量交流电压时,电压表的两端是"对称"的,可以任意互换测量电极而不会影响读数。但在电子技术实验中,由于工作频率较高,线路阻抗较大和功率较低,为避免外界干扰,大多数仪器采用单端输入、单端输出的形式,即仪器的两个测量端点是不对称的,总有一个端点与仪器外壳相连,并与电缆引线的外屏蔽线连在一起,这个端点通常用符号"⊥"来表示。所有仪器的"⊥"点都必须连在一起,即"共地"。否则可能引入外界干扰,导致测量误差增大,特别是由多台仪器组

成的测试系统,当所有仪器的外壳都必须连在一起,若没有"共地",轻则信号短路,重则会烧坏被测电路的元器件,由此可见实验中仪器共地是十分重要的。

5. 正确使用仪器的开关和旋钮

装在电子仪器面板上的旋钮、开关等用于控制电子仪器的工作状态,正确使用开关、旋钮是保证仪器的正常工作和测试结果准确性的关键。因此使用每一台仪器都必须了解其开关、旋钮的作用及正确使用方法,要注意旋钮方向和位置。旋动旋钮时不要用力过猛,以免损坏。如发现开关、旋钮松动,必须修理后才能继续使用。

二、电子技术实验中的常用测量方法

1. 电子测量的基本概念

测量是为确定被测对象的量值而进行的实验过程。电子测量是指以电子技术理论为依据,以电子测量仪器为手段,以电量或非电量(可能转化为电量)为对象的一种测量技术。

一个物理量的测量,可以通过不同的方法实现。测量方法的选择正确与否,直接关系到测量结果的可信赖程度,也关系到测量工作的经济性和可行性,不当和错误的测量方法,除了得不到正确的测量结果外,甚至会损坏测量仪器和被测量设备。有了先进精密的测量仪器设备,并不等于就一定能获得准确的测量结果。必须根据不同的测量对象、测量要求和测量条件,选择正确的测量方法。合适的测量仪器,构成实验的测量系统,进行细心的操作,才能得到理想的测量结果。

测量方法分为下列几种:

(1)按测量方法分类

① 直接测量法

直接测量是一种对被测对象进行测量并获得其数据的方法。如用电压表测量放大电路的直流工作电压,欧姆表测量电阻等。

② 间接测量法

间接测量是指利用测量的量与被测量之间的函数关系(公式、曲线、表格等),间接得到被测量量值的测量方法。如测量电阻的功率 $P=UI=U^2/R$,可以通过测量电阻两端的电压和该电阻值,计算其电阻的功率。又如测量放大电路的电压放大倍数 $A_u=U_o/U_i$,分别测量输出电压和输入电压,计算其电压放大倍数。

③ 组合测量法

组合测量法是一种将直接测量法和间接测量法联合使用的测量方法。

(2)按被测量性质分类

① 时域测量法

时域测量也称瞬态测量,主要测量被测量随时间变化的规律,被测量是时间的函数。如电压信号,可以用示波器观察其波形、测量瞬态量、测量其幅值;可用毫伏表测量其稳态量、测量其有效值。

② 频域测量法

频域测量也称作稳态测量,主要测量被测量的幅频特性和相频特性,被测量是频率的函数。如用频率特性测试仪测量放大电路的幅频特性、相频特性。

③ 数据域测量法

数据域测量也称作逻辑量测量,是指用逻辑分析仪等设备测量数字量或电路的逻辑状态。

④ 随机测量法

随机测量又称作统计测量,主要对各类噪声信号进行动态测量和统计分析。

2. 电压测量

电压是一个基本物理量,是电路中表征电信号能量的三个基本参数(电压、电流、功率)之一。许多参数,如增益、频率特性、电流、功率等都要通过测量电路的电压而获得。在电子电路中,电路的工作状态,如放大、饱和、截止、谐振以及电路的动态范围等,都需要通过测量电路的电压后进行判断。最重要的是,电压测量直接、方便,将电压表并接在被测电路上,只要电压表输入阻抗足够大,就可以在对原电路工作状态没有影响的前提下获得满意的测量结果。而电流测量是将电流表串接在电路中进行测量,这样测量既不方便,又不准确。所以电压测量是电子测量的基础,在电子电路的测量和调试中,电压测量是不可缺少的基本测量。

在电压测量中,要根据被测电压的性质(直流或交流)、工作频率、波形、被测电路阻抗、测量精度等来选择测量仪器(如仪器的测量对象、功能、量程、阻抗、频率、准确等级)。

交、直流电压的测量方法有直接测量法和间接测量法。

直接测量法

用万用表可直接测量直流电压。测量时尽可能使电压表的量程与被测的电压接近,以提高数据的有效位数。用万用表也可直接测量 50Hz 交流电压。

用毫伏表可直接测量正弦波信号电压的有效值,测量时应尽量选择适合的量程使被测电压的指示值超过满刻度的 2/3,以便减小测量误差。

比较测量法

比较测量法是用已知电压值(一般为峰—峰值)的信号波形与被测信号电压波形比较,并计算出电压值。

(1)示波器测直流电压

将示波器"AC-GND-DC"开关置"GND",并将时基线与荧光屏幕的某水平刻度重合作为参考零电压基准,然后将开关置于"DC"。这时,时基线上移或下移,根据偏离值即可算出直流电压值,即:

$$直流电压值 = 偏离值(div) \times V/div$$

式中,V/div 为示波器面板上通道灵敏度值。时基线上移测出电压值为正,下移为负电压。

(2)示波器测交流电压

将示波器幅度微调旋钮置于校准位置(或顺时针旋到底),荧光屏上出现如图 1-2-1 所示波形,若"V/div"(伏/格)调在 2V/格,则被测量电压值为:

$$U_P = 2V/div \times 2.0div = 4.0V$$
$$U_{P-P} = 2V/div \times 4.0div = 8.0V$$

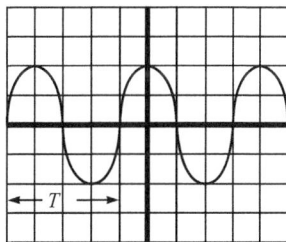

图 1-2-1　交流电压测试图

信号有效值为　$U = \dfrac{U_P}{\sqrt{2}} = \dfrac{U_{P-P}}{2\sqrt{2}}$

3. 阻抗测量

阻抗是描述电路系统的传输及变换的一个重要参数。测量条件不一样,阻抗测量值也不一样。

下面主要介绍模拟线性有源二端口网络(如放大电路)在低频条件下输入和输出电阻的测量方法。

输入电阻的测量

有源二端口网络的输入电阻 r_i 定义为输入电压 U_i 与输入电流 I_i 之比,即 $r_i = U_i / I_i$。常用的测量方法有下面几种。

(1) 替代法

测量电路如图 1-2-2 所示。开关置于"1"位置时,用毫伏表测量电压 U_i,将 S 置于"2",仅调节 R_P,使 U_i 保持不变,则 R_P 的阻值即为输入阻抗 r_i 的值。

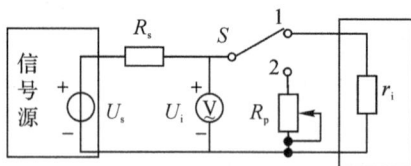

图 1-2-2　替代法求输入电阻的电路图

(2) 换算法

① 输入换算法。当输入电阻为低阻时,换算法测输入阻抗的测量电路如图 1-2-3 所示。用毫伏表分别测出 R 两端对地的电位 U_s 和 U_i,则

$$r_i = \frac{U_i}{I_i} = \frac{U_i}{U_R/R} = \frac{U_i}{U_s - U_i} R$$

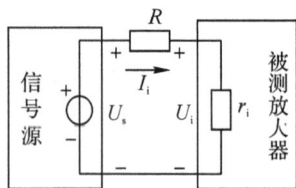

图 1-2-3　输入换算法求输入电阻

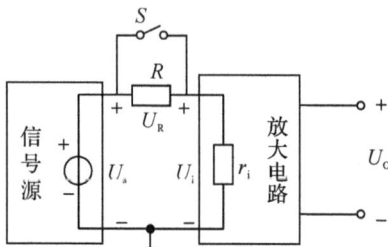

图 1-2-4　输出换算法求输入电阻

② 输出换算法。当被测电路输入阻抗较高时(场效应管放大电路),由于毫伏表的内阻与放大电路的输入电阻 r_i 数量级相当,所以不能采用输入换算法。输出换算法测量 r_i 电路如图 1-2-4 所示。在输入端串接一个已知的与 r_i 数量级相当的 R,由于 R 的接入,在放大器输出端会引起输出电压的变化,用毫伏表分别测出开关 S 合上与断开的输出电压,则可计算出其输出电阻 r_i。

开关 S 闭合时,$U_i = U_s$,$U_{o1} = A_u U_s$,$A_u = \dfrac{U_{o1}}{U_s}$

开关 S 断开时，$U_{o2}=A_uU_i=A_u\dfrac{r_i}{R+r_i}U_s=\dfrac{r_i}{R+r_i}U_{o1}$

所以 $\qquad r_i=\dfrac{U_{o2}}{U_{o1}-U_{o2}}R$

测量 r_i 时应注意以下三点：

① 由于 R 两端未接地，而测量是测量对地的交流电压，所以测量 R 两端的电压 U_R 时，必须分别测量 R 两端电压 U_s 和 U_i，$U_R=U_s-U_i$。R 的数值选择不宜过大，否则容易引起干扰，但也不宜过小，否则误差大，最好选择 R 与 r_i 接近。

② 测量之前，毫伏表必须校零，U_s 与 U_i 应用同一量程测量。

③ 输出端应接负载 R_L，并用示波器监视输出波形，应在波形不失真的情况下进行测量。

输出电阻的测量

测量输出电阻 r_o 的电路如图 1-2-5（换算法）、图 1-2-6（半电压法）所示，在放大器输入端加入一个不变的信号电压，分别测量负载电阻 R_L 断开时输出电压 U_o 和 R_L 接上时的输出电压 U_L，则

① 换算法

$$U_L=\frac{U_oR_L}{R_L+r_o}$$

$$r_o=(\frac{U_o}{U_L}-1)R_L$$

② 半电压法

调节 R_L 使 $U_L=\dfrac{U_o}{2}$，则 $r_o=R_L$

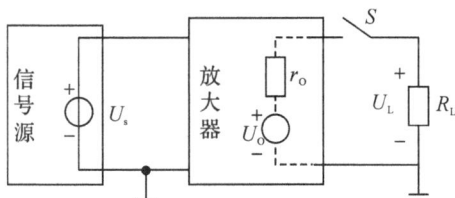

图 1-2-5　换算法测试输出电阻

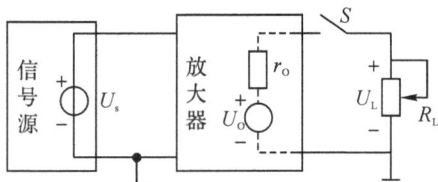

图 1-2-6　半电压法测试输出电阻

4. 幅频特性的测量

幅频特性的测量方法可采用逐点法和扫频法两种。

（1）逐点法

逐点法测量电路的幅频特性的原理框图如图 1-2-7 所示。在保持输入信号电压值不变的条件下，仅改变输入信号的频率，并用示波器检测放大器的输出电压，在输出波形不失真的条件下用低频毫伏表测量各频率信号的输出电压值，将所测各频率信号的输出电压值（或计算其电压增益）对应各频率连成曲线，即为电路的幅频特性。曲线上相对中频段（中频区输出电压 U_{om}）下降 3dB（$0.707U_{om}$）所对应的频率分别为上限频率 f_H 和下限频率 f_L，频带宽度为 $f_{BW}=f_H-f_L$。

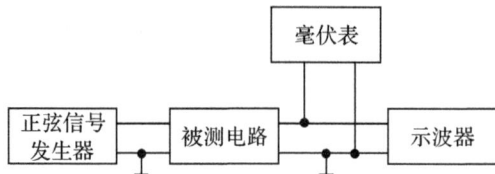

图 1-2-7　用逐点法测试幅频特性的框图

（2）扫频法

扫频法测试电路的幅频特性的原理框图如图 1-2-8 所示。频率特性测试仪（简称扫频仪）为测试电路输入端输入一个幅度恒定、频率连续变化的扫频信号，并将网络输出端口电压检波后送至示波器 Y 轴，将电路的幅频特性显示在荧光屏上。

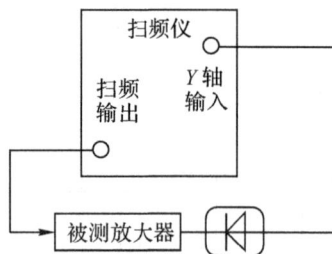

图 1-2-8　扫频法测试频率特性

5. 时间、频率和相位的测量

（1）时间的测量

时间是描述周期性现象的重要参数，时间包括时刻和时段（时间间隔）双重含义。时间的测试可用具有时间测试功能的数字频率计或示波器，示波器所进行的时间测量是时间间隔。下面介绍示波器测时间间隔。

① 时间间隔（周期）的测量

将示波器水平扫速开关（扫描速度）"t/div"的微调旋钮置于校准位置（顺时针旋到底）。Y 轴输入示波器自带的 1kHz、0.5V 的方波标准信号，检查示波器扫描速度"t/div"开关标称值是否正确。

将被测信号从示波器 Y 轴输入，调整 Y 轴灵敏度"V/div"及水平扫速开关"t/div"使波形稳定，使波形幅度和显示的周期数易于测试和读数。在稳定的波形上选取可以代表周期的两点，如图 1-2-1 所示，读取 X 轴方向两点之间的格数，则周期（时间间隔）为

$$T = N\text{div} \times t/\text{div}$$

式中，N div 为 N 格。若 t/div 调至 2ms/div，则：$T = 4.0\text{div} \times 2\text{ms/div} = 8.0\text{ms}$

由于示波器分辨率较低，测量误差较大，为提高测量准确度，可采用"多周期法"，即读出多个周期的时间间隔，然后再除以周期数即可。

② 脉冲前后沿的时间测量

示波器 Y 轴放大器内装有延迟网络，采用内触发方式能方便地测出脉冲波形的前沿（t_r）和后沿（t_f）时间。

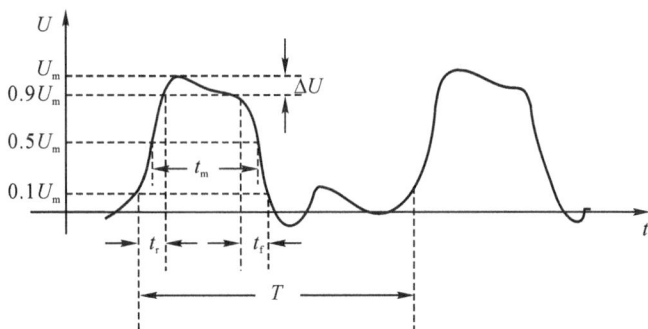

图 1-2-9　脉冲波形

如图 1-2-9 所示，以最大幅度（U_m）的 10% 至 90% 的点为测量点（$0.1U_\text{m} \sim 0.9U_\text{m}$），由相应 X 轴方向的距离和此时扫速开关"t/div"的档级（微调置于"校准位置"）即可迅速地计算出脉冲波形的前沿时间（t_r）和后沿时间（t_f）。

③ 脉冲宽度的测量

如图 1-2-9 所示，脉冲前沿和后沿 $0.5U_\text{m}$ 处所对应的 X 轴方向的距离 D/div，即可计算出被测脉冲波形的宽度 t_m。

$$t_\text{m} = t/\text{div} \times D(\text{div})$$

（2）频率的测量

频率是指电信号在 1 秒内重复变化的次数。可选用示波器和数字频率计测信号的频率，分别称为示波法和计数法。

① 示波法

用示波器测频率与用示波器测周期在原理上是相同的，因为两者是倒数关系。

$$f = \frac{1}{T}$$

② 计数法

采用数字频率计测量频率，既方便又准确，是目前广泛采用的一种方法。开始测量时，先将计数器置零（手动或自动），设在 t_m 时间内，通过主门的脉冲个数为 N，则被测信号频率为：

$$f = N/t_\text{m}$$

③ 李沙育图形法

几乎任何一种示波器都可以使用李沙育图形测量频率。断开示波器的内部扫描，即按

下 $\boxed{X-Y}$ 按钮,并在垂直系统(Y通道)和水平系统(X通道)分别加上简谐信号,则荧光屏上显示出两个互相垂直的振荡波形的合成图形。这种图形取决于两个信号的频率比和初相,这就是李沙育图形。屏幕上光点轨迹的运动规律反映了偏转系统中所加信号的变化规律,即简谐信号在一个周期内两次经过同一电平。如果信号加到垂直系统,则光点轨迹与水平线两次相遇,有两个交点。同样,信号加到水平系统,光点轨迹向左右各移动一次,其轨迹和垂直线两次相遇,也有两个交点。因此,便可以由荧光屏上的李沙育图形分别与水平线和垂直线交点的数目来决定两个简谐信号的频率比,即

$$\frac{f_y}{f_x} = \frac{N_x}{N_y}$$

当两个简谐信号的频率成简单整数比时,荧光屏上得到一个清楚稳定的图形。很容易求得 N_x,N_y,所以知道了 f_x、f_y 中的一个,便可以求出另一个,如图1-2-10所示。

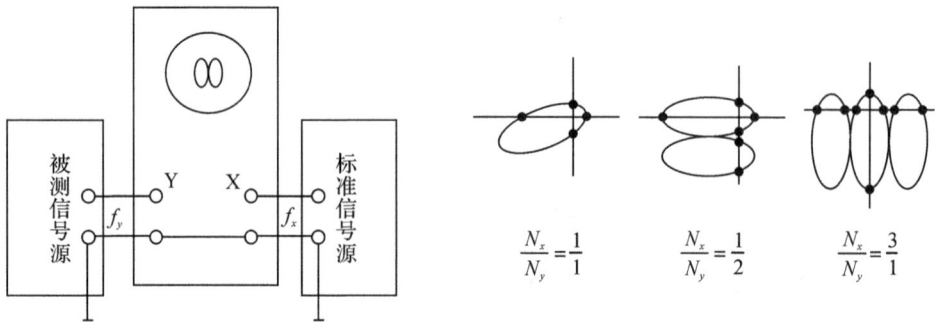

图 1-2-10

用李沙育图形法测量频率的绝对误差主要由标准频率的误差决定,即

$$\Delta f_y = \frac{N_x}{N_y} \Delta f_x$$

如果图形不稳定,则将引入附加误差。注意,使用这种测量方法的时候,随着两频率比值增加,李沙育图形变密,确定图形与垂直水平线交点数将变得很困难。应尽可能用1:1的椭圆图形进行测量。如果做不到这一点,应使用最少的环数。利用这种测量频率的方法,要求被测频率和标准频率都十分稳定。一般适用于音频至几兆赫兹范围的频率测量。

(3) 相位的测量

相位通常是指两个同频信号之间的相位差。测试相位的方法有多种,其中用数字相位差计测量既直观又准确,我们采用双踪示波器测量两个同频率信号的相位称为双踪法。

利用双踪示波器的双踪显示特点,在屏幕上直接显示两个同频率不同相信号波形,并加以比较,即可求得相位差。测试电路原理框图如图1-2-11所示。根据一个周期在坐标刻度水平方向所占格数N和两个波形在X轴方向的距离D(div),由下式可求出两个同频信号的相位差 θ

$$\theta = D(\text{div}) \times 360 / N(\text{div})$$

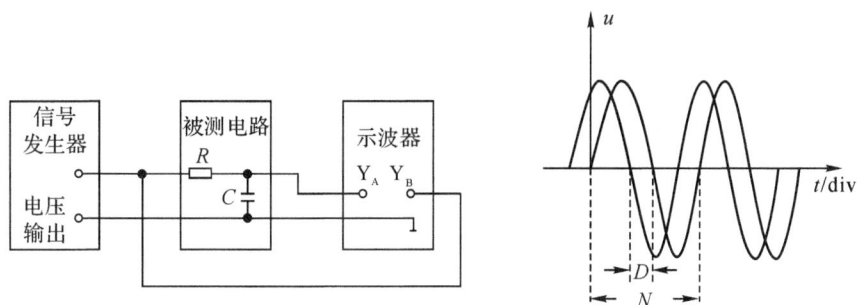

图 1-2-11 测试相位差电路(a)及波形(b)

1.3 测量误差与测量数据处理

一、测量误差产生的原因及其表示方法

在科学实验的过程中,往往要借助仪器仪表测量出电子电路的有关参数指标来验证理论设计的正确性以及发现电路中的问题。为了准确地测量某个参数的大小,首先要选用合适的仪器设备、先进的实验方法,其次要分析误差产生的原因,准确地处理数据。

1. 误差产生的原因

产生误差的原因很多,人们对客观规律认识的局限性、测量工具不准确、测量方法不严密甚至测量工作的疏忽或错误等都会造成误差。综合起来,测量误差主要来源于以下几种因素。

(1)仪器误差

仪器误差又称基本误差或工具误差,是由于仪器本身不完善所产生的误差。

(2)使用误差

使用误差又称操作误差,是由于测量设备和电路的安装、布置、调整不当而产生的误差。

(3)人身误差

人身误差又称个人误差,是指由于个人的感觉和运动器官不完善所造成的误差。

(4)外界误差

外界误差又称环境误差,是指在测量中由于仪器受到外界环境(温度、湿度、电磁场、机械振动、大气压等)的影响而产生的误差。

(5)方法误差

方法误差又称理论误差,是指由于测量方法不完善、理论依据不严密等原因而产生的误差。

2. 误差的分类

误差按性质和特点又可分为系统误差、随机误差和疏失误差三大类。

(1) 系统误差

系统误差是指在相同条件下多次测量同一量时,误差的大小和符号保持不变,或遵循一定的规律变化的误差。系统误差产生的原因很多,如测量仪器不准、测量仪表使用不当、测量方法不完善等。系统误差的出现一般可通过实验或分析方法,查明其变化规律及产生的原因,因此这种误差是可以预测的,也是可以减小或消除的。

(2) 随机误差

随机误差又称偶然误差,是在相同条件下多次测量同一量时,误差的大小和符号均发生变化且无确定的变化规律。随机误差不能用实验方法消除,但是在多次重复测量时,其总体服从统计规律。通过多次重复测量,取其算术平均值,可以消除随机误差。

(3) 疏失误差

疏失误差又称差错误差,是由于测量过程中操作错误或疏忽而产生的,常常表现为巨大的误差。含有差错的测量结果是完全错误,应弃而不用。

3. 误差的表示方法

误差的大小通常可以用绝对误差和相对误差来表示。

(1) 绝对误差

绝对误差的表示式为

$$\Delta X = X - X_0$$

式中,ΔX 为绝对误差;X 为测量出的结果;X_0 为被测量的真值。

绝对误差直接反映了测量值和真值之间的偏差。虽然被测量的真值客观存在的,但一般无法测得,只能尽量逼近它。所以通常采用高一级标准仪表测量的示值 X_0' 代替真值 X_0,即

$$\Delta X = X - X_0'$$

(2) 相对误差

绝对误差值的大小不能确切地反映被测量的准确程度。如:测量两个电压,两个测量值分别为 10V 和 1V,而测量的绝对误差都是 0.01V,则后者的精确度要低于前者。因此,工程上常采用相对误差来比较测量结果的准确程度。

相对误差又可分为实际相对误差、示值相对误差和引用(满度)相对误差三种情况。

实际相对误差的表示式为

$$\delta_{x_0} = \frac{\Delta X}{X_0} \times 100\%$$

式中,ΔX 为绝对误差;X_0 为被测量的真值。

示值相对误差的表示式为

$$\delta_x = \frac{\Delta X}{X} \times 100\%$$

式中,ΔX 为绝对误差;X 为测量值。

引用(满度)相对误差的表示式为

$$\delta_m = \frac{\Delta X}{X_m} \times 100\%$$

式中,ΔX 为绝对误差;X_m 为仪器的满刻度值。

在电工测量中,仪表的准确等级就是由引用相对误差决定的。我国电工仪表按引用相对误差共分为七级:0.1、0.2、0.5、1.0、1.5、2.5、5.0。如 0.5 级电表,则 $\delta_m \leqslant \pm 0.5\%$。如

果某仪表的等级是 S 级,它的满刻度值为 X_m,则其测量的绝对误差值要求为

$$\Delta X \leqslant X_m S\%$$

二、测量数据的处理

测量结果通常用数字或图形表示,下面分别进行讨论。

1. 测量结果的数据处理

(1)有效数字

由于存在误差,所以测量数据总是近似值,它通常由可靠数字和欠准数字两部分组成。例如,由电流表测得电流为 15.6mA,这是个近似数,15 是可靠数字,而末位 6 为欠准数字,即 15.6 为三位有效数字。对有效数字的正确表示,应注意以下几点。

① 有效数字是指从左边第一个非零的数字开始,直到右边最后一个数字为止的所有数字。例如,测得的频率为 0.136MHz,它是由 1、3、6 三个有效数字组成的频率值,而左边的 0 不是有效数字,因而它可以通过单位变换写成 13.6kHz,这时有效数字仍为 3 位,6 是欠准数字未变。但不能将 0.136MHz 写成 13600Hz,因为后者的有效数字变为 5 位,最右边的"0"为欠准数字,两者意义完全不同。

② 如已知误差,则有效数字的位数应与误差相一致。例如,设仪表误差为 ± 0.01V,测得电压为 12.362V,其结果应写作 12.36V。

③ 当给出误差有单位时,测量数据的写法应与其一致。

(2)数据舍入规则

为使正、负舍入误差出现的机会大致相等,传统的方法是采用四舍五入的方法,现已广泛采用"小于 5 舍,大于 5 入,等于 5 时取偶数"的舍入规则。即

① 若保留 n 位有效数字,当后面的数值小于第 n 位的 0.5 单位就舍去。

② 若保留 n 位有效数字,当后面的数值大于第 n 位的 0.5 单位就在第 n 位数字上加 1。

③ 若保留 n 位有效数字,当后面的数值恰为第 n 位的 0.5 单位,则当第 n 位数字位偶数(0,2,4,6,8)时应舍去后面的数字(即末位不变),当第 n 位数字位奇数(1,3,5,7,9)时,第 n 位数字应加 1(即将末位凑成为偶数)。这样,由于舍入概率相同,当舍入次数足够多时,舍入的误差就会抵消。同时,这种舍入规则,使有效数字的尾数为偶数的机会增多,能被除尽的机会比奇数多,有利于准确计算。

(3)有效数字的运算规则

当测量结果需要进行中间运算时,有效数字的取舍,原则上取决于参与运算的各数中精度最差的那一项。一般应遵循以下规则:

① 当几个近似值进行加、减运算时,在各数中(采用同一计量单位),以小数点后位数最少的那一个数(如无小数点,则为有效位数最少者)为准,其余各数均舍入至比该数多一位,而计算结果所保留的小数点后的位数,应与各数中小数点后位数最少者的位数相同。

② 进行乘除运算时,在各数中,以有效数字位数最少的那一个数为准,其余各数及积(或商)均舍入至比该因子多一位,而与小数点位置无关。

③ 将数平方或开方后,结果可比原数多保留一位。

④ 用对数进行运算时,n 位有效数字的数应该用 n 位对数表。

⑤ 若计算式中出现如 e、π、$\sqrt{3}$ 等常数时,可根据具体情况来决定它们应取的位数。

2. 曲线的处理

在分析两个(或多个)物理量之间的关系时,用曲线表示比用数字、公式表示常常更形象和直观。因此,测量结果常要用曲线来表示。

在实际测量过程中,由于各种误差的影响,测量数据将出现离散现象,如将测量点直接连接起来,将不是一条光滑的曲线,而是呈波动的折线状,如图 1-3-1 所示。但如果运用有关的误差理论,可以把各种随机因素引起的曲线波动抹平,使其成为一条光滑均匀的曲线。这个过程称为曲线的修正。

在要求不太高的测量中,常采用一种简便、可行的工程方法——分组平均法来修正曲线,这种方法是将各数据点分成若干组,每组含 2~4 个数据点,然后分别取各组的几何重心,再将这些重心连接起来。图 1-3-2 就是每组取 2~4 个数据点进行平均后的修正曲线。这条曲线由于进行了数据平均,在一定程度上减少了偶然误差的影响,使之较为符合实际情况。

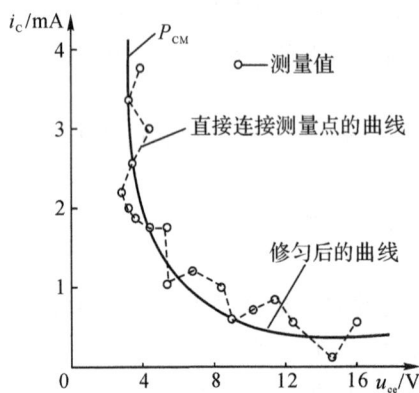

图 1-3-1　直接连接测量点时曲线的波形情况　　图 1-3-2　分组平均法修匀的曲线

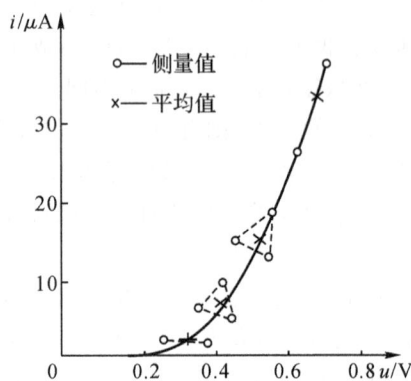

3. 对电子技术实验误差分析与数据处理应注意几点

(1)实验前应尽量做到"心中有数",以便及时分析测量结果的可靠性。

(2)在时间允许时,每个参量应该多测几次,以便搞清实验过程中引入系统误差的因素,尽可能提高测量的准确度。

(3)应注意测量仪器、元器件的误差范围对测量的影响,通常所读得的示值与测量值之间应该有

$$测量值＝示值＋误差$$

的关系,因此测量前对测量仪器的误差及检定、校准和维护情况应有了解,在记录测量值时要注明有关误差,或决定测量值的有效位数。

(4)正确估计方法误差的影响

电子技术中采用的理论公式常常是近似公式,这将带来方法误差;其次计算公式中元件的参量一般都用标称值(而不是真值),这将带来随机性的系统误差,因此应考虑理论计算值的误差范围。

(5)应注意剔除粗差

如测量仪器没有校准,没有调零,对弱信号引线过长,或没有屏蔽等都会带来测量误差,

又如做放大器实验时,放大器的输入信号 u_i 通常是由信号发生器供给的,如果把在信号发生器输出端开路时测出的信号作为放大器的输入信号计值,则由于信号发生器有内阻,同时放大器的输入电阻又不为∞,故两者连接后,信号发生器实际供给放大器的输入信号将小于上述测出的 u_i 值,这样在测试放大器的 A_u、r_i 等动态指标时将造成误差。

第二章

电路基础实验

实验一　电路元件伏安特性的测绘

一、实验目的

1. 学会识别常用电路元件的方法。
2. 掌握线性电阻、非线性电阻元件伏安特性的测绘。
3. 掌握电工平台常用仪器仪表的使用方法。

二、实验器材

1. 可调直流稳压电源
2. 直流电流表
3. 直流电压表

三、预习要求

1. 用电压表测直流电压,电流表测直流电流的方法和注意事项。
2. 常用电子元件的伏安特性以及各项性能指标。

四、实验原理

任何一个二端元件的特性可用该元件上的端电压 U 与通过该元件的电流 I 之间的函数关系 $I = f(U)$ 来表示,即用 I-U 平面上的一条曲线来表征,这条曲线称为该元件的伏安特性曲线。

常用电子元件的伏安特性:

(1) 线性电阻器的伏安特性曲线是一条通过坐标原点的直线,如图 2-1-1 中直线 a 所示,该直线的斜率等于该电阻器的电阻值。

(2) 一般的白炽灯在工作时灯丝处于高温状态,其灯丝电阻随着温度的升高而增大,通过白炽灯的电流越大,其温度越高,阻值也越大,一般灯泡的"冷电阻"与"热电阻"的阻值可相差几倍至十几倍,其伏安特性如图 2-1-1 中 b 曲线所示。

(3) 一般的半导体二极管是一个非线性电阻元件,其伏安特性如图 2-1-1 中 c 曲线所示。正向压降很小(一般的锗管约为 $0.2 \sim 0.3\text{V}$,硅管约为 $0.5 \sim 0.7\text{V}$),正向电流随正向压降的升高而骤然上升,而反向电压从零一直增加到十多至几十伏时,其反向电流增加很小,粗略地可视为零。可见,二极管具有单向导电性,但反向电压加得过高,超过管子的极限值,则会导致管子击穿损坏。

*(4) 稳压二极管是一种特殊的半导体二极管,其正向特性与普通二极管类似,但其反向特性较特别,如图 2-1-1 中 d 曲线所示。在反向电压开始增加时,其反向电流几乎为零,但当电压增加到某一数值时(称为管子的稳压值,有各种不同稳压值的稳压管)电流将突然增加,以后它的端电压将基本维持恒定,当外加的反向电压继续升高时其端电压仅有少量增加。

注意:流过二极管或稳压二极管的电流不能超过管子的极限值,否则管子会被烧坏。

图 2-1-1 常见电路元件伏安特性图

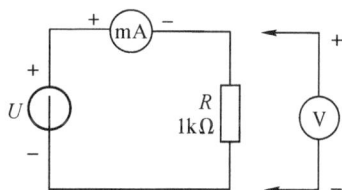

五、内容与步骤

1. 测定线性电阻器的伏安特性

(1) 把稳压电源的输出电压调到最小(0V),如调不到 0V,则取最小值。

(2) 按图 2-1-2 接线。

(3) 缓慢调节稳压电源的输出电压 U,从 0V(或最小值)开始缓慢增加,按照表 2-1-1 的 U_R 的参考值,一直测到 6V。把相应的电压表和电流表的读数 U_R、I_R 记入表2-1-1中。

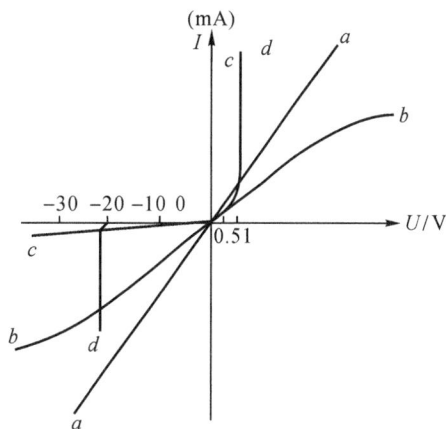

图 2-1-2 电阻伏安特性测试图

表 2-1-1 电阻伏安特性测试数据

U_R 参考值/V	0	1	2	3	4	5	6
U_R 实测值/V							
I_R 实测值/mA							

2. 测定非线性白炽灯泡的伏安特性

(1)把稳压电源的输出电压调到最小(0V),如调不到 0V,则取最小值;

(2)将图 2-1-2 中的 R 换成一只 6.3V,0.1A 的灯泡;

(3)根据表 2-1-2 U_L 的参考值,按照步骤 1 的方法测量灯泡的伏安特性,数据记入表2-1-2。

表 2-1-2　　灯泡伏安特性测试数据

U_L 参考值/V	0.1	0.5	1	2	3	4	5
U_L 实测值/V							
I_L 实测值/mA							

3. 测定半导体二极管的伏安特性

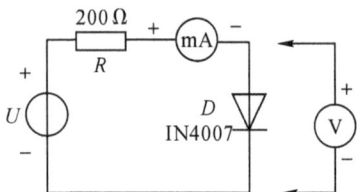

图 2-1-3　二极管的正向特性测试电路图　　　图 2-1-4　二极管的反向特性测试电路图

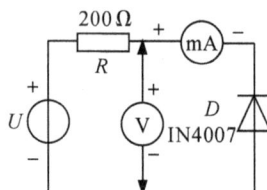

（1）正向特性

① 把稳压电源的输出电压调到最小(0V)，如调不到 0V，则取最小值；

② 按图 2-1-3 接线，200Ω 电阻 R 为限流电阻器，

③ 根据表 2-1-3 U_{D+} 的参考值，按照步骤 1 的方法测量二极管的正向特性，数据记入表 2-1-3。

注意：测量过程一旦电流表显示的电流值超过 30mA，则停止测量。

表 2-1-3　　二极管正向伏安特性测试数据

U_{D+} 参考值/V	0.10	0.30	0.50	0.55	0.60	0.65	0.70	
U_{D+} 实测值/V								
I_{D+} /mA								30

（2）反向特性

① 把稳压电源的输出电压调到最小(0V)，如调不到 0V，则取最小值；

② 按图 2-1-4 连线，图中 R 为限流电阻器；

③ 根据表 2-1-4 U_{D-} 的参考值，按照步骤 1 的方法测量二极管的反向特性，数据记入表 2-1-4。

表 2-1-4　　二极管反向伏安特性测试数据

U_{D-} 参考值/V	0	−1	−2	−3	−4	−5	−8	−10
U_{D-} 实测值/V								
I_{D-} /mA								

*4. 测定稳压二极管的伏安特性

（1）正向特性

① 把稳压电源的输出电压调到最小(0V)，如调不到 0V，则取最小值；

② 把图 2-1-3 的二极管换成稳压二极管 2CW51，200Ω 电阻 R 为限流电阻器；

③ 根据表 2-1-5 U_{Z+} 的参考值,按照步骤 1 的方法测量稳压二极管的正向特性,数据记入表 2-1-5。

注意:测量过程一旦电流表显示的电流值超过 30mA,则停止测量。

表 2-1-5　稳压二极管正向伏安特性测试数据

U_{Z+} 参考值/V	0.10	0.40	0.55	0.60	0.65	0.70	0.75	
U_{Z+} 实测值/V								
I_{D+} /mA								30

(2)反向特性

① 把稳压电源的输出电压调到最小(0V),如调不到 0V,则取最小值;

② 按图 2-1-4 连线,图中 R 为限流电阻器;

③ 根据表 2-1-6 U_{Z-} 的参考值,按照步骤 1 的方法测量二极管的反向特性,数据记入表 2-1-6。

表 2-1-6　稳压二极管反向伏安特性测试数据

U_{Z-} 参考值/V	1	2	4	6	8		
U_{Z-} 实测值/V							
I_{D-} /mA							30

六、注意事项

1. 增大电源电压的时候,应缓慢增大,并要时刻注意着电源电压的大小。

2. 测量的电压值是元件两端的电压,并非是电源的输出电压。

3. 电压表测元件电压时,应并联在元件两端;电流表测电流时,应串联在电路中。

4. 测二极管正向特性时,稳压电源输出应由小至大逐渐缓慢增加,应时刻注意电流表读数不得超过 30mA。每次完成一个步骤后,电源电压调到最小。

5. 进行不同实验时,应先估算电压和电流值,合理选择仪表的量程及正负极性。

6. 开启电源之前必须检查电路的连接是否正确,确认无误后方可打开电源。出现报警信号后,应立即关闭电源,检查仪表是否超量程,电路有无短路现象等。

七、实验报告

1. 根据各实验数据,分别在方格纸上绘制出光滑的伏安特性曲线。(其中二极管和稳压管的正、反向特性均要求画在同一张图中,正、反向电压可取为不同的比例尺)

2. 根据实验结果,总结、归纳被测各元件的特性。

3. 心得体会及其他。

八、思考题

1. 为什么做完步骤 1 后,在做步骤 2 之前,必须把电源的输出调到最小?

2. 在测量二极管和稳压管的实验中,加上限流电阻的 R 有何作用,试作简要分析说明。

3. 根据实验结果,分析二极管和稳压管有何异同点,举例说明其应用的实例。

实验二　基尔霍夫定律的验证

一、实验目的

1. 验证基尔霍夫定律的正确性,加深对基尔霍夫定律的理解。
2. 熟悉稳压电源和数字万用表的使用。

二、实验器材

1. 基尔霍夫定律实验板
2. 可调直流稳压电源
3. 直流电流表
4. 直流电压表

三、预习要求

熟悉基尔霍夫定律的所阐述的内容,按照图 2-2-1,计算表 2-2-1 的数据填入表中,整理验证某一定理的一般步骤。

四、实验原理

基尔霍夫定律是电路的基本定律之一,它阐明了电路整体结构必须遵守的规律,应用极为广泛。

基尔霍夫定律有两条:一个是电流定律,另一个是电压定律。

(1) 基尔霍夫电流定律(KCL):在任一时刻,流入到电路任一节点的电流总和等于从该节点流出的电流总和,换句话说就是任一时刻,流入到电路任一节点的电流的代数和为零,即 $\sum I = 0$。这一定律实质上是电流连续性的表现。运用这条定律时必须注意电流的方向,在实际测量中,可事先假设一个正方向,用电流表去测量电流,若读数为正,说明实际电流方向和假设的一样;反之,就说明实际电流和假设的相反。

(2) 基尔霍夫电压定律(KVL):在任一时刻,沿闭合回路电压降的代数和总等于零,即 $\sum U = 0$。

(3) 数字万用表测电压时,要正确放置红黑表笔,以保证读数正确,如:

① 测 U_{AB},红表笔放在 A 点,黑表笔放在 B 点;

② 测 U_A,红表笔放在 A 点,黑表笔接地。

五、内容与步骤

实验线路如图 2-2-1:

1. 实验前先任意设定三条支路和三个闭合回路的电流正方向。三个闭合回路的电流正方向可设为 $ADEFA$、$BADCB$ 和 $FBCEF$。

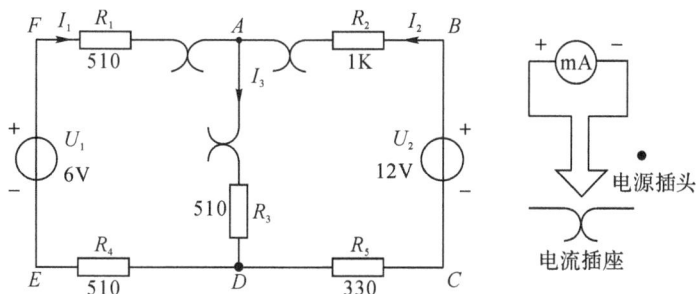

图 2-2-1　基尔霍夫定律验证电路图及电流插座示意图

2. 分别将两路直流稳压源接入电路,令 $U_1=6V$, $U_2=12V$。

3. 用数字万用表测量表格中的电流,读出并记录电流值,数据记入表 2-2-1。

4. 用数字电压表测量表格中的电压,读出并记录电流值,数据记入表 2-2-1。

表 2-2-1　支路电流和电压的测量

	I_1(mA)	I_2(mA)	I_3(mA)	U_{FB}(V)	U_{AB}(V)	U_{AD}(V)	U_{CD}(V)	U_{DE}(V)
计算								
测量								
相对误差								

5. 把 U_1, U_2 分别换成 3V、8V,重复步骤 3、4,数据记入表 2-2-2。

表 2-2-2　支路电流和电压的测量

	I_1(mA)	I_2(mA)	I_3(mA)	U_{FA}(V)	U_{AB}(V)	U_{AD}(V)	U_{CD}(V)	U_{DE}(V)
计算								
测量								
相对误差								

6. 在 D、E 端接入二极管,U_1、U_2 分别换成 3V、8V,重复 3、4,数据记入表 2-2-3。

表 2-2-3　支路电流和电压的测量

	I_1(mA)	I_2(mA)	I_3(mA)	U_{FA}(V)	U_{AB}(V)	U_{AD}(V)	U_{CD}(V)	U_{DE}(V)
测量								

六、注意事项

1. 所有需要测量的电压值,均以电压表测量的读数为准。U_1、U_2 也需测量,不应取电源本身的显示值。

2. 防止稳压电源两个输出端碰线短路。

七、实验报告

1. 根据实验数据,选定节点 A,验证 KCL 的正确性。

2. 根据实验数据,选定实验电路中的任一个闭合回路,验证 KVL 的正确性。

3. 误差原因分析。

4. 心得体会及其他。

八、思考题

1. 把图 2-2-1 中的电压源换成电流源,基尔霍夫定律还成立吗? 换成受控源呢?
2. 把图 2-2-1 中的某一个电阻换成稳压二极管,基尔霍夫定律还成立吗? 为什么?

实验三　戴维南定理和诺顿定理的验证

一、实验目的

1. 验证戴维南定理和诺顿定理的正确性,加深对该定理的理解。
2. 掌握测量有源二端网络等效参数的一般方法。

二、实验器材

1. 数字万用表
2. 直流稳压电源
3. 戴维南定理验证实验电路板

三、预习要求

1. 复习戴维南定理和诺顿定理,并理解它所阐述的内容。
2. 查阅资料,列举测某一未知电阻和电压的常用方法及其优缺点。

四、实验原理

1. 任何一个线性含源网络,如果仅研究其中一条支路的电压和电流,则可将电路的其余部分看作是一个有源二端网络(或称为含源一端口网络)。

戴维南定理指出:任何一个线性有源网络,总可以用一个电压源与一个电阻的串联来等效代替,此电压源的电动势 U_s 等于这个有源二端网络的开路电压 U_{oc},其等效内阻 R_0 等于该网络中所有独立源均置零(理想电压源视为短接,理想电流源视为开路)时的等效电阻。

$U_{oc}(U_s)$ 和 R_0 或者 $I_{sc}(I_s)$ 和 R_0 称为有源二端网络的等效参数。

2. 有源二端网络等效参数的测量方法

(1) 万用表直接测量法:

把电路中的电源去掉,其中电流源直接去掉,电压源去掉后,用导线连接原来接电压源的两点。把数字万用表打到合适的电阻档,测量电阻值。此方法测量误差较大,一般不用。

（2）开路电压、短路电流法测 R_0

在有源二端网络输出端开路时,用电压表直接测其输出端的开路电压 U_{oc},然后再将其输出端短路,用电流表测其短路电流 I_{SC},则等效内阻为:

$$R_0 = \frac{U_{oc}}{I_{SC}}$$

如果二端网络的内阻很小,若将其输出端口短路,则易损坏其内部元件,因此不宜用此法。

（3）伏安法测 R_0

用电压表、电流表测出有源二端网络的外特性曲线,如图 2-3-1 所示。根据外特性曲线求出斜率 $\tan\varphi$,则内阻为:$R_0 = \tan\varphi = \dfrac{\Delta U}{\Delta I} = \dfrac{U_{oc}}{I_{SC}}$,此方法测量相对较准确,比较常用。

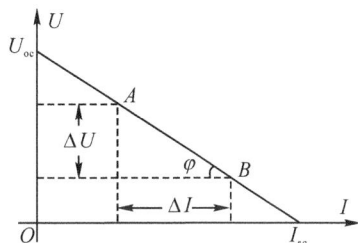

图 2-3-1　开路电压、短路电流法测

（4）半电压法测 R_0

如图 2-3-2 所示,当负载电压为被测网络开路电压的一半时,负载电阻(由电阻箱的读数确定)即为被测有源二端网络的等效内阻值。

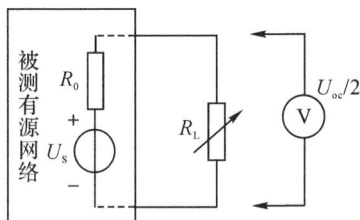

图 2-3-2　半电压法测 R_0　　　　　　　　图 2-3-3　零示法测 U_{oc}

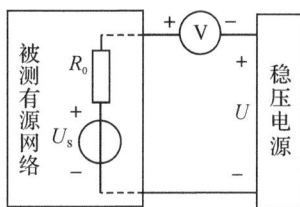

（5）零示法测 U_{oc}

在测量具有高内阻有源二端网络的开路电压时,用电压表直接测量会造成较大的误差。为了消除电压表内阻的影响,往往采用零示测量法,如图 2-3-3。

零示法测量原理是用一低内阻的稳压电源与被测有源二端网络进行比较,当稳压电源的输出电压与有源二端网络的开路电压相等时,电压表的读数将为"0"。然后将电路断开,测量此时稳压电源的输出电压,即为被测有源二端网络的开路电压。

五、内容与步骤

被测有源二端网络如图 2-3-4。

1. 有源二端网络等效电阻直接测量法:将被测有源网络内的所有独立源置零(去掉电流源 I_S 和电压源 U_S,并在原电压源所接的两点用一根短路导线相连),用数字万用表直接测量,记录数据,$R_0 = $ _____。

2. 用开路电压、短路电流法测定戴维南效电路的 U_{oc}、R_0。按图 2-3-4 接入稳压电源 $U_S = 12V$。测出 U_{oc} 和 I_{SC},并计算出 R_0,数据记入表 2-3-1(测 U_{oc} 时,不接入毫安表)。

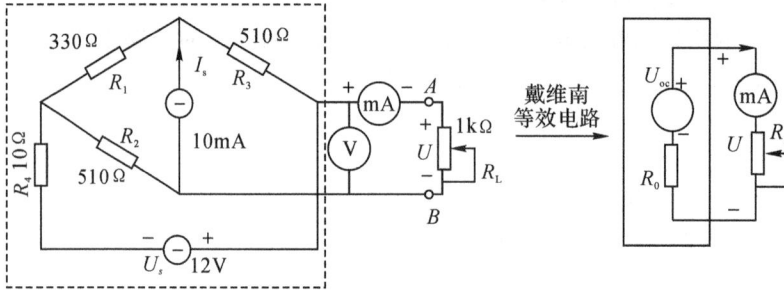

图 2-3-4 戴维南定理的验证电路及等效电路

表 2-3-1 测量开路电压、短路电流及内阻

$U_{OC}(V)$	$I_{SC}(mA)$	$R_0(\Omega)$

3. 负载实验

按图 2-3-4 接入 R_L。改变 R_L 阻值,测量有源二端网络的外特性曲线。数据记入表 2-3-2。

表 2-3-2 原网络的外特性的测量

$R_L(\Omega)$	0	30	51	100	200	510	1k	2k	∞
$U(V)$									
$I(mA)$									

4. 验证戴维南定理:作出戴维南等效电路图,从电阻箱上取得按步骤"2"所得的等效电阻 R_0 之值,然后令其与直流稳压电源(调到步骤"2"时所测得的开路电压 U_{oc} 之值)相串联,如图 2-3-4 所示,仿照步骤"3"测其外特性,对戴氏定理进行验证。数据记入表 2-3-2。

表 2-3-3 等效电路的外特性的测量

$R_L(\Omega)$	0	30	51	100	200	510	1k	2k	∞
$U(V)$									
$I(mA)$									

* 5. 根据上述方法,自行组建电路并设计实验步骤,验证诺顿定理。

六、注意事项

1. 测量时应注意电流表量程的更换,防止电流超出量程。实验过程中有两个万用表,一个固定测电压,一个固定测电流。

2. 电压源置零时不可将稳压源直接短接。

3. 万用表直接测 R_0 时,网络内的独立源必须先置零,以免损坏万用表。

4. 改接线路时,必须要关掉所有的电源。

七、实验报告

1. 根据步骤 2、3、4,分别绘出曲线,验证戴维南定理的正确性,并分析产生误差的原因。

2. 根据实验中提到的几种方法测得的 U_{α} 与 R_0 与预习时电路计算的结果作比较,你能得出什么结论。

3. 归纳、总结实验结果。

4. 心得体会及其他。

八、思考题

1. 判别两个网络是否等效的方法有哪些? 请阐述本次实验的思路。

2. 说明测有源二端网络开路电压及等效内阻的几种方法,并比较其优缺点。

实验四 叠加原理的验证

一、实验目的

1. 验证线性电路叠加原理的正确性。

2. 加深对线性电路的叠加性和齐次性的认识和理解。

3. 了解叠加定理的使用范围。

二、实验设备

1. 直流稳压电源

2. 叠加定理实验板

3. 直流电压表、直流电流表

三、预习要求

1. 在空白的纸上,根据图 2-4-1 所给定的参数,计算表 2-4-1 的各项参数值。

2. 复习叠加原理的内容,掌握叠加性和齐次性的涵义。

3. 实验电路中,若有一个电阻器改为二极管,试问叠加原理的叠加性与齐次性还成立吗? 为什么?

4. 把图 2-4-1 的电压源换成电流源,叠加定理还成立吗? 为什么?

四、实验原理

叠加原理指出:在有多个独立源共同作用下的线性电路中,通过每一个元件的电流或其两端的电压,可以看成是由每一个独立源单独作用时在该元件上所产生的电流或电压的代数和。

线性电路的齐次性是指当激励信号(某独立源的值)增加或减小 K 倍时,电路的响应

（即在电路中各电阻元件上所建立的电流和电压值）也将增加或减小 K 倍。

五、内容与步骤

实验线路如图 2-4-1 所示。

1. 按图 2-4-1 连线。

2. 令 U_1 电源单独作用（将开关 K_1 投向 U_1 侧，开关 K_2 投向短路侧）。用直流数字电压表和电流表测量各支路电流及各电阻元件两端的电压，数据记入表 2-4-1。

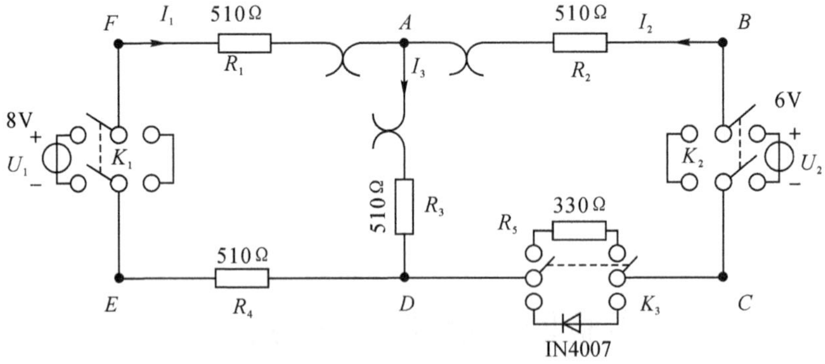

图 2-4-1　叠加定理实验验证电路图

表 2-4-1　线性网络的测量

测量项目 实验内容	U_1 (V)	U_2 (V)	I_1 (mA)	I_2 (mA)	I_3 (mA)	U_{AB} (V)	U_{CD} (V)	U_{AD} (V)	U_{DE} (V)	U_{FA} (V)
U_1 单独作用										
U_2 单独作用										
U_1、U_2 共同作用										
$2U_2$ 单独作用										

3. 令 U_2 电源单独作用（将开关 K_1 投向短路侧，开关 K_2 投向 U_2 侧），重复实验步骤 2 的测量和记录，数据记入表 2-4-1。

4. 令 U_1 和 U_2 共同作用（开关 K_1 和 K_2 分别投向 U_1 和 U_2 侧），重复上述的测量和记录，数据记入表 2-4-1。

5. 将 U_2 的数值升高一倍，重复上述第 3 项的测量并记录，数据记入表 2-4-1。

6. 将 R_3（330Ω）换成二极管 IN4007，重复 1～5 的测量过程，数据记入表 2-4-2。

表 2-4-2　非线性网络的测量

测量项目 实验内容	U_1 (V)	U_2 (V)	I_1 (mA)	I_2 (mA)	I_3 (mA)	U_{AB} (V)	U_{CD} (V)	U_{AD} (V)	U_{DE} (V)	U_{FA} (V)
U_1 单独作用										
U_2 单独作用										
U_1、U_2 共同作用										
$2U_2$ 单独作用										

六、注意事项

1. 用电流表测量各支路电流时,或者用电压表测量电压降时,应注意仪表的极性,正确判断测得值的＋、一号后,记入数据表格。

2. 注意仪表量程的及时更换。

七、实验报告

1. 根据实验数据表格,进行分析、比较,归纳、总结实验结论,即验证线性电路的叠加性与齐次性。

2. 通过实验步骤 6 及分析表格 2-4-2 的数据,你能得出什么样的结论?

3. 心得体会及其他。

八、思考题

1. 在叠加原理实验中,要令 U_1、U_2 分别单独作用,应如何操作? 可否直接将不作用的电源(U_1 或 U_2)短接置零?

2. 各电阻器所消耗的功率能否用叠加原理计算得出? 试用上述实验数据,进行计算并作结论。

实验五　　RC 一阶电路的响应测试

一、实验目的

1. 测定 RC 一阶电路的零输入响应、零状态响应及完全响应。
2. 学习电路时间常数的测量方法。
3. 掌握有关微分电路和积分电路的概念。
4. 学会函数信号发生器和示波器的使用。

二、实验器材

1. 双踪示波器
2. 函数信号发生器
3. 动态电路实验板

三、预习要求

1. 复习 RC 一阶电路零输入响应、零状态响应和完全响应的基本概念。

2. 已知 RC 一阶电路 $R=10\text{k}\Omega$，$C=0.1\mu\text{F}$，试计算时间常数 τ，并根据 τ 值的物理意义，拟定测量 τ 的方案。

3. 了解积分电路和微分电路的工作原理。

4. 复习双踪示波器、函数信号发生器使用方法，准备方格纸。

四、实验原理

1. 动态网络的过渡过程是十分短暂的单次变化过程。要用普通示波器观察过渡过程和测量有关的参数，就必须使这种单次变化的过程重复出现。为此，我们利用函数信号发生器输出的方波来模拟阶跃激励信号，即利用方波输出的上升沿作为零状态响应的正阶跃激励信号；利用方波的下降沿作为零输入响应的负阶跃激励信号。只要选择方波的重复周期远大于电路的时间常数 τ，那么电路在这样的方波序列脉冲信号的激励下，它的响应就和直流电接通与断开的过渡过程是基本相同的。

2. 图 2-5-1(b)所示的 RC 一阶电路的零输入响应和零状态响应分别按指数规律衰减和增长，其变化的快慢决定于电路的时间常数 τ。

3. 时间常数 τ 的测定方法：

用示波器测量零输入响应的波形如图 2-5-1(a)所示。

根据一阶微分方程的求解得知 $u_c=U_m\text{e}^{-t/RC}=U_m\text{e}^{-t/\tau}$。当 $t=\tau$ 时，$U_c(\tau)=0.368U_m$。此时所对应的时间就等于 τ。亦可用零状态响应波形增加到 $0.632U_m$ 所对应的时间测得，如图 2-5-1(c)所示。

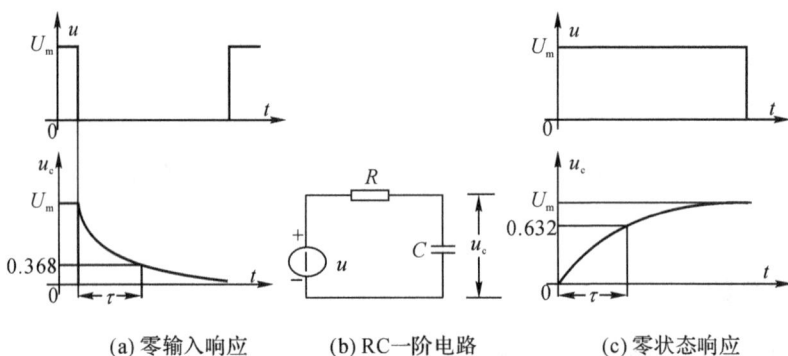

(a) 零输入响应　　　(b) RC 一阶电路　　　(c) 零状态响应

图 2-5-1　RC 一阶电路暂态响应

4. 微分电路和积分电路是 RC 一阶电路中较典型的电路，它对电路元件参数和输入信号的周期有着特定的要求。一个简单的 RC 串联电路，在方波序列脉冲的重复激励下，当满足 $\tau=RC\ll T/2$ 时(T 为方波脉冲的周期)，且由 R 两端的电压作为响应输出，则该电路就是一个微分电路。因为此时电路的输出信号电压与输入信号电压的微分成正比。如图 2-5-2(a)所示。利用微分电路可以将方波转变成尖脉冲。

若将图 2-5-2(a)中的 R 与 C 位置调换一下，如图 5-2(b)所示，由 C 两端的电压作为响应输出，且当电路的参数满足 $\tau=RC\gg\dfrac{T}{2}$，则该 RC 电路称为积分电路。因为此时电路的输出信号电压与输入信号电压的积分成正比。利用积分电路可以将方波转变成三角波。

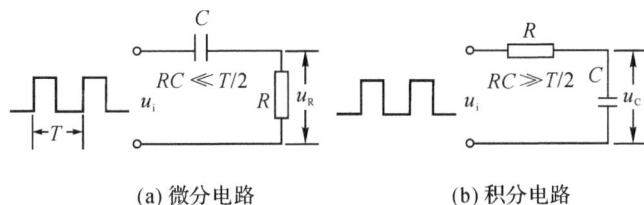

(a) 微分电路　　　　　　　　　(b) 积分电路

图 2-5-2　微分、积分电路

从输入输出波形来看，上述两个电路均起着波形变换的作用，请在实验过程仔细观察与记录。

五、内容及步骤

实验线路板的器件组件，如图 2-5-3 所示，请认清 R、C 元件的布局及其标称值，各开关的通断位置等。

1. 从电路板上选 $R＝10k\Omega$，$C＝6800pF$ 组成如图 2-5-1(b) 所示的 RC 充放电电路。u_i 为脉冲信号发生器输出的 $U_m＝3V$、$f＝1kHz$ 的方波电压信号，并通过两根同轴电缆线，将激励源 u_i 和响应 u_C 的信号分别连至示波器的两个输入口 CH1 和 CH2。这时可在示波器的屏幕上观察到激励与响应的变化规律，请测算出时间常数 τ，并用方格纸按 1:1 的比例描绘波形。

少量地改变电容值或电阻值，定性地观察对响应的影响，记录观察到的现象。

2. 积分电路，如图 2-5-2(b) 所示，令 $R＝10k\Omega$，$C＝0.1\mu F$，信号发生器输出的 $U_m＝3V$、$f＝1kHz$ 的方波电压信号，观察并描绘响应的波形，继续增大 C 之值，定性地观察对响应的影响。

3. 微分电路，如图 2-5-2(a) 所示，令 $C＝0.01\mu F$，$R＝100\Omega$。在同样的方波激励信号 $(U_m＝3V,f＝1kHz)$ 作用下，观测并描绘激励与响应的波形。

增减 R 之值，定性地观察对响应的影响，并作记录。当 R 增至 $1M\Omega$ 时，输入输出波形有何本质上的区别？

六、注意事项

1. 调节电子仪器各旋钮时，动作不要过猛。实验前，需熟读本书附录一双踪示波器的使用说明。观察双踪时，要特别注意相应开关、旋钮的操作与调节。

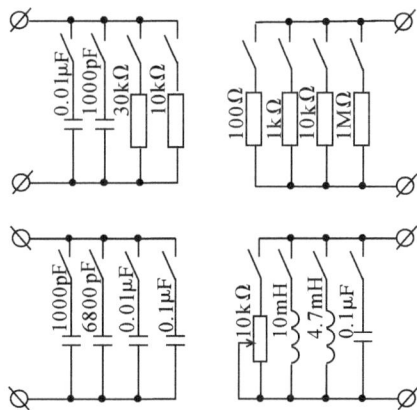

图 2-5-3　动态电路、选频电路实验板

2. 信号源的接地端与示波器的接地端要连在一起(称共地)，以防外界干扰而影响测量的准确性。

3. 示波器的辉度不应过亮，尤其是光点长期停留在荧光屏上不动时，应将辉度调暗，以延长示波管的使用寿命。

七、实验报告

1. 根据实验观测结果,在方格纸上绘出 RC 一阶电路充放电时 u_C 的变化曲线,由曲线测得 τ 值,并与参数值的计算结果作比较,分析误差原因。

2. 根据实验观测结果,归纳、总结积分电路和微分电路的形成条件,阐明波形变换的特征。

3. 心得体会。

八、思考题

1. 根据实验曲线的结果,说明电容器充放电时电流、电压变化规律及电路参数的影响。

2. 何谓积分电路和微分电路,它们必须具备什么条件? 这两种电路有何功用?

实验六　三相交流电路电压、电流的测量

一、实验目的

1. 掌握三相负载作星形连接、三角形连接的方法,验证这两种接法下线、相电压及线、相电流之间的关系。

2. 充分理解三相四线供电系统中中线的作用。

二、实验器材

1. 交流电压表 0～500V

2. 交流电流表 0～5A

3. 万用表

4. 三相自耦调压器

5. 三相灯组负载 220V,15W 白炽灯

6. 电门插座

三、预习要求

1. 三相负载根据什么条件作星形或三角形连接?

2. 复习三相交流电路有关内容,试分析三相星形联接不对称负载在无中线情况下,当某相负载开路或短路时会出现什么情况? 如果接上中线,情况又如何?

3. 了解三相负载星形连接及三角形连接时的线电压和相电压、线电流和相电流之间的关系。

四、实验原理

1. 三相负载可接成星形(又称"Y"接)或三角形(又称"△"接)。当三相对称负载作 Y 形联接时,线电压 U_L 是相电压 U_p 的 $\sqrt{3}$ 倍。线电流 I_L 等于相电流 I_p,即

$$U_L=\sqrt{3}U_P, \qquad I_L=I_p$$

在这种情况下,流过中线的电流 $I_0=0$,所以可以省去中线。

当对称三相负载作△形联接时,有 $I_L=\sqrt{3}I_p$, $U_L=U_p$。

2. 不对称三相负载作 Y 联接时,必须采用三相四线制接法,即 Y_0 接法。而且中线必须牢固联接,以保证三相不对称负载的每相电压维持对称不变。

倘若中线断开,会导致三相负载电压的不对称,致使负载轻的那一相的相电压过高,使负载遭受损坏;负载重的一相相电压又过低,使负载不能正常工作。尤其是对于三相照明负载,无条件地一律采用 Y_0 接法。

3. 当不对称负载作△接时,$I_L\neq\sqrt{3}I_p$,但只要电源的线电压 U_L 对称,加在三相负载上的电压仍是对称的,对各相负载工作没有影响。

五、内容及步骤

1. 三相负载星形连接(三相四线制供电)

按图 2-6-1 连接实验电路。即三相灯组负载经三相自耦调压器接通三相对称电源。将三相调压器的旋柄置于输出为 0V 的位置(即逆时针旋到底)。经指导教师检查无误后,方可开启实验台电源,然后调节调压器的输出,使输出的三相线电压为 200V,并按下述内容完成各项实验,分别测量三相负载的线电压、相电压、线电流、相电流、中线电流、电源与负载中点间的电压。将所测得的数据记入表 2-6-1 中,并观察各相灯组亮暗的变化程度,特别要注意观察中线的作用。

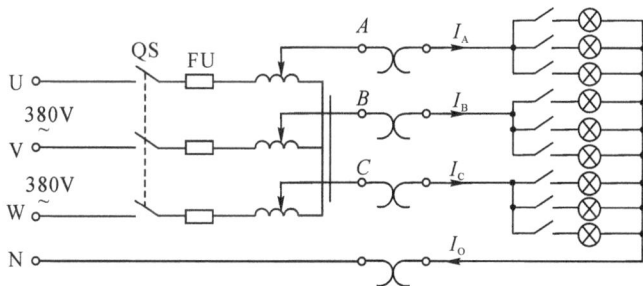

图 2-6-1 三相负载星形连接

表 2-6-1　三相负载星形连接数据记录

测量数据　实验内容（负载情况）	开灯盏数			线电流（A）			线电压（V）			相电压（V）			中线电流 I_0（A）	中点电压 U_{N0}（V）
	A相	B相	C相	I_A	I_B	I_C	U_{AB}	U_{BC}	U_{CA}	U_{A0}	U_{B0}	U_{C0}		
Y_0 接平衡负载	3	3	3											
Y 接平衡负载	3	3	3											
Y_0 接不平衡负载	1	2	3											
Y 接不平衡负载	1	2	3											
Y_0 接 B 相断开	1	0	3											
Y 接 B 相断开	1	0	3											
*Y 接 B 相短路	1	0	3											

2. 负载三角形连接（三相三线制供电）

按图 2-6-2 改接线路，经指导教师检查合格后接通三相电源，并调节调压器，使其输出
图 2-6-2 负载三角形连接线电压为 200V，并按表 2-6-2 的内容进行测试。

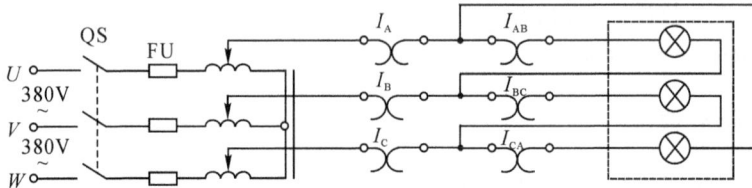

图 2-6-2　负载三角形连接

表 2-6-2　负载三角形连接数据记录

测量数据　负载情况	开灯盏数			线电压＝相电压（V）			线电流（A）			相电流（A）		
	$A-B$ 相	$B-C$ 相	$C-A$ 相	U_{AB}	U_{BC}	U_{CA}	I_A	I_B	I_C	I_{AB}	I_{BC}	I_{CA}
三相平衡	3	3	3									
三相不平衡	1	2	3									

六、注意事项

1. 本实验采用三相交流市电，线电压为 380V，实验时要注意人身安全，不可触及导电部件，防止意外事故发生。

2. 每次接线完毕，同组同学应自查一遍，然后由指导教师检查后，方可接通电源，必须严格遵守先断电、再接线、后通电；先断电、后拆线的实验操作原则。

3. 星形负载作短路实验时，必须首先断开中线，以免发生短路事故。

4. 为避免烧坏灯泡，DG08 实验挂箱内设有过压保护装置。当任一相电压＞245～250V时，即声光报警并跳闸。因此，在做 Y 接不平衡负载或缺相实验时，所加线电压应以最高相电压＜240V 为宜。

七、实验报告

1. 用实验测得的数据验证对称三相电路中的 $\sqrt{3}$ 关系。
2. 用实验数据和观察到的现象,总结三相四线供电系统中中线的作用。
3. 不对称三角形联接的负载,能否正常工作? 实验是否能证明这一点?
4. 根据不对称负载三角形联接时的相电流值作相量图并求出线电流值,然后与实验测得的线电流作比较,分析之。
5. 心得体会。

八、思考题

1. 本次实验中为什么要通过三相调压器将 $380V$ 的市电线电压降为 $200V$ 的线电压使用?
2. 在负载对称的星形联接中,若负载一相开路或短路,在有、无中线两种情况下,各会出现什么情况? 并由此说明,在三相四线制中,中线为什么不允许安装保险丝?

实验七　功率因数及相序的测量

一、实验目的

1. 掌握三相交流电路相序的测量方法。
2. 熟悉功率因数表的使用方法,了解负载性质对功率因数的影响。

二、实验器材

1. 交流电压表
2. 交流电流表
3. 功率因数表
4. 电感、电阻、电容、白炽灯组

三、预习要求

根据电路理论,分析图 2-7-1 检测相序的原理。

四、实验原理

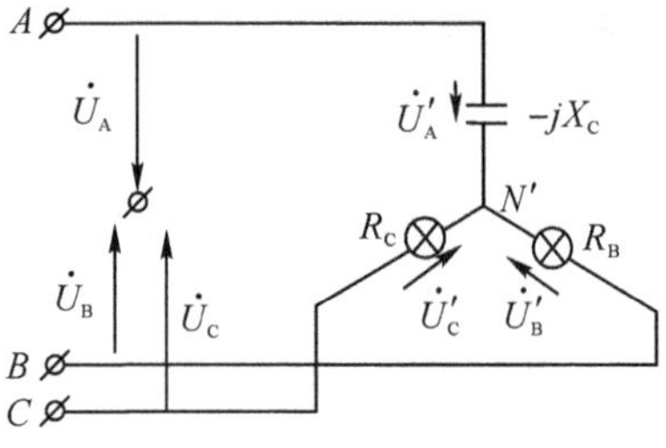

图 2-7-1 为相序指示器电路，用以测定三相电源的相序 A、B、C（或 U、V、W）。

它是由一个电容器和两个电灯联接成的星形不对称三相负载电路。如果电容器所接的是 A 相，则灯光较亮的是 B 相，较暗的是 C 相。相序是相对的，任何一相均可作为 A 相。但 A 相确定后，B 相和 C 相也就确定了。

图 2-7-1

为了分析问题简单起见

设 $X_C = R_B = R_C = R$， $\dot{U}_A = U_P \angle 0°$

则

$$\dot{U}_{N'N} = \frac{U_P\left(\frac{1}{-jR}\right) + U_P\left(-\frac{1}{2} - j\frac{\sqrt{3}}{2}\right)\left(\frac{1}{R}\right) + U_P\left(-\frac{1}{2} + j\frac{\sqrt{3}}{2}\right)\left(\frac{1}{R}\right)}{-\frac{1}{jR} + \frac{1}{R} + \frac{1}{R}}$$

$$\dot{U}'_B = \dot{U}_B - \dot{U}_{N'N} = U_P\left(-\frac{1}{2} - j\frac{\sqrt{3}}{2}\right) - U_P(-0.2 + j0.6)$$

$$= U_P(-0.3 - j1.466) = 1.49 \angle -101.6° U_P$$

$$\dot{U}'_C = \dot{U}_C - \dot{U}_{N'N} = U_P\left(-\frac{1}{2} + j\frac{\sqrt{3}}{2}\right) - U_P(-0.2 + j0.6)$$

$$= U_P(-0.3 + j0.266) = 0.4 \angle -138.4° U_P$$

由于 $\dot{U}'_B > \dot{U}'_C$，故 B 相灯光较亮。

五、内容与步骤

1. 相序的测定

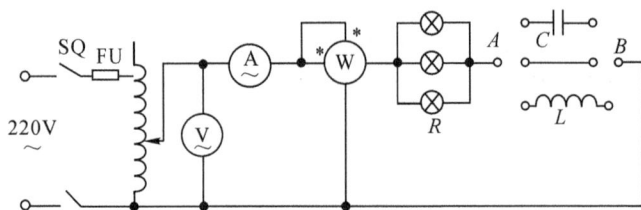

图 2-7-2

（1）用 220V、15W 白炽灯和 $1\mu F/500V$ 电容器，按图 2-7-1 接线，经三相调压器接入线电压为 220V 的三相交流电源，观察两只灯泡的亮、暗，判断三相交流电源的相序。

（2）将电源线任意调换两相后再接入电路，观察两灯的明亮状态，判断三相交流电源的相序。

2. 电路功率（P）和功率因数（$\cos\varphi$）的测定

按图 2-7-2 接线，按下表所述在 A、B 间接入不同器件，记录 $\cos\varphi$ 表及其他各表的读数，并分析负载性质。

A、B 间	U(V)	U_R(V)	U_L(V)	U_C(V)	I(V)	P(W)	$\cos\varphi$	负载性质
短接								
接入 C								
接入 L								
接入 L 和 C								

说明：C 为 4.7μF/500V，L 为 40W 日光灯镇流器。

六、注意事项

每次改接线路都必须先断开电源。

七、实验报告

1. 简述实验线路的相序检测原理。

2. 根据 U、I、P 三表测定的数据，计算出 $\cos\varphi$，并与 $\cos\varphi$ 表的读数比较，分析误差原因。

3. 分析负载性质与 $\cos\varphi$ 的关系。

4. 心得体会及其他。

第三章

模拟电路实验

实验一　常用电子仪器的使用

一、实验目的

1. 学习常用电子仪器的正确使用方法和基本原理。
2. 掌握用示波器观察正弦波信号波形和读取波形参数的方法。

二、实验器材

1. YB4320 双踪示波器
2. YB1634 函数信号发生器
3. WC2180 交流微伏表

三、预习要求

1. 复习有关仪器的原理、性能指标、调试及使用方法。
2. 阅读本书附录一部分仪器使用说明。详细了解示波器、函数信号发生器、交流微伏表各旋钮、按键的功能。
3. 列出记录数据表格。

四、实验仪器原理

示波器、函数信号发生器、交流微伏表及数字万用表是电子技术实验常用的几种仪器。

（一）示波器的工作原理

示波器是一种显示各种周期性变化的电信号波形的电子仪器。它能把眼睛看不见的电信号转换成直接观察的波形,常用来测量交流信号的幅度、频率、相位差等波形参数,也可用来测量直流电压。若配有传感器,还能对温度、压力、声、光等非电量进行测量。示波器具有灵敏度高、工作频带宽、速度快和输入阻抗高等优点。因此示波器是一种用途极广的电子测量仪器。

显示波形原理

由于示波管光点偏移的距离与所加的电压成正比。要显示被测信号时,应将被测信号的电压加在垂直偏转板上,同时必须在水平偏转板上加一个随时间线性变化的锯齿波,用 x 轴模拟时间轴。由于 x、y 轴两对偏转板都加有周期性变化的电压,电子束同时受到相互垂直的电场力作用,当锯齿波电压的频率和被测信号的频率保持整数倍的关系时,则在荧光屏上显示出被测信号的波形。

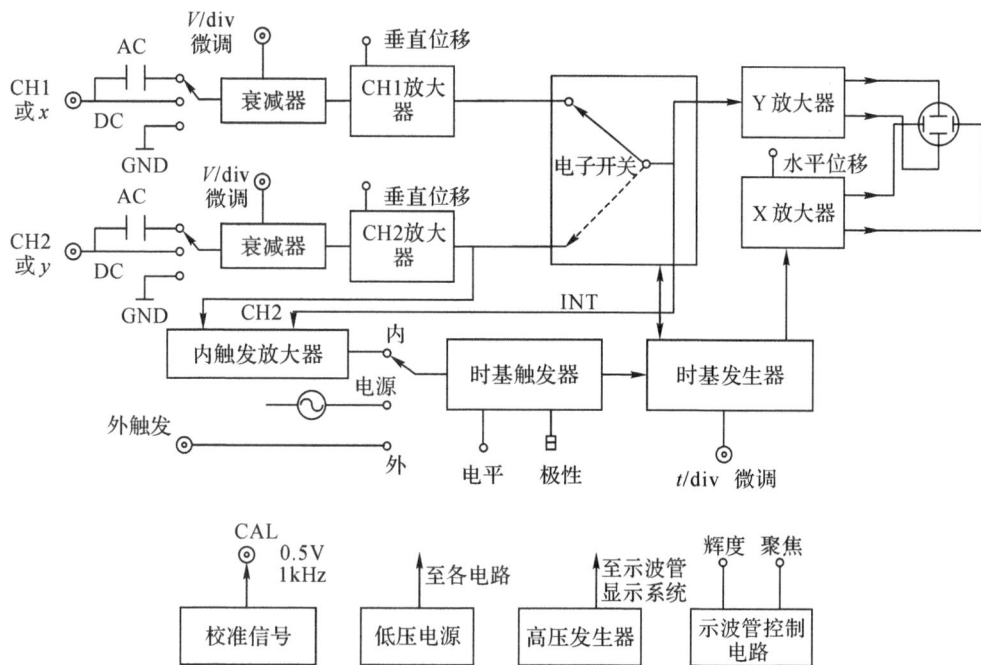

图 3-1-1　YB4320 双踪示波器结构框图

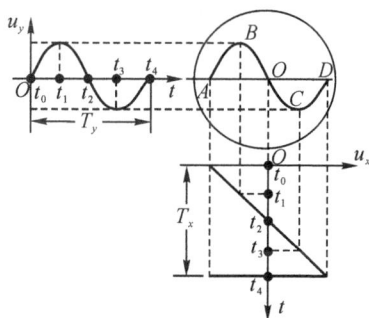

图 3-1-2　单周波的合成过程

在示波器中,为了得到一个稳定的波形图,除了正确选择时基信号的周期 T_x 外,还要用被测信号的周期去控制 T_x,使 T_x 在一定的范围内能自动跟踪 T_y,从而使 T_x 和 T_y 严格地保持整数倍的关系。这种作用就是示波器中的所谓"同步"。

（二）函数信号发生器选用 YB1634,用来产生频率为 0.2Hz～2MHz,最大峰—峰值电压为 20V 的(正弦波、方波、三角波)信号。为各种被测电路提供所需波形、幅度和频率的测量信号,也可以测量频率。

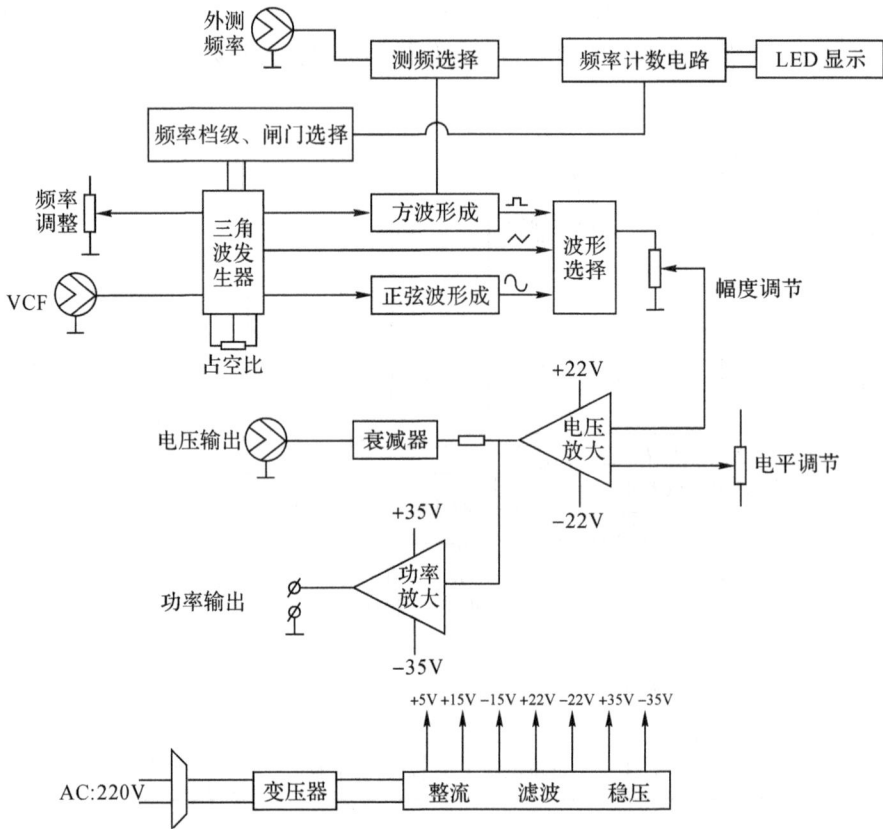

图 3-1-3　YB1634 函数信号发生器结构框图

YB1634 函数信号发生器,是采用恒流源充放电的原理来产生三角波,同时也产生方波。改变充放电电流值,就可以得到不同频率的信号。三角波通过波形变换电路,就可产生正弦波。最后将正弦波、三角波(锯齿波)、方波经函数转换开关选择后,由放大器放大后输出。

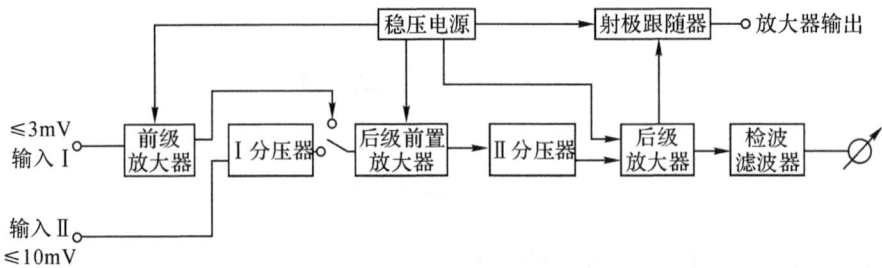

图 3-1-4　WC2180 交流微伏表结构框图

（三）交流微伏表用来测量 $f=5\mathrm{Hz}\sim1\mathrm{MHz}$ 的正弦波信号电压的有效值，它具有输入阻抗高、测量频率范围宽、测量电压范围大、灵敏度高等优点。根据模拟电子线路信号频率的范围（ $20\mathrm{Hz}\sim1\mathrm{MHz}$ ）和幅度的范围（ $1\mathrm{mV}\sim100\mathrm{V}$ ），选用 YB2173 型交流毫伏表或 WC2180 交流微伏表。

交流微伏表采用"放大—检波"式的电路结构，该电压表由输入分压器、射极跟随器、放大器、检波器、指示器和电源的几部分组成。

五、内容与步骤

1. 用示波器的"校准信号 CAL"（方波 $f=1\mathrm{kHz}$ ，幅度为 $0.5\mathrm{V}$ ）对示波器进行自查，测量下列参数并记录表中。使用示波器各旋钮通常位置如表 3-1-1 所示。

表 3-1-1　示波器各旋钮通常位置

电源（POWER）	电源开关键弹出
亮度（INTENSITY）	顺时针方向旋转
聚焦（FOCUS）	中间
AC-GND-DC	接地（GND）
垂直移位（POSITION）	中间（×5）扩展键弹出
垂直工作方式（MODE）	CH1
触发方式（TRIG MODE）	自动（AUTO）
触发源（SOURCE）	内（INT）
触发电平（TRIG LEVEL）	顺时针方向旋转到底
Time/Div	0.5ms/div
水平移位（POSITION）	中间（×5MAG）ALT MAG 均弹出

（1）由 CH1 输入"CAL"信号，调节 Y 轴衰减旋钮"V/div"，调节 X 轴扫速开关旋钮"t/div"，在屏幕上显示合适的波形大小，扫速微调和 Y 轴衰减微调旋钮顺时针到底。

（2）CH1 输入耦合方式置"GND"位置，调整垂直位移旋钮，使扫描线对准屏幕上某一条水平标尺线，即设置好零电平参考基线，然后释放"GND"按钮。

（3）测量"校准信号"的幅度， $u_{\mathrm{P-P}}=(\mathrm{V/div})Y$ 轴方向的 div×探头倍数。

（4）测量"校准信号"的周期， $T=(t/\mathrm{div})\times X$ 轴方向的 div。

（5）测量"校准信号"的上升时间：通过扫速开关逐渐提高扫描速度（必要时可以利用水平扩展），并同时调节触发电平旋钮，从显示屏上清楚地读出上升时间（由电压幅度的 10% 上升到 90% 所需要的时间）。

2. 用示波器和交流微（毫）伏表测量函数信号发生器的输出信号电压。

用示波器和交流微（毫）伏表同时测量函数信号发生器的输出信号电压，仪器连接如图 3-1-5 所示。

（1）调节函数信号发生器"幅度"，使其输出正弦波信号为最大，使输出频率分别为 $1\mathrm{kHz}$ 、 $10\mathrm{kHz}$ 、 $100\mathrm{kHz}$ ，用交流毫伏表测量其输出电压的有效值，示波器测量其输出电压的峰峰值。

（2）调节函数信号发生器的输出信号频率为 $10\mathrm{kHz}$ ，"幅度"置于最大。当输出衰减分别为 0dB、20dB、40dB、60dB 时，用交流毫伏表、示波器分别测量函数信号发生器的输出信号

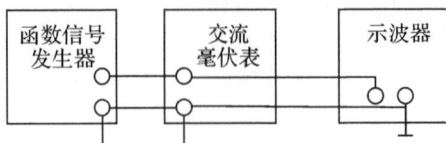

图 3-1-5　测量电压连线图

电压。

3. 用示波器测量函数信号发生器输出正弦波的周期。

调节函数信号发生器,使输出正弦波的电压为最大值,用示波器测量频率分别为 1kHz、10kHz 和 100kHz 时的正弦波周期。

表 3-1-2　"校准信号"的幅度、频率及边沿时间的测量

参数	标称值	原始数据		测量值
幅度	0.5V	div	V/div	
频率	1kHz	div	ms/div	
上升时间	17.5ns	div	μs/div	

表 3-1-3　示波器、交流微(毫)伏表测量函数信号发生器的输出电压大小

函数信号发生器 (频率/Hz)		交流微(毫)伏表 实测值			示波器实测值 (峰峰值)		
标称值	实际值	量程/V	读数	测量值	div	V/div	实测值/V
1k							
10k							
100k							

表 3-1-4　示波器、交流微(毫)伏表测量函数信号发生器的输出电压大小

函数信号发生器 (衰减/dB)	交流微(毫)伏表 实测值			示波器实测值 (峰峰值)		
标称值	量程/V	读数	测量值/V	div	V/div	实测值/V
0						
20						
40						
60						

通过测量可得出:

①峰峰值和有效值之间的关系。

②0dB、20dB、40dB、60dB 与放大倍数之间的关系。

表 3-1-5　示波器测量函数信号发生器的输出频率大小

函数信号发生器 （频率/Hz）	示波器实测值（周期）			频率 f/Hz
	div	t/div	实测值	计算值
1k				
10k				
100k				

六、注意事项

实验过程中所有仪器"共地"，以保证测量系统的"地"电位相同，避免相互干扰。在仪器使用过程中，不必经常开关电源，因为多次开关电源往往会引起冲击，结果使仪器使用寿命缩短。

1. 函数信号发生器

(1)不能将输出端短接(两个夹子不能相接)；

(2)不能直接接到带有较高直流电压的两点之间。

2. 交流毫伏表

(1)地线应"先接后拆"即接线时先接地线，拆线时后拆地线。

(2)被测电压的幅值不应超过毫伏表的最大允许输入。

(3)用毕，置于最高电压档。

3. 双踪示波器

(1)"辉度"一般不宜太亮。不宜让光点长时间地停留在某一点，以免损坏荧光物质并形成黑斑。

(2)"V/div"、"t/div"微调。精确测量时，顺时针方向旋到底(即校准位置)。

(3)调节各种开关、微调旋钮时，不要过分用力，以免损坏。

七、实验报告

1. 整理实验数据，并进行分析。

2. 通过本实验总结如何正确使用示波器。

3. 回答思考题。

八、思考题

1. 用示波器观察波形时，要达到如下要求，主要应调节哪些旋钮？

(1) 波形清晰。

(2) 亮度适中。

(3) 波形位置移动。

(4) 波形稳定。

(5) 改变波形个数。

(6) 改变波形高度。

2. 用一台完好的示波器观察信号波形时，若产生下列现象，请解释其可能的原因？（可

在实验中验证)

(1)荧光屏上看不到亮点。

(2)荧光屏上只显示一条垂直线。

(3)荧光屏上出现与屏幕上、下边界相接的不太亮的垂线,如图 3-1-3(a)所示。

(4)荧光屏上出现与屏幕左、右边界相接的曲线,如图 3-1-3(b)所示。

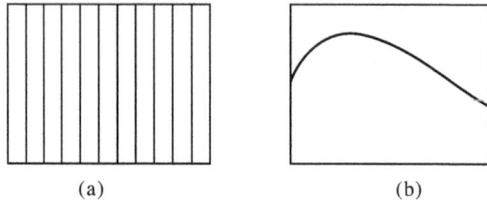

(a)　　　　　　　　　　(b)

图 3-1-3　荧光屏显示的不正常波形

3. 用示波器和低频毫伏表同时测量正弦电压,为什么两者直接读数不一致,这些数据之间应是什么关系?

实验二　常用电子元件的检测

一、实验目的

1. 掌握用万用表对二极管、三极管、电阻等常用电子元件的测试方法。

2. 认识电阻、电容器、二极管、三极管等常用电子元件。

3. 学习用晶体管特性图示仪测稳压管、三极管特性曲线和主要参数的方法。

二、实验器材

万用表:MF500、UT56

图示仪:QT2

元件:IN4007,9012,9013,120kΩ,2CW13,LED,220μ/25V,680Ω 等。

三、预习要求

1. 阅读本书附录一万用表:MF500、UT56 的使用方法。

2. 了解指针式万用表与数字万用表的异同点。

3. 列出记录数据表格。

四、实验原理

（一）用 500 万用表测量

1. 500 万用表欧姆档等效电路

万用表（也叫三用表），常常利用万用表的欧姆档来检测电子元件性能的好坏。500 万用表欧姆档的等效电原理图，如图 3-2-1 所示。

由此可见万用表的正极端（即红表笔）接表内电池的负极，而万用表的负极端（即黑表笔）接表内电池的正极，对被测元件来说，红表笔为负极，而黑表笔为正极。

2. 判断二极管极性及性能方法

利用晶体二极管单向导电性的特点，正向偏置时（阳极接电源正端，阴极接负端），二极管正向导通，正向电流较大，二极管的等效电阻较小；反向偏置时，二极管的等效电阻很大。将万用表功能置于"Ω"档，倍率置于"R×100Ω"档或"R×1kΩ"档，用两表笔接到二极管的两个极上，这时电表指针将指示出一定电阻值。如果指示的阻值较小，一般为几百 Ω 至几 kΩ，则说明此时二极管正偏，黑表笔所接的为阳（正）极，红表笔所接的为阴（负）极。如果测得的电阻值很大，一般约几百 kΩ 以上，则说明此时二极管反偏，这时黑表笔所接为二极管的负极，红表笔所接的为正极。

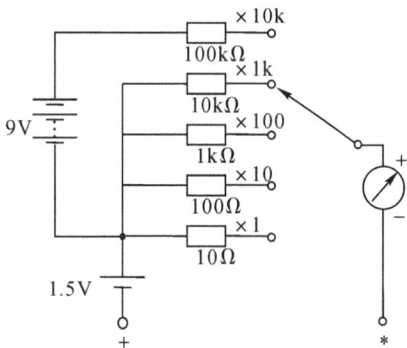

图 3-2-1　500 万用表欧姆档等效电路

若测得的正、反向电阻值差别越大，即正向电阻值越小，反向电阻值越大，说明二极管的单向导电性能越好。

若测得的正、反向电阻值均为无穷大，说明二极管内部开路；而正、反向电阻都很小，说明二极管内部短路；上述二种情况都说明二极管已损坏。

（1）测量时选用万用表电阻档位一般选"R×100Ω"或"R×1kΩ"，视具体情况而定，目的是避免测量时而损坏元件，损坏原因是（a）过流、（b）过压、（c）过耗。

因"R×1Ω"档，内阻较小只有 10Ω，而电压 $U=1.5V$，则 $I=1.5V/10Ω=0.15A=150mA$，可能超过管子极限值会出现过流；$R×10kΩ$ 档，万用表内部电池 10.5V 比较高，有可能超过管子的反向击穿电压也容易把管子损坏。

（2）由于二极管上电压与电流关系是非线性的，即特性曲线是非线性的，当用不同电阻档测量时，流过二极管的电流是不相同的，所以测出的 $R_{D正}$、$R_{D反}$ 的数值也不相同。

（3）测量时要防止人体电阻（约 100k）并联到二极管两端，特别是测反向电阻时，测量方法是用一只手拿住二极管的一端与表笔相接处，二极管的另一端与表笔相接（手不能接触）

3. 判断三极管的类型与电极

三极管是由两个 PN 结构成，对于 NPN 型三极管来说，基极是两个等效二极管的公共"阳极"；对于 PNP 型三极管来说，基极是两个等效二极管的公共"阴极"。因此，判断出三极管的基极是公共"阳极"还是公共"阴极"，就能判断出三极管是 NPN 型还是 PNP 型。

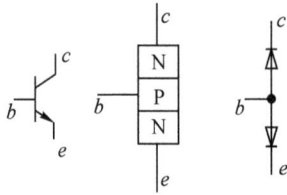 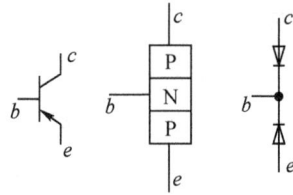

图 3-2-2　NPN 型等效原理图　　　　　图 3-2-3　PNP 型等效原理图

（1）判别管脚和类型

用"$R\times100\Omega$"或"$R\times1k\Omega$"档测量。一般 PNP 用"$R\times100\Omega$"，NPN 用"$R\times1k\Omega$"档，对于大功率管用"$R\times10\Omega$"档测，其他注意事项与二极管相同。

①判断基极（b）

先将一支表笔接在任意一只管脚上不动，然后用另一只表笔分别接在其余两个管脚，测量其电阻值。如果测得电阻值都很小（或都很大），那么把表笔再调换过来测，这时电阻值都很大（或者都很小），三个管脚中哪个满足上述条件，那个与表笔不动的引脚必定是基极 b。

例：当黑表笔接触某一只管脚时，将红表笔分别与另外两个管脚接触，如果两次测得的电阻值均为"$R\times100\Omega$"档几百欧或几千欧（"$R\times1k\Omega$"档）的低电阻时，则表明该管为 NPN 型管，黑表笔所接触的电极为基极 b。

若当红表笔接触某一管脚时，将黑表笔分别与另外两个管脚接触，如果两次测得电阻值均为几百欧姆（"$R\times100\Omega$"档）或几千欧姆（"$R\times1k\Omega$"档）的低电阻时，则表明该管为 PNP 型，且这时红表笔所接触的电极为基极 b。

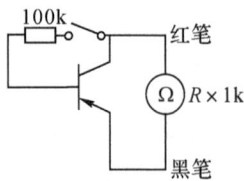 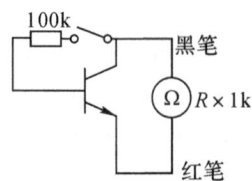

图 3-2-4　PNP 型　　　　　　　　图 3-2-5　NPN 型

②判断发射极 e 和集电极 c

在确定管型和基极（b）的前提下，判断 c 和 e。判断 c 和 e 的基本原理是把三极管接成单管放大电路，以测量管脚在不同接法时电流放大系数的大小来比较，当管脚接法正确时的 β 值较接法错误时的 β 值大，则可判断 c 和 e。

对于 NPN 型，将万用表的黑表笔接假定的 c 极，而将红表笔接假定 e 极，然后用 $100k\Omega$ 左右的电阻跨接在 b 极与黑表笔之间，记下此时的电阻值读数（或指针偏转格数）。再把红、黑表笔交换，用 $100k\Omega$ 左右的电阻跨接在 b 极与黑表笔之间，记下此时的电阻读数（或者指针偏转格数），比较两次电阻值大小（或指针偏转格数的大小），读得电阻值较小的这一次黑表笔所接的极为 c 极，（或指针偏转格数大的这一次黑笔所接的极为 c 极）另一脚为 e 极。若测量 PNP 型三极管，用 $100k\Omega$ 电阻跨接在 b 极与红表笔之间，读得电阻值较小的那一次，红表笔所接为 c 极，另一脚为 e 极。

对于 NPN 型,当黑表笔接 c 极,红表笔接 e 极,相当于 c 极接高电位 e 极接低电位,把 $100\mathrm{k}\Omega$ 左右电阻跨接在 b 极与黑表笔之间,c、b 间加一偏置电阻,这样使管子处于放大状态,即发射结正偏,集电结反偏,通过 $100\mathrm{k}\Omega$ 电阻给 b 极注入一个 I_b 电流,$I_\mathrm{c}=\beta I_\mathrm{b}+I_\mathrm{CEO}$ 流过表头电流较大,使指针有较大的偏转,(即电阻值较小),这就说明了此时管子处于正常放大状态。所以黑笔的一端为集电极 c,另一端为发射极 e。

若反接,即把 c 当 e,e 当作 c,此时电流放大倍数较小,指针偏转角度小。

(2)估测穿透电流 I_CEO。

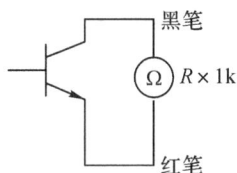

图 3-2-6　NPN 型

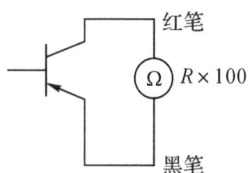

图 3-2-7　PNP 型

I_CEO 为基极开路时 c 与 e 极间的反向穿透电流,可通过测 ce 间电阻来判断,对于 NPN 型,用万用表"$R\times1\mathrm{k}\Omega$"黑笔接 c 极、红笔接 e 极测得阻值越大,说明 I_CEO 越小(通常在几百 $\mathrm{k}\Omega$ 以上);对 PNP 型锗可用"$R\times100\Omega$"档,黑表笔接 e 极,红表笔接 c 极即可。

如果测得 ce 间阻值为零或较小,表明管子 $c\text{-}e$ 已击穿,若表针指示不稳,阻值逐渐变小表明管子温度稳定性差。

(3)电流放大倍数的估计

在测 I_CEO 的基础上,若在 b、c 间接上 $100\mathrm{k}\Omega$ 电阻,则在三极管 b 极注入一个电流 I_B,经管子放大 β 后,产生 I_C 电流,与原来的 I_CEO 相加,即此时 $I_\mathrm{C}=\beta I_\mathrm{B}+I_\mathrm{CEO}$。因此,阻值将大大变小,据此可判断 β 值大小,表针偏转角度越大,β 值就越大,此法虽无法知道 β 值是多少,但可比较两个三极管 β 值的大小。

4. 电解电容器正负极性的判断

根据电解电容器绝缘材料的单向性,当电解电容器的正极接高电位,负极接低电位时,绝缘电阻值大,反之,则绝缘电阻值小。测试前先对电容器进行彻底放电,然后进行测量。对于耐压大于 10V 以上的电解电容器,如 $220\mu/25\mathrm{V}$,用模拟表"$R\times10\mathrm{k}$"档测电容器两端的漏电阻值,记下放电后指针不偏转时的电阻值。然后又进行放电,交换黑、红表笔测量电阻值,比较二次测量值,电阻值较大的一次,黑表笔所接为电解电容器的正极。若电解电容器耐压小于 10V 以下,可用万用表 $R\times1\mathrm{k}\Omega$ 档测量,方法同上。正常情况下,可以看到表头指针先是向右偏转,然后慢慢向左偏转,这反映了电容器的充电过程。表头指针向右偏转越大,返回速度越慢,则说明电容器的容量越大;反之,则说明电容器的容量小。

数字表电流很小,不宜用于判断电容器的正负极性。

(二)用 UT56 型数字万用表判测半导体器件

1. 三极管的测量

UT56 型数字万用表,实际上就是 200mV 的电压表,基准电压源为 $+2.8\mathrm{V}$,正向电流 $I_F=1\mathrm{mA}$,注意! 数字万用表的红表笔与内部电池的正极相连。黑表笔与内部电池的负极相连。根据二极管正向导通时锗管 0.2V 左右,硅管 0.7V 左右;若二极管反向偏置,数字万用表显示"1",表示所测电压超过 1.999V。

（1）三极管的类型和极性

将黑表笔插"COM"插孔,红表笔插"VΩ"插孔,功能开关置于"二极管"挡。

① 第一步找出基极。如红表笔接某一引脚不动,黑表笔,分别接另外两引脚,表显示都为 0.7V 左右,则红表笔所接的引脚为基极,且为 NPN 型。

② 第二步根据 $U_{be}>U_{bc}$,确定 C、E 极。

测试中 $U_{be}>U_{bc}$,若红笔接 b,测量时显示正向导通电压,所测为 NPN 管子。若黑笔接 b 极,测量时显示正向导通电压所测管子类型为 PNP。$U_{be}>U_{bc}$

（2）三极管电流放大倍数

①功能开关置于"HFE"档。

②确定晶体管是 NPN 型还是 PNP 型,将基极、发射极、集电极分别插入面板上相应的插孔。

③显示器上将读出 HFE 的值。

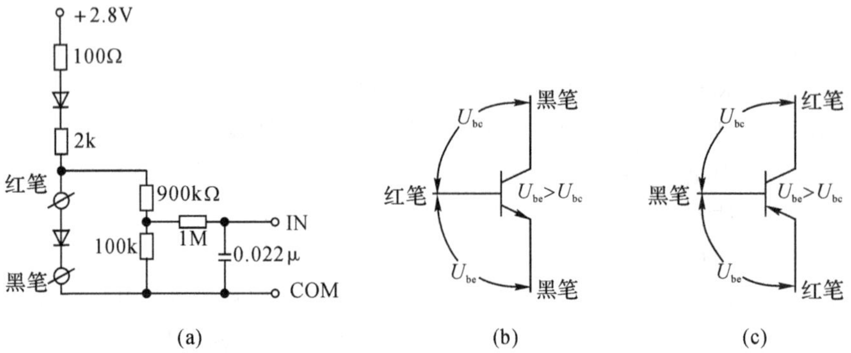

图 3-2-8　UT56 型数字万用表"二极管"档原理图

五、内容与步骤

1. 用万用表测量二极管管脚极性及性能。

表 3-2-1　万用表判定二极管

管型 ＼ 测试条件	管外型	×1kΩ 档		×100Ω 档		UT56 表		极性		性能
		红① 黑②	红② 黑①	红① 黑②	红② 黑①	红② 黑①	红① 黑②	①	②	
	1▭2									

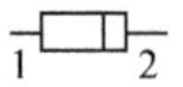

2. 万用表判定三极管管脚、类型及电流放大倍数 β。

表 3-2-2 万用表判定三极管 9013、9012 类型、基极、β 值

管子型号	表型号	档位	红①黑②	红②黑①	红②黑③	红③黑②	红①黑③	红③黑①	β值	类型	性能
9013	500	$R\times100$									
		$R\times1k$									
	UT56	⊶									
9012	500	$R\times100$									
		$R\times1k$									
	UT56	⊶									

表 3-2-3 万用表判定三极管 9013、9012 发射极和集电极

	9013		9012	
红表笔	①	③	①	③
黑表笔	③	①	③	①
电阻值				
结论	①_____极 ②_____极 ③_____极 类型是_____	9013 1 2 3	①_____极 ②_____极 ③_____极 类型是_____	9012 1 2 3

3. 判断电解电容器的正、负极性

表 3-2-4 判断电解电容器的正、负极性

测试条件 元件	$R\times10k$		$R\times1k$		确定		
	红①黑②	红②黑①	红①黑②	红②黑①	①	②	
							220μ/25V
							2
							1

4. 学习用图示仪测量晶体管的方法

(1) 测出 1N4007 正向伏安特性曲线;并测定其正向开启电压 U_{on},正极接 C,负极接 E。

(2) 测出稳压二极管的稳压特性曲线;并测定其稳压值 U_z。负极接 C,正极接 E。

(3) 测出 9012、9013 共射输出特性曲线。测量 $\beta=\dfrac{\Delta I_C}{\Delta I_B}\bigg|_{U_{CE}=U_{CEQ}=6V}$

(4)测试举例:9013 小功率共发射极特性曲线测量,被测管接入测试台。

输出 开关位置	集电极电压	基极阶梯信号	测量象限	
NPN	+	+	第一	正常
PNP	-	-	第三	正常

① 输出特性

峰值电压范围(＋)0V～20V,选 U_c＝10V。

功耗电阻:	1kΩ
Y 轴作用:	集电极电流 1～2mA/度
X 轴作用:	集电极电压 1～2V/度
阶梯选择:	幅度/级　10μA
级/秒:	200
串联电阻:	1kΩ
输入:	正常
作用:	正常
测试选择:	NPN
阶梯:	常态
S:	⊥

然后逐渐加大集电极扫描电压,调节"级/族"旋钮可得所需曲线数目。

5. 色环电阻的认识及测量。

六、注意事项

(一)500 万用表测电阻的注意事项

1. 500 万用表水平放置

2. 先机械调零

3. 正确选择倍率(如×1k,×100)、功能(Ω)。

4. 电阻调零:每换档都要重新调零,(红、黑表笔短接,调 Ω 电位器,使表针指在 0Ω处)。

5. 测量电阻(两表笔接触电阻两端,双手不可并联电阻)

6. 测量值＝读数×倍率

7. 用毕,万用表开关旋钮置于最高电压挡或"关"(即"·")位置。

(二)图示仪使用注意事项

1. "峰值电压"从小慢慢调节到合适,用毕后,电压值从大调到小;

2. 测试时辉度不能太亮;

3. 用毕"测试选择开关"置"关"。

七、实验报告

1. 记录实验数据,整理相关实验结果。

2. 简要说明指针式万用表与数字式万用表的异同。

3. 回答思考题。

八、思考题

1. 为什么忌用指针式万用表"$R \times 1\Omega$"或"$R \times 10\mathrm{k}\Omega$"档检查小功率晶体管？

2. 用指针式万用表不同电阻挡测二极管正向电阻值,所测的电阻值是否相同,为什么？

3. 测量电阻时,每换档都要重新调零,为什么？

4. 用数字万用表"—▷|—"档测量 PN 结所显示的数据的含义是什么？

5. 发光二极管、稳压二极管与你所知道的普通整流二极管有什么不同？

实验三　单级放大电路

一、实验目的

1. 学会测量和调试放大器的静态工作点及对放大器性能的影响。

2. 掌握测量放大器的电压放大倍数、输入和输出电阻的方法。

3. 熟悉示波器、函数信号发生器、交流毫(微)伏表、电子线路实验学习机等的使用方法。

二、实验器材

1. 双踪示波器

2. 函数信号发生器

3. 交流毫伏表

4. 电子线路实验学习机一台

5. 数字万用电表

三、预习要求

1. 单管放大器的工作原理。

2. 放大器动态及静态的测量方法。

3. 搞清下列问题：

(1)什么叫静态工作点？用哪些量来描述,用哪些仪器来测量。

(2) 如何调整、测量静态工作点？

(3) 放大器的动态指标是指:信号的幅度和周期(频率)、电压放大倍数、输入电阻、输出

电阻、最大不失真输出电压(动态范围)、幅频特性曲线和通频带。如何测量?(在什么条件下,用什么仪器测量)

(4)测量 I_C 有几种方法,并说明其优、缺点。

(5)根据所给电路参数,估算出电路的放大倍数 A_u,输入电阻 r_i,输出电阻 r_o。

四、实验原理

放大器的基本任务是不失真地放大信号,实现输入变化量对输出变化量的控制作用。要使放大器正常工作,除有保证放大器正常工作的电压外,还要有合适的静态工作点。

1. 静态工作点的测量与调试

放大器的静态工作点是指放大器输入信号为零(即 $u_i=0$)时,这时三极管各电极的直流电压和电流的数值(I_{BQ}、I_{CQ}、U_{CEQ}、U_{BEQ})。

当电路参数确定后,静态工作点主要通过偏置电阻 R_P 调整。若 R_P 调小,工作点升高,输出波形易产生饱和失真;若 R_P 调大,工作点降低,输出波形容易产生截止失真,当输入信号过大时,输出波形会产生双向失真。一般地说,静态工作点应选择在输出特性曲线上交流负载线的中点。对于小信号放大器而言,若输出交流信号幅度较小,电压放大器的非线性失真将不是主要问题,因此 Q 点不一定选在交流负载线的中点,而是根据其他要求来选择。例如,希望放大器耗电省、噪声低,Q 点可选低一些。

静态工作的调整就是当测量得到的静态工作点 I_{CQ} 和 U_{CEQ} 不合适,或通过示波器测得的输出波形出现饱和或截止失真时,调整基极偏置电阻值 R_P 大小,使静态工作点处于合适位置。若测出 $U_{CEQ}<0.5\text{V}$,则说明三极管进入饱和状态;如果 $U_{CEQ}\approx V_{cc}$,则说明三极管工作在截止状态。这两种情况下的静态偏置都不能使电路正常工作,需要对静态工作点进行调整。

2. 动态指标测试

放大器的动态指标包括电压放大倍数、输入电阻、输出电阻、动态范围和频率特性等。

(1)电压放大倍数 A_u 的测量

调整放大器得到合适的静态工作点,然后在输入端加入输入信号 u_i,在输出电压 u_o 不失真的情况下,用交流毫(微)伏表测出 U_i 和 U_o 的有效值(也可用示波器测出输入电压和输出电压的峰峰值)。则:

实验值 $A_u=\dfrac{U_o}{U_i}$ 或 $A_u=\dfrac{u_{op-p}}{u_{ip-p}}$;

理论值 $A_u=-\dfrac{\beta R'_L}{r_{be}}$,

其中 $r_{be}=300+(1+\beta)\dfrac{26(\text{mV})}{I_{EQ}(\text{mA})}(\Omega)$,$R'_L=R_c /\!/ R_L$。

(2)输入电阻 r_i 的测量

放大器的输入电阻 r_i 就是从放大器的输入端口看进去的等效电阻。通常测量 r_i 的方法为:在被测放大器的输入端与信号源之间串入一个已知电阻 R,在输出电压不失真的情况下,用交流毫伏表测量 U_s 和 U_i 值,根据输入电阻的定义可得:

$$r_i=\dfrac{\dot{U}_i}{U_s-U_i}R,$$

理论值　　　　$r_i = R_{B1} \mathbin{/\mkern-5mu/} R_{B2} \mathbin{/\mkern-5mu/} r_{be}$

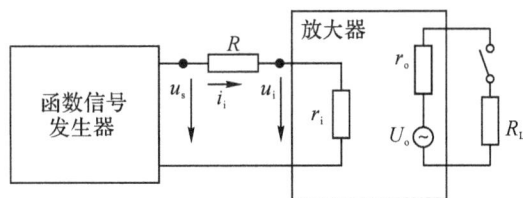

图 3-3-1　s 输入电阻、输出电阻测量原理

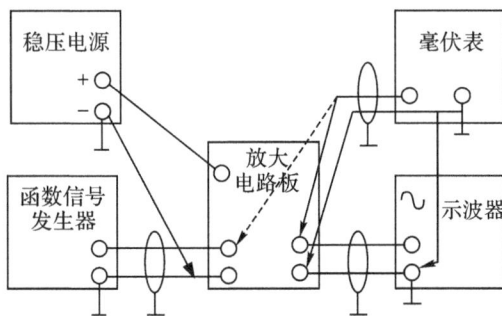

图 3-3-2　实验电路与各测试仪器的连接

（3）输出电阻 r_o 的测量

输出电阻是从放大器输出端看进去信号源的等效电阻，放大器输出端可以等效为一个理想电压源 U_o 和输出电阻 r_o 相串联。输出电阻可以描述放大器信号输出的方式和带负载能力。

在输出电压 U_o 不失真的情况下，测出输出端不接负载 R_L 的输出电压 U_o 和接入负载后的输出电压 U_L，根据 $U_L = \dfrac{R_L}{r_o + R_L} U_o$，即可求出

$$r_o = \left(\frac{U_o}{U_L} - 1 \right) R_L$$

理论值　　　　$r_o = R_C$。

注意！在 R_L 接入和断开的测试中，必须保持输入信号大小不变，输出波形不失真。

*（4）动态范围（最大不失真输出电压 u_{op-p}）（选做）

应将静态工作点调在交流负载线中点。为此在放大器正常工作情况下，逐步增大输入信号的幅度，并同时调节上偏置电阻 R_P 值，用示波器观察输出电压波形，当输出波形同时出现削底和缩顶现象。说明静态工作点已调在交流负载线的中点，适当减小输入信号的幅度，使输出波形最大且不失真，此时，用示波器直接读出，即为 u_{op-p} 值。也可用交流毫伏表测出输出电压有效值 U_o，则 $u_{op-p} = 2\sqrt{2}\,U_o$。

*（5）放大器幅频特性的测量（选做）

放大器的幅频特性是指放大器的电压放大倍数 A_u 与输入信号频率 f 之间的关系曲线。设 A_{um} 为中频电压放大倍数，规定电压放大倍数随着频率的变化下降到 A_{um} 的 0.707

倍,所对应的频率分别为下限频率 f_L 和上限频率 f_H,则通频带 $f_{Bw} = f_H - f_L$。

上、下限频率的测量方法是:先调节输入电压 u_i,使 u_i 的频率为中频(10kHz);调节 u_i 的幅度,使输出电压为 1V(输出电压不失真)。保持 u_i 值不变,仅增加 u_i 的频率,当输出电压 u_o 幅度下降到 0.707V 时,对应的信号频率为上限频率 f_H;保持 u_i 值不变,仅减小 u_i 的频率,同样使 u_o 下降到 0.707V 时,对应的信号频率为下限频率 f_L。

放大器的幅频特性就是测量不同频率信号时的电压放大倍数 A_u。保持输入信号幅度不变,在输出信号不失真的前提下改变输入信号的频率,测出对应的输出电压值。在低频段和高频段多测几点,在中频段可少测几点。

说明:对阻容耦合放大器,由于耦合电容及射极电容的存在,使 A_u 随着信号的频率降低而减少,因分布电容的存在及受晶体管截止频率的限制,使 A_u 随信号的频率升高而减少。仅在中频段,这些电容的影响才可忽略。

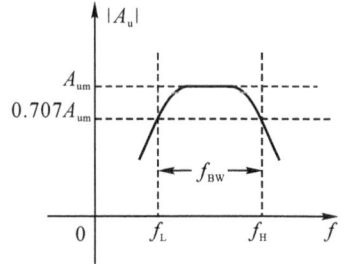

图 3-3-3　幅频特性曲线

五、内容与步骤

1. 按图 3-3-4 连接电路。

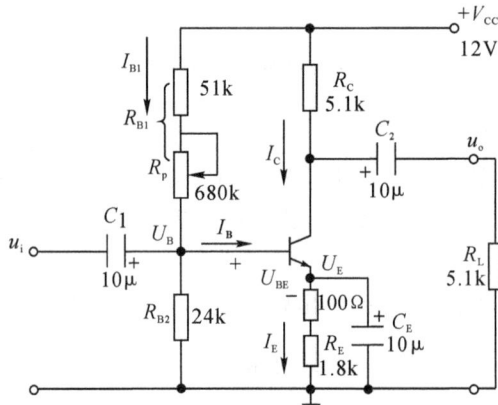

图 3-3-4　单级放大器

2. **静态调整**:$u_i = 0$,调整 R_P,使 $U_{CE} \approx V_{CC}/2$,用 UT56 数字万用表直流电压"20V"档测量 U_B、U_C、U_E,用 UT56 数字万用表测量 R_P(注意! 要切断电源并断开 R_P 的一根导线)、I_B、I_C 值,记入表 3-3-1 中。

3. **静态工作点对输出波形的影响**

(1) 调整 R_P,使 $U_{CE} = V_{CC}/2$,在放大器的输入端加入频率为 10kHz 的正弦信号,调节函数发生器的输出幅度旋钮,使放大器输入电压 $u_i = 10$mV,不接负载,同时用示波器观察放大器输出电压 U_o 的波形,在输出波形不失真的条件下,用交流毫伏表测量输出电压 U_o;保持 u_i 值不变,仅接上负载 $R_L = 5.1$k,用交流毫伏表测量电压 U_L 值。

(2) 调节 R_P 为最小值,观察 u_o 波形的变化并记录波形。

(3) 调节 R_P 为最大值,观察 u_o 波形的变化并记录波形。

4．动态性能测试

（1）调节 R_P 为最佳值，（即当输入信号幅度增大时，输出波形同时出现饱和与截止失真）观察 U_o 波形的变化并测量 U_o 及 U_i。测量方法是：在测量电压放大倍数的基础上，逐渐增加输入信号幅度及调节 R_P，同时观察输出波形，当输出波形同时出现饱和与截止失真时的 u_{op-p} 即最大动态范围，此 U_i 值即为放大器最大输入电压值。

最大不失真输出电压的测量方法是：在测量电压放大倍数的基础上，逐渐增加输入信号幅度，同时观察输出波形，当输出波形刚出现失真时的 U_o 即 U_{omax}

①当 $R_L = \infty$ 时，测量 U_{omax}、U_i，记入表 3-3-1 中。

②当 $R_L = 5.1k$ 时，测量 U_{omax}、U_i，记入表 3-3-1 中。

③当 $R_L = 1.5k$ 时，测量 U_{omax}、U_i，记入表 3-3-1 中。

（2）测量放大器的输入电阻

在输入端与信号源之间串联电阻 R，$R_C = 5.1k$，$R_L = 5.1k$，$f = 10kHz$，在输出不失真的情况下，用交流毫伏表测量 U_s、U_i，用 UT56 数字万用表测量 R 值（注意！要切断电源并断开 R 的一根导线）。

（3）测量放大器的输出电阻

保持 u_i 不变，$f = 10kHz$，在输出电压不失真的情况下，用交流毫伏表测量断开 R_L 时的输出电压 U_o 及接上 R_L 时的输出电压 U_L。（注意！两次测量时 u_i 应保持相等，且大小合适，保证在接入和断开 R_L，输出信号不失真，R_L 与 R_o 为同数量级电阻。）

*（4）测量幅频特性曲线（记录数据表格自拟）

保持输入信号幅度不变，在输出信号不失真的前提下，仅改变输入信号的频率，测出对应的输出电压大小，找出 f_L、f_H，计算出 f_{BW} 值。

表 3-3-1　静态工作点及动态量的测量

给定条件			测量数据						由测量数据计算			
			U_C/V	U_E/V	U_B/V	U_i/mV	U_o/V	U_P/K	$I_B/\mu A$	I_C/mA	U_{CE}/V	A_u
$R_L = \infty$	R_P	合适										
		最小										
		最大										
		最佳										
R_P 为最佳	R_L	5.1k										
		1.5k										

表 3-3-2　输入电阻和输出电阻的测量

U_s/mV	U_i/mV	$R/k\Omega$	$r_i/k\Omega$		U_L/V	U_o/V	$R_L/k\Omega$	$r_o/k\Omega$	
			测量值	计算值				测量值	计算值

六、注意事项

1．连接线：连线插头可叠插使用，插入时向下并顺时针旋转即可锁紧，松开时向上反向旋转即可拔出，不可直拉导线。

2．在切断电源的状态下，连线、拆线。连线必须注意电源极性。（红色线接电源的正极，黑色线接地。）

3．所有仪器和实验电路都必须"共地"。

4．测量 R_P 电阻值时，要切断电源并断开 R_P 的一根导线。

5．使用示波器进行测量时，Y 通道"垂直微调"（VARIABLE）旋钮顺时针旋到底，"扫描微调"（VARIABLE）旋钮顺时针旋到底。

6．实验结束后，所有仪器的电源开关置"关"，探头、电源线都不要拔下。

7．测量输入电阻、输出电阻时，U_i 应保持相等，且大小适当，保证在测量时输出波形不失真。

8．函数信号发生器"衰减"换挡时，先使输出幅度调节旋钮（AMP）归零后，然后慢慢调节到所需要的值。

9．数字万用表的使用注意事项

（1）选择功能（V、A、Ω）、量程。

（2）表笔插孔位置：黑笔插入"COM"插孔，红表笔插入所对应功能（V、A、Ω）。

（3）测量电流（表笔插孔位置为"COM"、"A"）时，表笔必须串联在被测电路中（即拔掉一根线）。

（4）用毕，关掉电源并把旋钮开关置于最高电压档。

（5）测量时严禁换档。

七、实验报告

1．完成所有实验内容的记录和计算，简述相应的结论。

2．回答思考题。

八、思考题

1．为什么所有仪器"共地"？（简答）

2．测量放大器性能指标 A_u、r_i、r_o 时，为什么不用万用表测量？

3．分别增大或减少电阻 R_{B1}、R_C、R_L、R_E 及电源电压 V_{CC}，对放大器的静态工作点及性能指标有何影响？为什么？

4．不用示波器观察输出波形，仅用毫伏表测量放大电路的输出电压 u_o，是否有意义？

实验四　两级放大电路

一、实验目的

1. 掌握如何合理设置静态工作点。
2. 学会放大器幅频特性测试方法。
3. 了解放大器的失真及消除方法

二、实验器材

1. 双踪示波器。
2. 数字万用表。
3. 函数信号发生器。
4. 交流毫伏表。
5. 电子线路实验学习机。

三、预习要求

1. 复习教材多级放大电路内容
2. 分析两级交流放大电路。初步估计测试内容的变化范围
3. 如何测量幅频特性曲线？搞清下列问题：(1)定义，(2)测试条件，(3)测试仪器。
4. 如何合理设置两级放大器的静态工作点？

四、实验原理

阻容耦合放大器是分立元件多级交流放大器中常见的一种，其特点是各级直流工作点相互独立，可以分别进行调整。

1. 静态工作点的估算和测量

对两级阻容耦合放大器静态工作点的计算，可先把两级放大器分解为两个单级放大器，然后运用单级放大器静态工作点的分析方法进行分析。对两级阻容耦合放大器静态工作点的测量，可在工作点调整合适的情况下，直接用万用表测量三极管各极对地的直流电压值。

2. 两级阻容耦合放大器的各级之间是串联连接，对信号的放大是逐级进行的，前级的输出电压作为后级的输入电压，对本实验电路，两级放大器的电压放大倍数可表示为：

$$A_u = \frac{u_{o1}}{u_i} \cdot \frac{u_{o2}}{u_{i2}} = \frac{-\beta_1(R_{c1} /\!/ r_{i2})}{r_{be1}} \cdot \frac{-\beta_2 R_{L2}{}'}{r_{be2}} = A_{u1} \cdot A_{u2}$$

$$r_{i2} = R_{b21} /\!/ R_{b22} /\!/ r_{be2}, \quad R_{L2}{}' = R_{c2} /\!/ R_L$$

上式中的各级放大器已考虑了级间的相互影响。在考虑级间影响时，将前级的输出电阻作为后级的信号源内阻，而后级的输入电阻作为前级的负载电阻(或负载电阻的一部分)。因此在具体实验的测试中，第一级的放大倍数在单级与级连两种不同工作状态时必然存在着差异。

第一级的输入电阻,即为两级放大器的输入电阻,可用公式表示:

$$r_i = R_{B1} \text{//} r_{be1}$$

最后一级的输出电阻,即为两级放大器的输出电阻,可用公式表示:

$$r_o = R_{c2}$$

3. 两级阻容耦合放大器幅频特性的测量

对于阻容耦合放大器,由于存在有耦合电容、旁路电容、晶体管极间电容和线间分布电容等,放大器的放大倍数将随着信号频率的变化而变化。放大器的级数越多,放大倍数越大,放大器的通频带就越窄。

理论分析与实践证明都表明,多级放大器的通频带小于任一单级放大器的通频带。

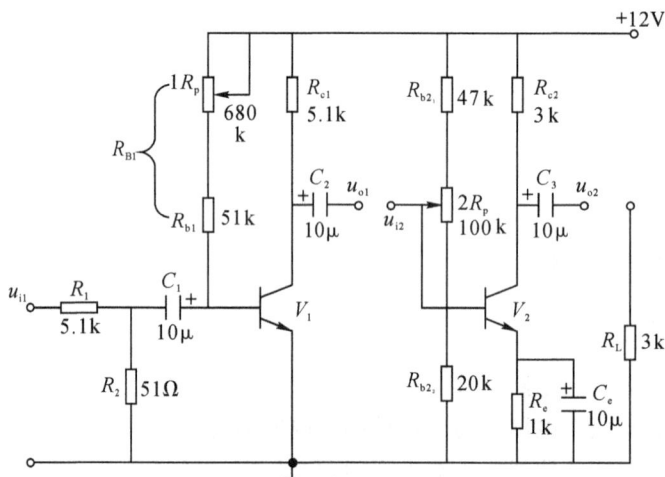

图 3-4-1　两级放大电路

五、内容与步骤

1. 设置静态工作点

(1)按图 3-4-1 接线,注意接线尽可能短。

(2)静态工作点设置:要求第二级在输出波形不失真的前提下幅值尽量大,第一级为增加信噪比,静态工作点尽可能低。

(3)调节 $2R_p$,使 $U_{CEQ2} = 6V$,在输入端加上 10kHz 的正弦交流信号。(一般采用实验箱上加衰减的办法,即信号源用一个较大的信号。例如 100mV,在实验板上经 101:1 衰减电阻降为 1mV),用示波器观察输出端波形,调节输入信号的幅度及调节 $1R_p$ 静态工作点,使输出波形上下同时削顶,稍减少输入信号,使输出信号不失真。然后去掉输入信号,测量并记录各级静态工作点。

2. 测量放大器放大倍数

(1)不接负载电阻,从输入端加入 $u_i = 1mV$,$f = 10kHz$ 正弦信号,使输出波形不失真,用交流毫伏表测量 u_{o1}、u_{o2}。

(2)接上负载电阻 $R_L = 3k$,重复(1)内容。

表 3-4-1　　静态工作点及动态量的测量

静态工作点/V						输入电压 /mV	输出电压 /V		电压放大倍数		
第一级			第二级						第一级	第二级	整体
U_{B1}	U_{E1}	U_{C1}	U_{B2}	U_{E2}	U_{C2}	U_i	U_{o1}	U_{o2}	A_{u1}	A_{u2}	A_u
$R_L = \infty$											
$R_L = 3\text{k}\Omega$											

3. 测量两级放大器的幅频特性

(1)不接负载电阻，

①在输入端加入 1mV，频率为 10kHz 的正弦信号，用示波器观察输出波形，在不失真的情况下，用交流毫伏表测量输出电压 U_{om}。

②保持输入信号幅度不变，增大输入信号频率，当输出电压下降到 $0.707U_{om}$ 时，对应的信号频率即为放大器上限频率；同样方法，减小输入信号频率，当输出电压下降到 $0.707U_{om}$ 时，对应的信号频率即为放大器下限频率。在曲线平滑的地方少测几点，而在曲线变化较大的地方上限频率、下限频率附近多测几点。

(2)当 $R_L = 3$k 时，重复上述步骤①②。

表 3-4-2　幅频特性曲线的测量

f/kHz					10				
U_O/V	$R_L = \infty$								
	$R_L = 3\text{k}\Omega$								

六、注意事项

1. 不能用 UT56 数字表测量动态时电压 U_o。为什么？
2. 仪器与实验板"共地"。
3. 连接导线尽可能短。
4. 测量动态电压时，在输出电压不失真的条件下进行，(用示波器监视输出波形)。
5. 测量幅频特性(A_u-f)时，在输入电压不变，在输出电压不失真的条件下进行。

七、实验报告

1. 整理实验数据，分析实验结果。
2. 画出幅频特性简图，标出上限频率 f_H、下限频率 f_L。
3. 回答思考题。

八、思考题

1. 试定性说明，在信号频率较低和较高时，放大器的电压放大倍数为何会下降？
2. 测量放大器的电压放大倍数、输入电阻、输出电阻等性能指标时，为何要用示波器监察输出波形？

实验五　负反馈放大电路

一、实验目的

1. 加深理解负反馈对放大器性能的影响
2. 掌握负反馈放大器技术指标的一般测试方法

二、实验器材

1. 双踪示波器。
2. 数字万用表。
3. 函数信号发生器。
4. 交流毫伏表。
5. 电子线路实验学习机。

三、预习要求

1. 认真阅读教材有关负反馈放大器的内容。
2. 估算基本放大器的 A_u、r_i 和 r_o；估算负反馈放大器的 A_{uf}、r_{if} 和 r_{of}，并验证它们之间的关系。

四、实验原理

负反馈在电子电路中应用非常广泛，虽然会使放大器放大倍数降低，但是可以使放大器的其他性能得到改善，如提高放大器的稳定性，扩展放大器的通频带，改变放大器输入、输出电阻，减少非线性失真等等。因此，几乎所有的实用放大器都引入负反馈。

如图 3-5-1 所示，放大电路的输出端通过一个由 R_F、C_F、R_6 组成的电阻分压器，将输出端和输入端连接起来，把 U_o 的一部分 U_F 送回输入回路，改变净输入量的大小，其调节作用和过程如下：

$$U_i \uparrow \rightarrow U_{be1} \uparrow \rightarrow U_{c1} \downarrow \rightarrow U_{b2} \downarrow \rightarrow U_{c2} \uparrow \rightarrow U_o \uparrow \rightarrow U_F \uparrow \rightarrow U_{be1} \downarrow$$

上述过程使净输入电压减小，所以是负反馈。在电压串联负反馈放大电路中，引入负反馈后的放大倍数称为闭环电压放大倍数 A_{uF}，而不存在负反馈的放大电路的放大倍数称为开环电压放大倍数 A_u。

图 3-5-1 为带有负反馈的两级阻容耦合放大电路，属于电压串联负反馈。其主要性能指标如下：

1. 闭环电压放大倍数：$A_{uF} = \dfrac{A_u}{1 + A_u F_u}$

其中 A_u 为开环电压放大倍数，即 $A_u = \dfrac{u_o}{u_i}$，为反馈深度，它的大小决定了负反馈对放大器性能改善的程度。

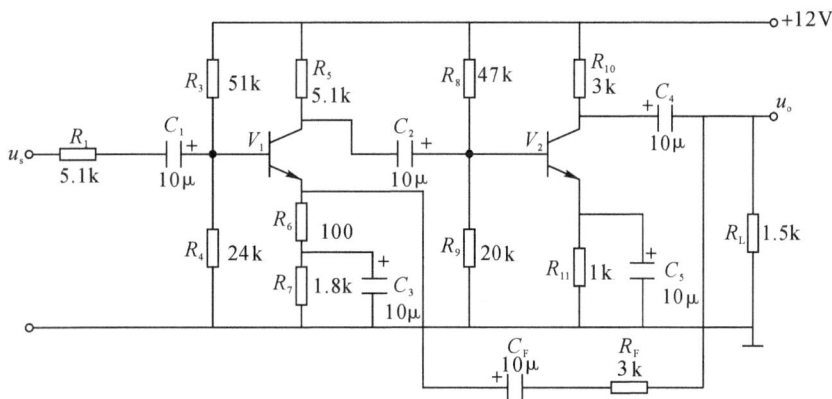

图 3-5-1　电压串联负反馈电路

2. 反馈系数

$$F_u = \frac{R_6}{R_6 + R_F}$$

3. 输入电阻

$$r_{iF} = (1 + A_u F_u) r_i$$

其中 r_i 为基本放大器的输入电阻。

4. 输出电阻

$$r_{oF} = \frac{r_o}{1 + A_u F_u}$$

其中 r_o 为基本放大器的输出电阻。

本实验还需要测量基本放大器的动态参数。要把反馈网络的影响(负载效应)考虑到基本放大器中去,为此,应注意两点:

(1)在画基本放大器的输入回路时,因为是电压负反馈,可以将负反馈放大器的输出端交流短路,即 $u_o = 0$,此时 R_F 相当于并联 R_6 两端。

(2)在画放大器输出回路时,由于输入端是串联负反馈,因此需将负反馈放大器的输入端(V_1 管射极)开路,此时($R_F + R_6$)相当于并接在输出端。

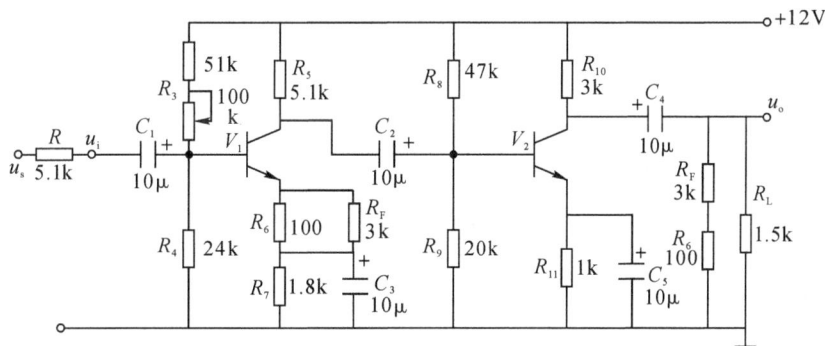

图 3-5-2　基本放大器

五、内容与步骤

1. 测量静态工作点
(1) 按图 3-5-1 连接。
(2) 按表 3-5-1 的要求来测量。

表 3-5-1　两级静态工作点

测量内容	U_B/V	U_E/V	U_C/V	I_C/mA	I_B/uA
第一级					
第二级					

2. 测量基本放大器的各项性能指标
(1) 按图 3-5-2 连接,
(2) 测量中频电压放大倍数 A_u、输入电阻 r_i、输出电阻 r_o。

① 以 $U_i=1mV$,$f=10kHz$ 正弦信号输入放大器,用示波器观察输出波形不失真,用交流毫伏表测量 U_i、U_o,记入表 3-5-2。

② 在输入端与信号源之间串联电阻 R,$f=10kHz$ 的正弦信号输入放大器,在输出不失真的情况下,用交流毫伏表测量 U_s、U_i,用万用表测量 R 值,计算 r_i,记入表 3-5-2。

③ 保持 U_i 不变,接入 $R_L=1.5k\Omega$ 负载电阻(注意 R_F 不要断开),用交流毫伏表测量负载两端电压 U_L;断开 R_L,用交流毫伏表测量输出电压 U_o,计算 r_o,记入表 3-5-2。

3. 测量闭环放大器的各项性能指标
(1) 按图 3-5-1 连接,
(2) 按表 3-5-2 要求适当加大 U_i,在输出波形不失真的条件下,测量负反馈放大器的 A_{uF}、r_{iF} 和 r_{oF}(测量方法如步骤 2),记入表 3-5-2。

表 3-5-2　中频电压放大倍数 A_u、输入电阻 r_i、输出电阻 r_o

	$R_L/k\Omega$	$R_1/k\Omega$	U_s/mV	U_i/mV	U_o/V	$A_u(A_{uF})$	$r_i(r_{iF})/k\Omega$	$r_o(r_{oF})/k\Omega$
开环	∞							
	1.5							
闭环	∞							
	1.5							

4. 测量放大器通频带
(1) 按图 3-5-1 电路连线,选择 U_i 适当幅度($f=10kHz$),在输出信号不失真的条件下(示波器观察),用毫伏表测量输出电压 U_{om}。

(2) 保持输入信号幅度 U_i 不变,逐渐增加频率,直到波形幅度减少到 $0.707U_{om}$,此信号频率即为放大器的上限频率 f_H。

(3) 条件同上,逐渐减小频率,直到波形幅度减少到 $0.707U_{om}$,此信号频率即为放大器的下限频率 f_L。

计算频带宽度:$f_{BW}=f_H-f_L$
(4) 按图 3-5-2 电路连线,重复(1)—(3)步骤,并将结果填入表 3-5-3。

表 3-5-3　放大器频率特性

	f_L/Hz	f_H/kHz
开环		
闭环		

*5. 观察负反馈对非线性失真的改善（选做）

（1）实验电路改接成基本放大器的形式，在输入端加入 $f=10\text{kHz}$ 的正弦信号，输出端接示波器，逐步增大输入信号的幅度，使输出波形刚开始出现失真，记下此时的波形和输出电压幅度，填入表 3-5-4 中。

（2）实验电路改接成负反馈放大器的形式，增大输入信号的幅度，使输出电压幅度大小与（1）相同，记下输出波形，填入表 3-5-4 中，比较有无反馈时，输出波形的变化，分析原因。

表 3-5-4　负反馈对非线性失真的改善

	u_o 输出波形	u_o/V	原因分析
开环			
闭环			

六、注意事项

1. 尽量用短线连接；
2. 若电路出现自激振荡或干扰，则应先消除它们，然后再进行测试。

七、实验报告

1. 将实验值与理论值比较，分析产生误差原因。
2. 根据实验内容总结电压串联负反馈对放大电路性能的影响。
3. 回答思考题。

八、思考题

1. 负反馈放大器动态性能的改善均与反馈深度有关，请问反馈深度是否愈深愈好？为什么？

2. 怎样把负反馈放大器改接成基本放大器？为什么要把 R_F 并接在输入和输出端？

3. 怎样判断放大器是否存在自激振荡？如何进行？

4. 如按深度负反馈估算，则闭环电压放大倍数 $A_{uF}=$？该值和测量值是否一致？为什么？

实验六　差动放大电路

一、实验目的

1. 熟悉差动放大器电路的结构和性能特点。
2. 掌握差动放大电路的基本测试方法。
3. 学会使用示波器观察和比较两个电压信号相位关系的方法。

二、实验器材

1. 双踪示波器
2. 数字万用表
3. 电子线路实验学习机
4. 函数信号发生器
5. 交流毫伏表

三、预习要求

1. 计算图 3-6-2 差动放大电原理图的静态工作点及电压放大倍数。
2. 复习差动放大器的工作原理。

四、实验原理

差动放大器是一种零点漂移十分微小的直流放大器。在分立元件电路中,它常作为多级直流放大器的前置级,用以放大极微弱的直流信号或缓慢变化的交流信号,由于差动放大器采用直接耦合方式,便于集成,因此在模拟集成电路中得到广泛应用,所以说差动放大器是电子线路的基本单元电路之一。

在输入端,幅值大小相等,相位相反的信号称为差模信号;幅值大小相等,相位相同的信号称为共模信号。差动放大器由两个对称的基本共射放大电路组成,发射极负载是一晶体管恒流源。若电路完全对称,对于差模信号,若 V_1 集电极电流增加,则 V_2 集电极电流一定减少,增加与减少之和为零,V_3 和 R_{E3} 等效于短路,V_1、V_2 的发射极几乎等效于接地,差模信号被放大;对于共模信号,若 V_1 集电极电流增加,则 V_2 集电极电流一定增加,两者增加的量相等,V_1、V_2 的发射极等效于分别接了两倍的恒流源等效电阻,强发射极负反馈使共射放大器对共模信号起强衰减作用,共模信号被衰减。从而使差动放大器有较强的抑制共模干扰的能力,调零电位器 R_p 用来调节 V_1、V_2 管的静态工作点,希望输入 $u_{i1}=0$,$u_{i2}=0$ 时,使双端输出电压 $U_o=0$。

1. 基本电路

常用的射极耦合差动放大器如图 3-6-1 所示。图中 $V_{CC}=-V_{EE}$。R 为外接平衡电阻,它使外加差模电压 U_{id} 均衡地加在两个输入端,另一方面它为两管的基极提供直流通路。V_1、V_2 为差动对管,电路形式完全对称,$R_{s1}=R_{s2}=R_s$,$R_{C1}=R_{C2}=R_C$。R_P 为调零电位器,若电路完全对称,静态时 P 点应处于 R_P 中点;若电路不完全对称,应调节 P 点的位置使 R_L 两端静态时的直流电位相等。

图 3-6-1 电路在静态时通过公共电阻 R_E 的电流为 $I_o = \dfrac{V_{EE} - V_P}{R_E}$

故 V_1、V_2 的静态电流各为　$I_{C1} = I_{C2} = I_o/2$。

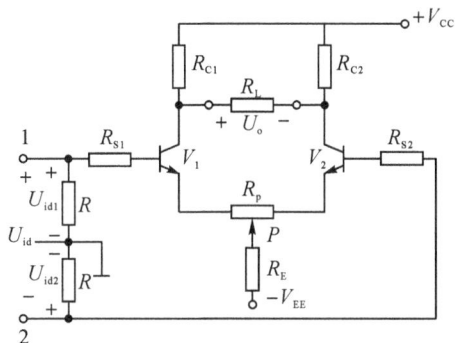

图 3-6-1　差动放大器基本电路

2. 差动放大器的电压增益

(1)差模电压增益

对于图 3-6-1 所示的差动放大器,设电路完全对称,且 $R_L \to \infty$(即断开 R_L),在 1、2 两端输入差模信号 $U_{id} = U_{id1} - U_{id2}$。

双端输入—双端输出时,差动放大器的差模电压增益为

$$A_{ud} = \frac{U_{od}}{U_{id}} = \frac{U_{od1} - U_{od2}}{U_{id1} - U_{id2}} = \frac{U_{od1}}{U_{id1}} = A_{u1}$$

$$= -\frac{\beta R_c}{R_s + r_{be} + \dfrac{1}{2}(1+\beta)R_p} \tag{3-6-1}$$

式中,A_{u1} 为单管共射放大器的电压增益。

双端输入—单端输出时,电压增益为

$$A_{ud1} = \frac{U_{od1}}{U_{id}} = \frac{U_{od1'}}{U_{id1}} = \frac{1}{2}A_{u1}$$

$$= -\frac{\beta R_c}{2\left[R_s + r_{be} + \dfrac{1}{2}(1+\beta)R_p\right]} \tag{3-6-2}$$

对于图 3-6-1 所示的电路,也可采用单端输入方式,输出可作双端输出,也可作单端输出。电路的分析方法、电压增益的计算、输出信号与输入信号的相位关系等均与双端输入的差动放大器相同。

(2)共模电压增益

在图 3-6-1 所示的差动放大器的 1、2 两端输入共模信号,当电路采用单端输出时,其共模电压增益为

$$A_{uc1} = \frac{U_{oc1}}{U_{ic}} = \frac{U_{oc2}}{U_{ic}} = A_{uc2}$$

$$= -\cfrac{\beta R_c}{R_s + r_{be} + \cfrac{1}{2}(1+\beta)R_p + 2(1+\beta)R_E} \qquad (3\text{-}6\text{-}3)$$

通常 $\beta \geqslant 1, 2(1+\beta)R_E \geqslant R_s + r_{be} + \cfrac{1}{2}(1+\beta)R_p$，故上式可简化为

$$A_{uc1} = A_{uc2} \approx -\frac{R_C}{2R_E} \qquad (3\text{-}6\text{-}4)$$

在电路完全对称的情况下，采用双端输出时，其共模电压增益为

$$A_{uc1} = \frac{U_{oc1} - U_{oc2}}{U_{ic}} = 0 \qquad (3\text{-}6\text{-}5)$$

综上所述，当差动放大器作单端输出时，其共模电压增益 $|A_{uc1}| = |A_{uc2}| \approx \dfrac{R_C}{2R_E} < 1$（通常 $2R_E > R_C$），即差动放大器对共模信号不是放大，而是抑制，R_E 越大，抑制能力越强。当差动放大器作双端输出时，在电路完全对称的情况下可完全抑制共模信号。

3. 共模抑制比

共模抑制比定义为放大电路对差模信号的放大倍数与共模信号的放大倍数之比的绝对值，有时也用分贝数来表示。实际的输入信号往往是差模信号和共模信号共存的情况。为了说明差动放大器对差模信号的放大以及对共模信号的抑制能力，通常用共模抑制比 K_{CMR} 来衡量，其值越大，则抑制能力越强，放大器性能越好。

单端输出时，其共模抑制比为

$$K_{CMR} = \left| \frac{A_{ud1}}{A_{uc1}} \right| = \frac{\beta R_E}{R_s + r_{be} + (1+\beta)R_p/2}$$

双端输出时，其共模抑制比为

$$K_{CMR} = \left| \frac{A_{ud}}{A_{uc}} \right| \longrightarrow \infty$$

可见，提高共模抑制比的有效方法是增大差动放大器的差模电压增益，减小共模电压增益。具体做法是减小 R_s、增大 R_E 的阻值，并采用双端输出方式。为了提高电路的性能，实际应用中往往用恒流源来代替 R_E。由于恒流源具有较大的动态电阻，因而可大大提高差动放大器的共模抑制比，实际电路如图 3-6-2 所示。

在图 3-6-2 中，电源电压 V_{EE} 仍保持原值不变。R_3、R_4、R_{E3} 及 V_3 构成恒流源电路代替公共电阻 R_E。该电路的静态工作点电流为

$$I_0 \approx \frac{\left[\dfrac{R_4}{R_3 + R_4}(V_{CC} + |V_{EE}|) - V_{BE3} \right]}{R_{E3}}$$

$$I_{C1} = I_{C2} \approx \frac{I_0}{2}$$

4. 零点漂移现象的定性分析

零点漂移现象就是放大器的输出电压偏离原来的起始值而作无规律的变动。这种现象对放大变化缓慢的微弱信号是极为有害。零点漂移现象产生的原因主要是晶体管的参数（U_{BE}、β、I_{CBO}）受环境温度的影响而产生变化，致使原有的工作状态发生不规则的变动。通常将温度变化而引起的漂移现象等效为在输入端加有共模信号，因此克服零点漂移的方法

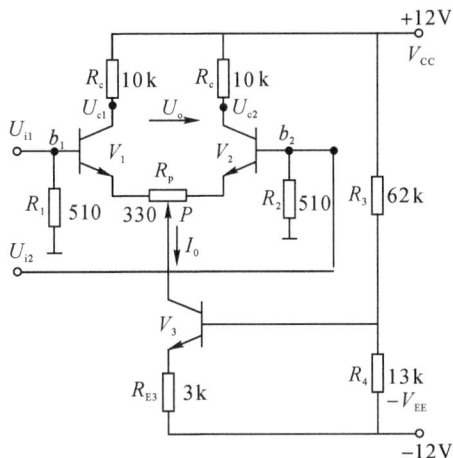

图 3-6-2 带恒流源的差动放大器

仍然是增大 R_E 的阻值、加强电路的对称性以及采用双端输出等措施。

五、内容及步骤

按图 3-6-2 连接。

1. 测量静态工作点

(1)调零

将两个输入端接地,接通直流电源,调节电位器 R_P 使双端输出电压 $U_o = 0$,

(2)测量静态工作点

测量 V_1、V_2、V_3 各极对地电压填入表 3-6-1 中

表 3-6-1　静态工作点

对地电压	U_{B1}	U_{B2}	U_{B3}	U_{C1}	U_{C2}	U_{C3}	U_{E1}	U_{E2}	U_{E3}
测量值(V)									

＊注意事项:上表中的电压值都是对"地"的测量值,测量值有三位以上的有效数字。

2. 测量双端输入差模电压放大倍数。

在输入端加入直流电压信号 $u = \pm 0.1\mathrm{V}$,按表 3-6-2 要求测量并记录,由测量数据算出单端和双端输出的电压放大倍数。注意在实验箱上先粗调直流电压源,使 OUT1 和 OUT2 大约为 $+0.2\mathrm{V}$ 和 $-0.2\mathrm{V}$,然后分别接入 u_{i1} 和 u_{i2} 再调整,使 OUT1 和 OUT2 分别为 $+0.1\mathrm{V}$ 和 $-0.1\mathrm{V}$,测量并填入表 3-6-2。

表 3-6-2　双端输入差模电压放大倍数

测量及计算值	差模输出					
	测量值			计算值		
输入信号/V	U_{C1} (V)	U_{C2} (V)	$U_{o双}$ (V)	A_{d1}	A_{d2}	$A_{d双}$
$U_{i1} = +0.10$						
$U_{i2} = -0.10$						

3. 测量双端输入共模电压放大倍数。

(1) 将输入端 b_1、b_2 短接,调整 OUT$_1$ 使其输出为 1.0,然后与 OUT$_1$ 相连,测量并填入表 3-6-3;

(2) 将输入端 b_1、b_2 短接,调整 OUT$_2$ 使其输出为 -1.0,然后与 OUT$_2$ 相连,测量并填入表 3-6-3。由测量数据算出单端和双端输出的电压放大倍数。进一步算出共模抑制比

$$K_{CMR} = \left| \frac{A_d}{A_c} \right| 。$$

＊注意事项:上表中的电压值都是对"地"的测量值,必须将直流电压源与实验电路连接后,再把输入电压调到所需的电压值后,再测量。为什么?

表 3-6-3　双端输入共模电压放大倍数和共模抑制比

测量及计算值 \ 输入信号/V	共模输出						共模抑制比
	测量值			计算值			计算值
	U_{C1} (V)	U_{C2} (V)	$U_{o双}$ (V)	A_{c2}	A_{c2}	$A_{c双}$	K_{CMR}
$U_{i1} = +1.0$							
$U_{i2} = -1.0$							

4. 在实验板上组成单端输入的差动电路进行下列实验。

(1)在图 3-6-2 中将 b_2 接地,组成单端输入差动放大器,从 b_1 端输入直流信号 $u_{i1} = \pm 0.1V$,测量单端及双端输出,填入表 3-6-4,记录电压值。计算单端输入时的单端及双端输出的电压放大倍数。并与双端输入时的单端及双端差模电压放大倍数进行比较。

表 3-6-4 单端输入差模电压放大倍数

测量及计算值 \ 输入信号/u_{i1}	电压值/V			放大倍数 A_u		
	U_{C1}	U_{C2}	$U_{o双}$	A_{u1}	A_{u2}	$A_{u双}$
直流＋0.10V						
直流－0.10V						
正弦信号 (50mV、1kHz)						

表 3-6-5　单端输入差模电压输出波形

输入	输出	波形
正弦信号 (50mV、 1kHz)	U_{C1}	
	U_{C2}	

(2)将 b_2 端接地,从 b_1 端加入正弦交流信号 $u_{i1} = 50mV$,$f = 1kHz$ 分别测量、记录单端及双端输出电压,填入表 3-6-4 计算单端及双端的差模放大倍数。并用双踪示波器观察

u_{oc1}、u_{oc2} 的相位关系。填入表 3-6-5。

六、注意事项

1. 调零：先使 $U_i = 0$，数字万用表先置于 2V 档接在 U_{o1} 与 U_{o2} 之间，调节 R_p 电位器，使输出电压小于 200mV 以下时，再置于 200mV 挡测量，仔细调节 R_p 电位器，使 $U_o = 0$。

2. 当零点调好后，整个实验过程 R_p 电位器不能改变。

七、实验报告

1. 将实验值与理论值比较，分析误差原因。
2. 根据实验内容总结差动电路的性能与特点。
3. 回答思考题。

八、思考题

1. 电路中 R_p 起什么作用？挑选 V_1、V_2 有什么要求？

2. 有一台函数信号发生器，对地输出 1kHz 的信号，问能否直接接到实验电路图的 b_1、b_2 两点之间作为双端输入信号？

3. 在图 3-6-2 中，$R_p/2$ 与 R_E 所起负反馈作用有何不同？R_E 的值的提高受到什么限制？如何解决这一矛盾？

4. 为什么电路在工作前需进行零点调整？

5. 可否用交流毫伏表跨接在输出端 U_{c1} 与 U_{c2} 之间测量差动放大器的输出电压 U_o？为什么？

实验七 比例求和运算电路

一、实验目的

1. 掌握用集成运算放大器组成比例、求和电路的特点及性能。
2. 学会上述电路的测试和分析方法。

二、实验器材

1. 数字万用表
2. 电子线路实验学习机

三、预习要求

3. 认真复习集成运放线性应用部分内容,并根据实验电路参数计算输出电压的理论值。

4. 为了不损坏集成电路,实验中应注意什么?

四、实验原理

集成运算放大器是性能优良的直接耦合放大器件。它具有开环电压增益高、输出阻抗小、输入阻抗大等特点。而且它的输入级采用差动放大电路,对共模信号有较强的抑制能力。集成运放是一种通用性较强的线性集成器件,它的通用性在于,若在它的输出端与输入端之间加上不同的反馈网络,便可实现不同的电路功能。

本实验仅对集成运放施加线性负反馈时具有的若干电路功能进行实验研究。在以下的讨论中,都假设运放是理想的,即其开环增益 A_{uo} 为无穷大,输入电阻 r_i 为无穷大,输出电阻 r_o 为零。若对理想运放施加深度负反馈,如图 3-7-1 所示,使它工作于线性放大状态,因输出电压是 u_o 是有限的,根据

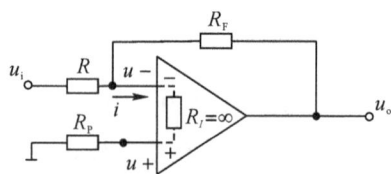

图 3-7-1　理想运放电路

$$A_{uO} = \frac{u_o}{u_+ - u_-} = \infty$$

可得 $u_+ - u_- = 0$ 即 $u_+ = u_-$。又因 $r_i = \infty$,可得运放的输入电流 $i = 0$。利用运放在线性应用时 $u_+ = u_-$ 和 $i = 0$ 这两个特点来分析处理问题,所得结果与实际情况相当一致,不会带来明显的误差。

1. 基本运算电路

(1)反相比例电路

反相比例电路如图 3-7-2 所示。信号由反相端输入,R 和 R_F 组成负反馈网络,引入电压并联负反馈。在理想条件下,反相端为"虚地",而且 $i_1 = i_F$,则输出电压为

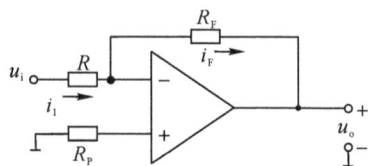

图 3-7-2　反相比例电路

$$u_o = -i_F R_F = -\frac{u_i}{R} R_F \qquad (3\text{-}7\text{-}1)$$

即输出电压与输入电压成比例,比例系数即电压放大倍数为

$$A_{uF} = \frac{u_o}{u_i} = -\frac{R_F}{R} \qquad\qquad (3\text{-}7\text{-}2)$$

可见,由于电路中引入深度负反馈,使闭环放大倍数 A_{uF} 完全由反馈元件值确定。改变比值 R_F/R,可灵活地改变 A_{uF} 的大小。式中的负号表示 u_o 与 u_i 反相。平衡电阻 $R_P = R_F // R$。

(2)反相加法电路

反相加法电路如图 3-7-3 所示。由于反相端为"虚地",各输入电压彼此独立地通过自身输入回路的电阻转换成电流在反相端汇合,再经反馈电阻 R_F 转换成输出电压,从而实现

相加运算。在理想条件下，$i_1 + i_2 = i_F$，即

$$\frac{u_{i1}}{R_1} + \frac{u_{i2}}{R_2} = -\frac{u_o}{R_F}$$

因此输出电压为

$$u_o = -\left(\frac{R_F}{R_1}u_{i1} + \frac{R_F}{R_2}u_{i2}\right) \qquad (3\text{-}7\text{-}3)$$

若取 $R_1 = R_2 = R$，则有

$$u_O = -\frac{R_F}{R_1}(u_{i1} + u_{i2}) \qquad\qquad\qquad (3\text{-}7\text{-}4)$$

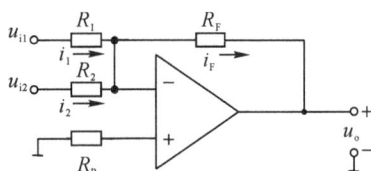

图 3-7-3　反相加法电路

此电路的输入信号不限于两路，根据需要可扩展为多路。

（3）同相比例电路和电压跟随器

同相比例电路如图 3-7-4 所示。信号经过 R_p（$R_p = R /\!/ R_F$）加至同相端，R 和 R_F 组成反馈网络，引入电压串联负反馈。在理想条件下，$u_- = u_+ = u_i$ 由图可得

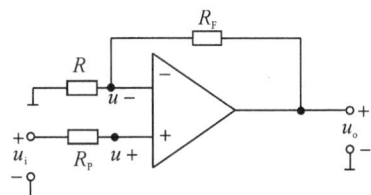

图 3-7-4　同相比例电路

$$u_- = \frac{R}{R + R_F}u_o$$

因此为　　$u_o = \left(1 + \frac{R_F}{R}\right)u_i \qquad\qquad\qquad (3\text{-}7\text{-}5)$

电路的闭环放大倍数为

$$A_{uF} = 1 + \frac{R_F}{R} \qquad\qquad\qquad\qquad (3\text{-}7\text{-}6)$$

上式表明，同相比例电路的输出电压 u_o 与输入电压 u_i 同相位，而且电压放大倍数总是大于 1。

图 3-7-5 所示的两个电路为同相比例电路的两个特例。显然，它们的输出电压与输入电压大小相等，相位相同，因此称为电压跟随器。

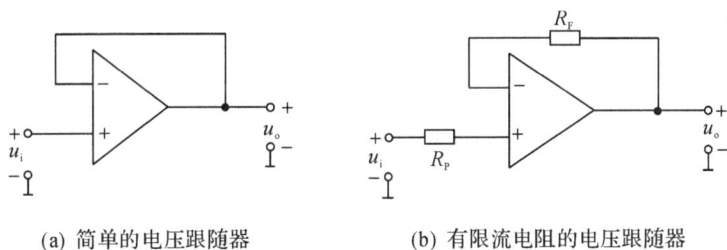

(a) 简单的电压跟随器　　　　　　　　(b) 有限流电阻的电压跟随器

图 3-7-5　电压跟随器

2. 集成运放的相位补偿与调零

（1）相位补偿

为了工作的稳定与性能指标的改善，在运放内部电路中引入了各种负反馈。负反馈信号在低频段相对于输入信号有 $180°$ 的相移，然而在高频，必然会产生随频率变化的附加相

移。对某些频率,这种附加相移可达到 180°,使负反馈转化为正反馈,在这些频率上就可能产生自激。因此,使用运放时,在接通电源后,首先应检查电路是否有自激,即在 $u_i = 0$(输入对地短路)的情况下,用示波器观察输出端是否有自激波形。若有,应设法进行相位补偿,即外接相位补偿元件以破坏自激条件,消除自激。相位补偿也称消振。不同型号的运放,其相位补偿电路不一样,一般在器件手册上都有介绍。目前生产的集成运放多半不需要相位补偿。例如 μA741 型集成运放,其相位补偿元件已制作在内部电路中。

(2)调零

由于运放是直接耦合的多级放大器,为了平衡它的失调误差,使用时必须调零,即输入电压为零时,设法使输出电压也为零。图 3-7-6 示出 μA741 的调零电路,它的 1 脚和 5 脚为调零端,R_w 为外接调零电位器。

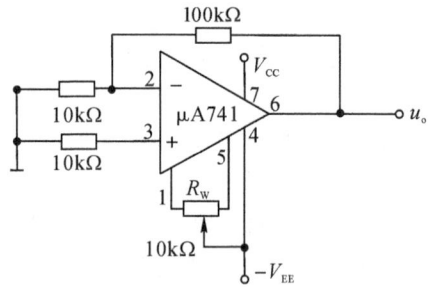

图 3-7-6 μA741 的调零电路

不同型号的运放有各自的调零电路。但各种运放也都可用图 3-7-7 所示的电路调零。图 3-7-7 所示的两种电路是在运放的输入端施加很小的可调直流电压,改变此电压的大小可将静态输出电压调到零。其中,图(a)用于反相输入电路,图(b)用于同相输入电路。

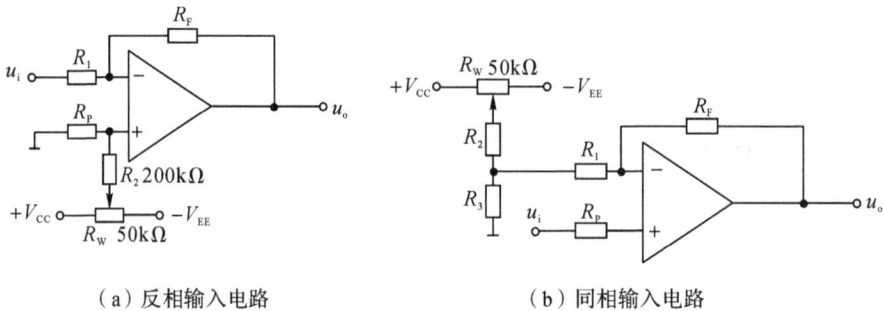

(a)反相输入电路   (b)同相输入电路

图 3-7-7 运放的通用调零电路

3. 说明三点

(1)在计算每一电路参数理论值时,公式中的元件值应该用实测值代入,而不用标称值。

(2)μA741(美国仙童公司产)是 8 脚双列直插式组件。

μA741 引脚	功能
①⑤	调零端
②	反相输入端
③	同相输入端
④	负电源输入端
⑥	输出端
⑦	正电源输入端
⑧	空脚

（3）集成运放的输出端应避免与地、正电源、负电源短接，以免器件损坏。装接电路或改接，插拔器件时，必须断开电源，否则器件容易受到极大的感应或电冲击而损坏。

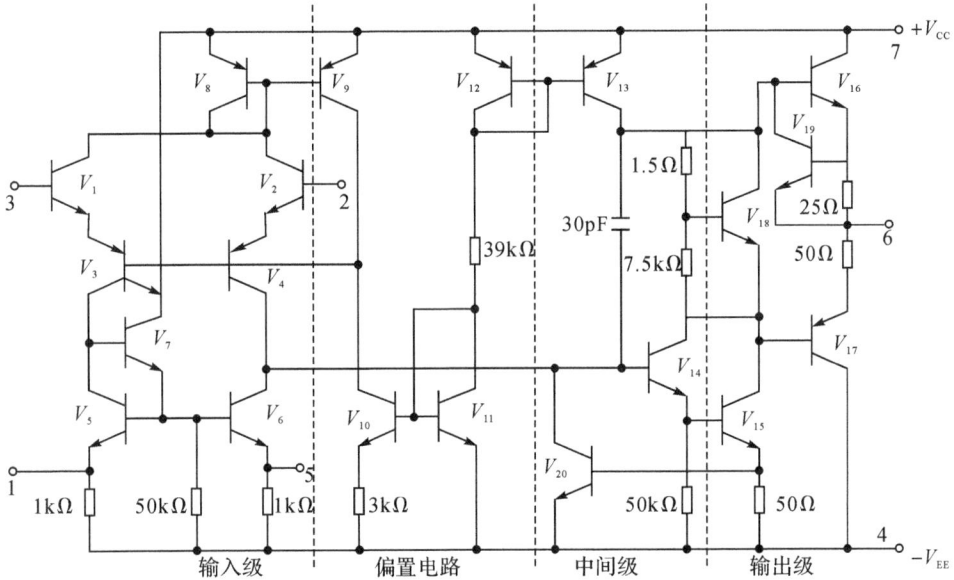

图 3-7-8　μA741 的内部电路图

五、内容与步骤

1. 按图 3-7-6 所示，先不连接调零电位器，测量输出电压，若 $U_o < 15\text{mV}$，不需调零；否则按图 3-7-6 所示连接电路。进行调零。

（1）记下输出最小值 $U_{omin} = $ _____。

（2）用数字万用表测量实验板有关的电阻值，记入表 3-7-1。

表 3-7-1　A_3 板有关电阻值

编号	标称值（kΩ）	实测值（kΩ）
3R7	100	
3R9	10	
3R10	10	
3R11	10	
3R13	5.1	
3R19	100	

2. 电压跟随器

实验电路如图 3-7-9 所示，输出电压与输入电压之间的关系为 $U_o = U_I$。

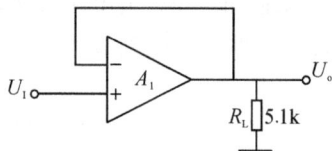

图 3-7-9　电压跟随器

按表 3-7-2 内容实验并测量记录。

表 3-7-2　电压跟随器

U_{I}(V)	参考值	−2.0	−0.5	0	0.5	1.0
	实测值					
U_{o}(V)	$R_{\mathrm{L}}=\infty$					
	$R_{\mathrm{L}}=5.1\mathrm{k}\Omega$					

3. 反相比例放大器

实验电路如图 3-7-10 所示,该电路的输出电压与输入电压之间的关系为:

$$U_{\mathrm{o}}=-\frac{R_{\mathrm{F}}}{R_1}\cdot U_{\mathrm{I}}$$

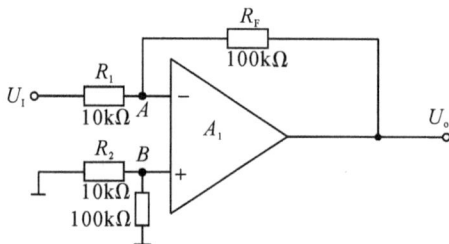

图 3-7-10　反相比例放大器

(1)按表 3-7-3 内容实验并测量记录。

表 3-7-3　反相比例放大器

直流输入电压 U_{I}(mV)	参考值	30	100	300	1000	3000
	实测值					
输出电压 U_{o}	理论估算(mV)					
	实验值(mV)					
	绝对误差					

（2）按表 3-7-4 内容实验并测量记录。

表 3-7-4　反相比例放大器

测试条件		理论估算值	实测值
R_L 开路,直流输入信号 U_I 由 0 变为 800mV	ΔU_0		
	ΔU_{AB}		
	ΔU_{R2}		
	ΔU_{R1}		
$U_I=800\text{mV}$ R_L 由开路变为 5.1kΩ	ΔU_{OL}		

*（3）测量图 3-7-10 电路的上限截止
频率。

4. 同相比例放大器

电路如图 3-7-11 所示,输出电压与输入电
压之间的关系为:$U_0=(1+\dfrac{R_F}{R_1})U_I$

（1）按表 3-7-5 和 3-7-6 实验测量并记录。

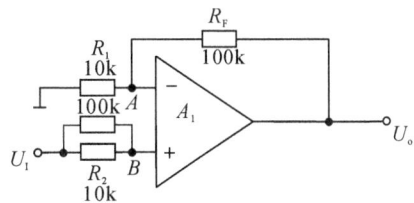

图 3-7-11　同相比例放大器

表 3-7-5　同相比例放大器

直流输入电压 U_I(mV)	参考值	30	300	1000	3000
	实测值				
输出电压 U_0	理论估算(mV)				
	实验值(mV)				
	绝对误差				

表 3-7-6　同相比例放大器

测试条件		理论估算值	实测值
R_L 开路,直流输入信号 u_i 由 0 变为 800mV	ΔU_0		
	ΔU_{AB}		
	ΔU_{R2}		
	ΔU_{R1}		
$U_I=800\text{mV}$ R_L 由开路变为 5.1k	ΔU_{OL}		

*（2）测出电路的上限截止频率。

5. 反相求和放大电路

实验电路如图 3-7-12 所示,输出电压与输入电压之间的关系为:

$$U_O=-\frac{R_F}{R_1}(U_{I1}+U_{I2})$$

按表 3-7-7 内容进行实验测量,并与预习计算比较。

表 3-7-7　反相求和放大电路

U_{I1} (V)	参考值	0.3	−0.3
	实测值		
U_{I2} (V)	参考值	0.2	0.2
	实测值		
U_o (V)	实测值		

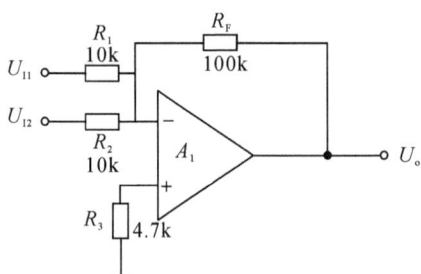

图 3-7-12　反相求和放大器　　　　　　　　图 3-7-13　输入求和电路

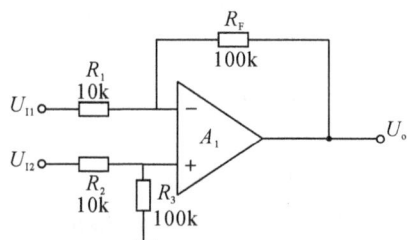

6. 双端输入求和放大电路

实验电路为图 3-7-13 所示,输出电压与输入电压之间的关系为:

$$U_o = -(U_{I1} - U_{I2})\frac{R_F}{R_1}$$

实验电路为图 3-7-13 所示,按表 3-7-8 要求实验并测量记录。

表 3-7-8　双端输入求和放大电路

U_{I1} (V)	参考值	1	2	0.2
	实测值			
U_{I2} (V)	参考值	0.5	1.8	−0.2
	实测值			
U_o (V)	实测值			

六、实验报告

1. 总结本实验中 5 种运算电路的特点及性能。

2. 分析理论计算与实验结果误差的原因。

七、注意事项

1. 本次实验需要加 ±12V 电压,正、负电源极性不能接错,(注意! −12V 电压不能接到地)

2. 在切断电源情况下连线。

3. 测量前先调零(即当 $U_i = 0$ 时,$U_o \leqslant 15mV$)。调零必须细心切忌使电位器的滑动端与地线或正电源线相碰,否则会损坏运算放大器。零点调好后,RP 电位器不能改变。

4. 调零时应注意以下几点：①调零必须在闭环条件下进行；②输出端电压应用小量程电压挡测量，如 200mV 挡；③若调节调零电位器输出电压不能达到零值或输出电压不变，应检查电路接线是否正确，即输入端是否短路或接触不良，电路有没有构成闭环。

5. 严禁将运放的输出端接电源或地。

八、思考题

1. 运放工作时，为什么要调零？

2. 运放的调零能否在开环（无外部负反馈）的状态下进行？为什么？

3. 调试中是要先进行相位补偿还是先调零？为什么？

实验八　积分与微分电路

一、实验目的

1. 学会用运算放大器组成积分、微分电路。

2. 验证积分、微分电路输入与输出电压的函数关系。

二、实验器材

1. 数字万用表

2. 函数信号发生器

3. 双踪示波器

4. 电子线路实验学习机

5. 交流毫伏表

三、预习要求

1. 认真复习电子技术课程中有关基本运算电路的组成与工作原理，熟悉集成运放各引脚的功能及外部接线。

2. 拟定实验步骤，做好记录表格。

四、实验原理

1. 积分电路

图 3-8-1(a)为积分电路。输入信号经 R 加至反相端，电容 C 为反馈元件，同相端经平衡电阻 $R_P(R_P = R)$ 接地。在理想条件下，$i_R = i_c$ 即

$$\frac{u_i}{R} = -C\frac{du_c}{dt} = -C\frac{du_o}{dt}$$

由此可得

$$u_o = -\frac{1}{RC}\int u_i dt \qquad (3\text{-}8\text{-}1)$$

即输出电压与输入电压的积分成比例。若 u_i 为幅度等于 E 的正阶跃电压,则有

$$u_o = -\frac{E}{RC}t \qquad (3\text{-}8\text{-}2)$$

即输出电压随时间线性下降,如图 3-8-1(b)中实线所示。若 u_i 为负阶跃电压,u_o 就线性上升。显然常数 RC 越大,达到给定的 u_o 值所需的时间就越长。若 u_i 为矩形波,u_o 则为三角波,如图 3-8-1(c)所示。u_o 所能达到的最大值受集成运放最大输出范围限制。

实际应用中,通常在电容 C 的两端并接一个电阻 R_F,如图 3-8-1(a)中虚线所示。其作用是引入直流负反馈,以减小输出的直流漂移。当然 R_F 的引入将使 u_o 的线性变坏,如图(b)中的虚线所示。因此 R_F 的取值不宜太小。

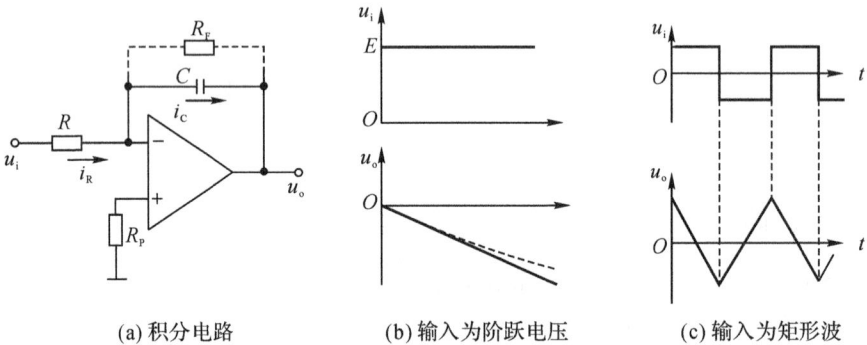

(a)积分电路　　　　(b)输入为阶跃电压　　　　(c)输入为矩形波

图 3-8-1　积分电路及其输入、输出波形

2. 微分电路

微分是积分的逆运算,将积分电路中的电阻和电容交换位置,便组成了微分电路,如图 3-8-2(a)所示。在理想条件下,$i_C = i_F$,$u_c = u_i$,则输出电压为

$$u_o = -i_F R_F = -R_F C\frac{du_i}{dt} \qquad (3\text{-}8\text{-}3)$$

上式表明,输出电压与输入电压的微分成比例。若输入信号为方波,输出则为正、负尖脉冲,如图 3-8-2(b)所示。由式(3-8-3)可知,微分电路的输出电压与输入电压时间的变化率成正比,因此该电路对高频干扰相当敏感,容易引起高频自激。实用的微分电路是在输入回路中串联一个小电阻 R(如图 3-8-3 所示),以增大电路的阻尼,抑制高频自激。R 一般取几百欧至 $1k\Omega$ 为宜。在低频区,使 R 值远小于 X_C,在高频区,使 R 值大于 X_C 时,R 的存在限制了闭环增益继续增大,起到抑制高频噪声和干扰的作用。

基本微分电路在应用中存在两个问题:①在高频区,微分电容的容抗变小,高频放大倍数($A_{uF} = -j\omega RC$)增大,因而高频噪声和干扰比较严重;②其反馈网络具有一定的滞后相移($0 \sim -90°$),它和运放本身的滞后相移($0 \sim -90°$)合在一起,容易满足自激振荡的相位条件而自激。因而基本微分电路很少使用。

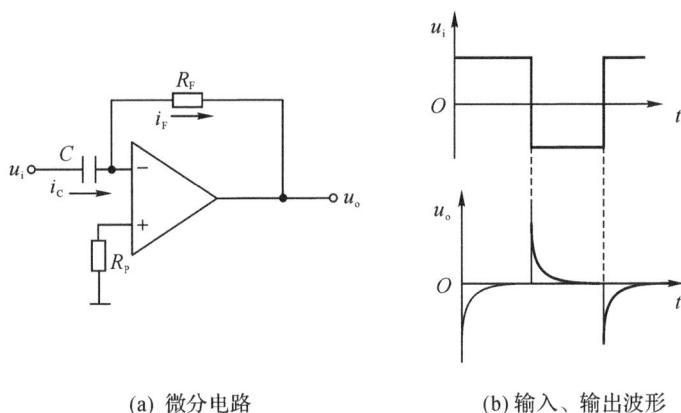

(a) 微分电路   (b) 输入、输出波形

图 3-8-2 微分电路及其输入、输出波形

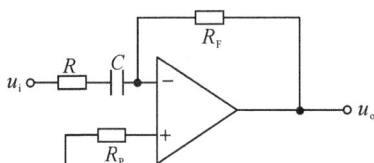

图 3-8-3 实用的微分电路

五、内容与步骤

1. 积分电路：

实验电路如图 3-8-4 所示。

(1) 取 $u_i = -1V$，断开开关 K（开关 K 用一连线代替，拔出连线一端作为断开。）用示波器观察 u_o 变化。

(2) 测量饱和输出电压及有效积分时间。

将直流信号源输出端与 u_i 相接，调整直流信号源，使其输出为 $-1V$，将输出 u_o 接示波器输入，用示波器可观察到积分电路输出饱和。保持电路状态，关闭直流偏置电源，将示波器 X 轴扫描速度置 $0.2s/div$，Y 轴输入电压灵敏度置 $2V/div$，扫描线移至示波器屏的下方，合上开关 K，即时打开直流偏置电源，示波器屏上积分电路的输出为线性上升的直线，用秒表计时，积分电路输出由线性上升的直线变为水平直线，即积分电路已饱和。再用示波器的光标测量示波器屏上电压曲线线性上升段的电压变化量和所用的时间，即积分电路的输出饱和电压和有效积分时间。

(3) 使图 3-8-4 中积分电容改为 $0.1\mu(100n)$，断开 K，u_i 分别输入 $100Hz$ 幅值 $2V$ 的方波和正弦波信号，观察 u_i 和 u_o 大小及相位关系，并记录波形。

(4) 改变图 3-8-4 电路的频率（$f = 150、200、250、300Hz$），观察 u_i 与 u_o 的相位，幅值关系。

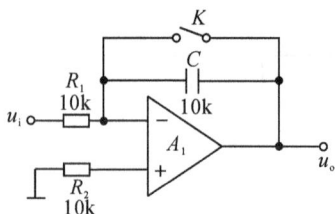

图 3-8-4　积分电路　　　　　　　　　　　　图 3-8-5　微分电路

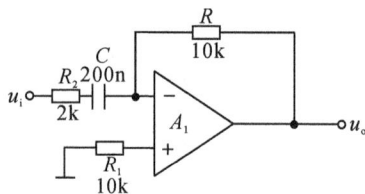

2. 微分电路

实验电路如图 3-8-5 所示。

(1)输入正弦信号,$f=160\text{Hz}$ 有效值为 1V,用示波器观察 u_i 与 u_o 波形并测量输出电压。

(2)改变正弦波形频率(100、200、300、400Hz),观察 u_i 与 u_o 的相位、幅值变化情况并记录。

(3)输入方波,$f=200\text{Hz}$,$u_i=\pm1\text{V}$,用示波器观察 u_o 波形;按上述步骤重复实验。

3. 积分——微分电路

实验电路如图 3-8-6 所示

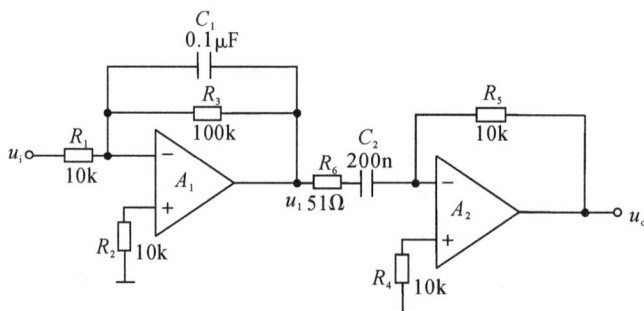

图 3-8-6　积分—微分电路

(1)在 u_i 输入,$f=200\text{Hz}$,$u_i=\pm6\text{V}$ 的方波信号,用示波器观察 u_i 与 u_o 的波形并记录。

(2)将 f 改为 500Hz 重复上述实验。

六、实验报告

1. 整理实验中的数据及波形,总结积分、微分电路特点。

2. 分析实验结果与理论计算的误差原因。

七、注意事项

1. 本次实验需要加 ±12V 电压,正、负电源极性不能接错。

2. 在切断电源情况下连线。

3. 测量前先调零。

4. 严禁将运放的输出端接电源或地。

5. 输出波形出现阻尼振荡时,加补偿电阻 $R=40-1000\Omega$。

八、思考题

1. 图 3-8-1 积分电路中 R_F 的作用是什么?
2. 如何测量饱和输出电压及积分时间?
3. 当反相积分器输入正弦信号的频率发生变化时,积分器的输出会出现什么变化?
4. 当反相积分器输入直流信号 $u_i = +0.1V$ 时,积分器输出会出现什么情况?

实验九　射极跟随电路

一、实验目的

1. 掌握射极跟随电路的特性。
2. 进一步学习放大电路各项参数测量方法。

二、实验器材

1. 双踪示波器
2. 数字万用表
3. 电子线路实验学习机
4. 函数信号发生器
5. 交流毫伏表

三、预习要求

1. 参照教材有关章节内容,熟悉射极跟随电路工作原理及特点。
2. 根据图 3-9-1 元器件参数,估算静态工作点。画交直流负载线。

四、实验原理

射极跟随器的原理图如图 3-9-1 所示。它是一个电压串联负反馈放大电路,它具有输入电阻高,输出电阻低,电压放大倍数接近于 1,输出电压能够在较大范围内跟随输入电压作线性变化以及输入、输出信号同相等特点。

射极跟随器的输出取自发射极,故称其为射极输出器。

1. 输入电阻 r_i

$$r_i = r_{be} + (1+\beta)R_E$$

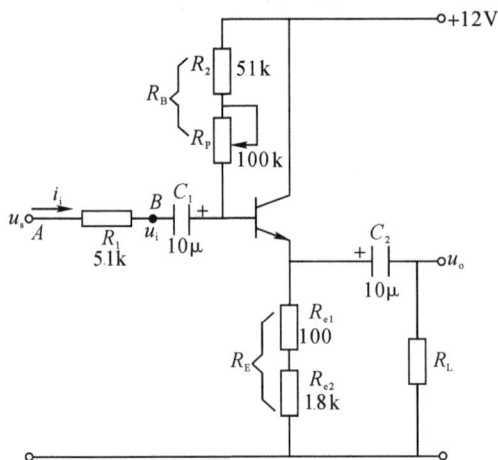

图 3-9-1　射极跟随器原理图

如考虑偏置电阻 R_B 和负载 R_L 的影响,则

$$r_i = R_B /\!/ [r_{be} + (1+\beta)(R_E /\!/ R_L)]$$

由上式可知射极跟随器的输入电阻 r_i 比共射极单管放大器的输入电阻 $r_i = R_B /\!/ r_{be}$ 要高得多,但由于偏置电阻 R_B 的分流作用,输入电阻难以进一步提高。

输入电阻的测试方法同单管放大器,实验线路如图 3-9-1 所示。

$$r_i = \frac{u_i}{i_i} = \frac{u_i}{u_s - u_i} R_1$$

即只要测得 A、B 两点的对地电位即可计算出 r_i。

2. 输出电阻 r_o

如考虑信号源内阻 R_s,则

$$r_o = \frac{r_{be} + (R_s /\!/ R_B)}{\beta} /\!/ R_E \approx \frac{r_{be} + (R_s /\!/ R_B)}{\beta}$$

由上式可知射极跟随器的输出电阻 r_o 比共射极单管放大器的输出电阻 $r_o \approx R_C$ 低得多。三极管的 β 愈高,输出电阻愈小。

输出电阻 r_o 的测试方法亦同单管放大器,即先测出空载输出电压 u_o,再测接入负载 R_L 后的输出电压 u_L,根据

$$u_L = \frac{R_L}{r_o + R_L} u_o$$

即可求出 r_o

$$r_o = \left(\frac{u_o}{u_L} - 1\right) R_L$$

3. 电压放大倍数

$$A_u = \frac{(1+\beta)(R_E /\!/ R_L)}{r_{be} + (1+\beta)(R_E /\!/ R_L)} < 1$$

上式说明射极跟随器的电压放大倍数小于近于 1,且为正值。这是深度电压负反馈的结果。但它的射极电流仍比基流大 $(1+\beta)$ 倍,所以它具有一定的电流和功率放大作用。

4. 电压跟随范围

电压跟随范围是指射极跟随器输出电压 u_o 跟随输入电压 u_i 作线性变化的区域。当 u_i 超过一定范围时，u_o 便不能跟随 u_i 作线性变化，即 u_o 波形产生了失真。为了使输出电压 u_o 正、负半周对称，并充分利用电压跟随范围，静态工作点应选在交流负载线中点，测量时可直接用示波器读取 u_o 的峰峰值，即电压跟随范围；或用交流毫伏表读取 U_o 的有效值，则电压跟随范围

$$u_{op-p} = 2\sqrt{2} U_o$$

五、内容与步骤

1. 按图 3-9-1 电路接线。

2. 直流工作点的调整。

将电源 +12V 接上，在 B 点加 $f=10\text{kHz}$ 正弦波信号，输出端用示波器监视，反复调整 R_P 及信号源输出幅度，使输出幅度在示波器屏幕上得到一个最大不失真波形，然后断开输入信号，用万用表测量晶体管各极对地的电位，即为该放大器静态工作点，将所测数据填入表 3-9-1。

表 3-9-1　静态工作点测量

$U_E(\text{V})$	$U_B(\text{V})$	$U_C(\text{V})$	$I_E = \dfrac{U_E}{R_E}(\text{mA})$

3. 测量电压放大倍数 A_u

(1) 接入负载 $R_L=1\text{k}\Omega$。在 B 点加入 $f=10\text{kHz}$ 正弦波信号，调输入信号幅度（此时偏置电位器 R_P 不能再旋动），用示波器观察，在输出最大不失真情况下测 U_i 和 U_L 值，将所测数据填入表 3-9-2 中。

(2) 不接负载，即 $R_L=\infty$，重复 (1) 内容。

表 3-9-2　电压放大倍数测量

负　载	$U_i(\text{V})$	$U_o(\text{V})$	$A_u = \dfrac{U_o}{U_i}$
1K			
∞			

4. 测量输出电阻 r_o。

在 B 点加入 $f=10\text{kHz}$ 正弦波信号，$u_i=100\text{mV}$ 左右，加负载 $R_L=2\text{K}$ 时，用示波器观察输出波形，用交流毫伏表测空载时输出电压 $U_o(R_L=\infty)$，加负载时输出电压 $U_L(R=2\text{K})$ 的值。

则　　　　　$$r_o = \left(\frac{U_o}{U_L} - 1\right) R_L$$

将所测数据填入表 3-9-3 中。

表 3-9-3　输出电阻测量

U_o(mV)	U_L(mV)	$r_o = (\frac{U_o}{U_L} - 1)R_L$

4. 测量放大电路输入电阻 r_i(采用换算法)

在输入端串入 $5.1K$ 电阻,A 点加入 $f = 10\text{kHz}$ 的正弦波信号,用示波器观察输出波形,用毫伏表分别测 A、B 点对地电位 U_s、U_i。

则

$$R_i = \frac{U_i}{U_s - U_i}R = \frac{R}{U_s/U_i - 1}$$

将测量数据填入表 3-9-4。

表 3-9-4　输入电阻测量

U_s(V)	U_i(V)	$r_i = \dfrac{R}{U_s/U_i - 1}$

5. 测射极跟随器的跟随特性并测量输出电压峰峰值 u_{op-p}。

接入负载 $R_L = 2\text{k}$,在 B 点加入 $f = 10\text{kHz}$ 的正弦波信号,逐点增大输入信号幅度 u_i,用示波器监视输出端,在波形不失真时,测对应的 U_L 值,计算出 A_u,并用示波器测量输出电压的峰峰值 u_{op-p},与毫伏表(读)测的对应输出电压有效值比较。将所测数据填入表 3-9-5。

表 3-9-5　跟随特性测试

项目 ＼ 测次	1	2	3	4
u_i				
U_L				
U_{op-p}				
A_u				

六、实验报告

1. 绘出实验原理电路图,标明实验的元件参数值。
2. 整理实验数据及说明实验中出现的各种现象,得出有关的结论;画出必要的波形及曲线。
3. 将实验结果与理论计算比较,分析产生误差的原因。

七、思考题

1. 射极跟随器的电压增益小于 1(接近 1),它在电子电路中能起什么作用?
2. 解释射极跟随器名称的意义。

实验十　有源滤波器

一、实验目的

1. 熟悉用单个运放构成二阶有源低通、高通滤波器。
2. 学会测量有源滤波器幅频特性。

二、实验器材

1. 双踪示波器
2. 函数信号发生器
3. 交流毫伏表
4. 数字万用表
5. 电子线路实验学习机(带 A3 模块)

三、预习要求

1. 复习教材中有关滤波器的内容。
2. 分析图 3-10-1、图 3-10-2 所示电路,理解其增益特性表达式,并写出相关的推导过程。

四、实验原理

有源滤波器是指在滤波器中除了使用 R、C 等无源元件外,还应用了晶体管、集成运放等有源元件。由集成运放和 RC 网络构成的有源滤波器与无源的 LC 滤波器相比,具有不用电感、体积小、重量轻等优点。而且运放的开环增益大及高输入阻抗、低输出阻抗,使构成的滤波器有一定的电压放大和缓冲作用,易于进行阻抗匹配,因而得到广泛的应用。但是,由于集成运放的带宽有限,所以目前这类有源滤波器的工作频率不高,这是它的不足之处。

所谓滤波器就是一种选频电路,其功能是选出有用的信号,抑制或衰减无用信号。主要应用于信息处理、数据传输、抑制干扰等方面。根据滤波器的工作频率范围,可分为低通(LPF)、高通(HPF)、带通(BPF)、带阻(BEF)四种。

1. 压控电压源二阶低通滤波器(LPF)

低通滤波器是用来通过低频信号滤除高频信号,如图 3-10-1(a)所示,它由两级 RC 滤波环节与同相比例运算电路组成,其中第一级电容 C 接至输出端,引入适量的正反馈,以改善幅频特性。

图 3-10-1(b)所示为二阶低通滤波器对数幅频特性曲线,其中电路参数由下面各式求出:

二阶低通滤波器的通带增益:

$$A_f = 1 + \frac{R_f}{R_1}$$

特征频率:　$f_0 = \frac{1}{2\pi RC}$

电压放大倍数：

$$\dot{A}_u = \frac{A_f}{1-(\frac{f}{f_0})^2 + j(3-A_f)\frac{f}{f_0}}$$

品质因数(其值影响低通滤波器在截止频率处幅频特性的形状)：

$$Q = \frac{1}{3-A_f}$$

由上式知通带增益 $A_f > 1$ 且由 R_f 与 R_1 之比调整；截止频率 f_p 可以由 RC 改变。

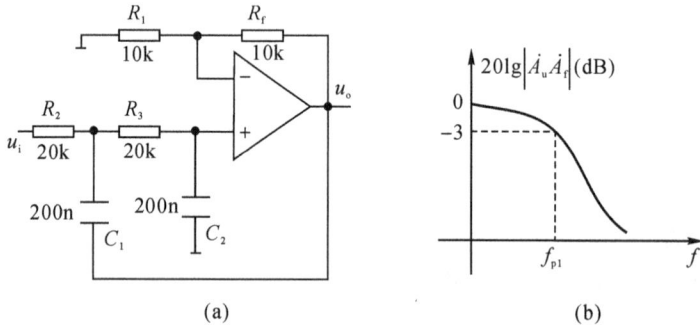

图 3-10-1 低通滤波器电路及其幅频特性

2. 压控电压源二阶高通滤波器(HPF)

与低通滤波器相反,高通滤波器用来通过高频信号,滤除低频信号,只要将图 3-10-1(a)所示低通滤波电路中起滤波作用的电阻、电容互换,即可变成二阶有源高通滤波器,如图 3-10-2(a)所示。高通滤波器性能与低通滤波器相反,其频率响应和低通滤波器是"镜像"关系,仿照 LPF 分析方法,不难求得 HPF 的幅频特性。电路性能参数 A_u、f_0、Q 各量的意义同二阶低通滤波器。图 3-10-2(b)所示为二阶高通滤波的对数幅频特性曲线,它与二阶低通滤波器的幅频特性曲线有"镜像"关系。

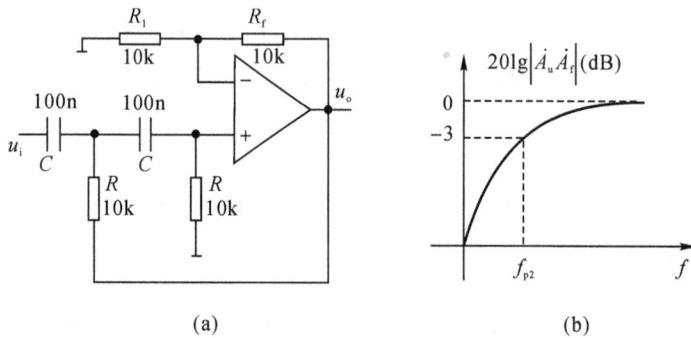

图 3-10-2 压控电压源二阶高通滤波器及其幅频特性

电压放大倍数：

$$A_u = \frac{A_f}{1 - (\frac{f_o}{f})^2 + j(3 - A_f)\frac{f_o}{f}}$$

五、内容与步骤

1. 压控电压源二阶低通滤波器测试

（1）　按图 3-10-1 接线，接上运放调零电路，进行直流调零，即当输入信号 $U_i = 0$V 时（把输入端接地即可），调节电位器，使运放输出电压 $U_o = 0$V。

（2）在 U_i 处加入有效值为 1.0V 的正弦信号，在输出波形不失真的情况下，按表 10-1 的要求改变输入信号的频率（注意整个改变频率的过程中保持 U_i 幅度不变），用交流毫伏表测量输出电压值，数据记入表 3-10-1。

表 3-10-1

U_i(V)	1.0	1.0	1.0	1.0	1.0	1.0	1.0	1.0	1.0	1.0	1.0
f(Hz)	5	10	15	20	30	40	50	60	70	80	90
U_o(V)											

（3）测出通带截止频率 f_{p1}。

①根据表 3-10-1 得出滤波器的通带放大倍数 A_f。

②在 U_i 处加入有效值为 1.0V 的正弦信号，在输出波形不失真的情况下，用交流毫伏表测量输出电压，缓慢调节信号发生器的频率（注意整个改变频率的过程中保持 U_i 幅度不变），当交流毫伏表的读数变为 $0.707A_f$ 时，停止调节，此时，信号发生器对应的频率就是滤波器的通带截止频率 f_{p1}，相关数据记入表 3-10-2。

表 3-10-2

A_f	f_{p1}/Hz

2. 压控电压源二阶高通滤波器测试

（1）按图 3-10-2 接线，接上运放调零电路，进行直流调零。

（2）在 U_i 处加入有效值为 1.0V 的正弦信号，在输出波形不失真的情况下，按表 3-10-3 的要求改变输入信号的频率（注意整个改变频率的过程中保持 U_i 幅度不变），用交流毫伏表测量输出电压值，数据记入表 3-10-3。

表 3-10-3

U_i(V)	1.0	1.0	1.0	1.0	1.0	1.0	1.0	1.0	1.0	1.0	1.0
f(Hz)	10	15	30	50	100	150	200	300	500	700	1000
U_o(V)											

（3）并测出通带截止频率 f_{p2}，方法同步骤 1 的第（3）步，数据记入表 3-10-4。

表 3-10-4

A_f	f_{p2}/Hz

六、注意事项

1. 在测量过程中,仅仅调节输入信号的频率,必须保证在同一个测量过程中输入信号的幅度不变。

2. 用示波器监视输出信号,保证输出信号不失真,用交流毫伏表测量输出信号的大小。

七、实验报告

1. 整理实验数据,画出各电路的幅频特性曲线图,分析与理论值之间的差异并说明原因。

2. 完成思考题。

八、思考题

1. 如何组成带通、带阻滤波器?

2. 试设计一中心频率为 300Hz 带宽 200Hz 的带通滤波器。

实验十一 RC 正弦波振荡电路

一、实验目的

1. 掌握桥式 RC 正弦波振荡器的电路构成及工作原理。

2. 熟悉正弦波振荡器的调整、测试方法。

3. 观察 RC 参数对振荡器频率的影响。

二、实验器材

1. 双踪示波器

2. 函数信号发生器

3. 交流毫伏表

4. 数字万用表

5. 电子线路实验学习机(带 A3 模块)

三、预习要求

1. 复习教材中有关 RC 振荡器的结构与工作原理,估算图 3-11-1 电路的振荡频率。

2. 如何用示波器来测量振荡电路的振荡频率。

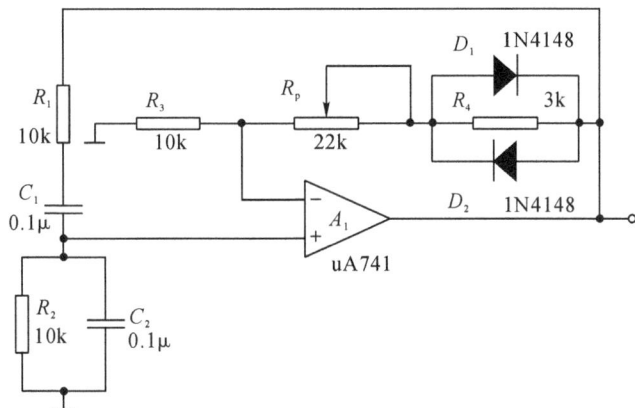

图 3-11-1　RC 正弦波振荡器电原理图

四、实验原理

图 3-11-1 所示电路为 RC 桥式正弦波振荡器,又称文氏电桥振荡器,R_1、C_1、R_2、C_2 串并联电路构成正反馈支路,同时兼做选频网络,R_3、R_p、R_4、D_1、D_2 构成负反馈支路,以稳幅和改善输出波形质量。调节 R_p 可以改变负反馈深度,以满足振荡的振幅条件和改善波形,利用 D_1、D_2 正向电阻的非线性来实现稳幅。D_1、D_2 采用硅管且特性参数必须相同,才能保证输出波形正、负半周对称。R_4 的接入用以改善波形失真。

A_u 为由集成运放 LM741 组成的同相放大电路,⑥脚输出频率为 f_0 的信号通过 RC 串并联网络反馈到放大器的输入端③脚。因为 RC 选频网络的反馈系数 $F = 1/3$,因此,只要使放大器的放大倍数 $A_{uf} \geq 3$,就能满足振幅平衡条件;由于同相放大器的输入信号与输出信号的相位差为 0°,RC 串并联选频网络对于频率为 f_0 信号的相移也为 0°,所以信号的总相移满足相位平衡条件,属正反馈。因此,电路对信号中频率为 f_0 的分量能够产生自激振荡,而其他的频率分量由于选频网络的作用,反馈电压低,相移不为零,则不产生自激振荡。

RC 桥式振荡器电路的振荡频率取决于 RC 选频回路的 R_1、R_2、C_1、C_2 参数,通常情况下,$R_1 = R_2 = R$,$C_1 = C_2 = C$,振荡频率为:$f_0 = 1/2\pi RC$。

五、内容与步骤

1. 测量输出信号

(1)按图 3-11-1 连线,把示波器接在输出端。

①取文氏电桥电阻 $R = 10 k\Omega$,缓慢调节电位器 R_p,当输出波形为正弦波时,停止调节电位器,用交流毫伏表测量输出电压,用计数器测量输出频率,数据记入表 3-11-1。

②把电位器 R_p，从电路中断开，用数字万用表测量电位器 R_p 接入电路部分的值，数据填入表 3-11-1。

表 3-11-1

测试条件 测试项目	文氏桥电阻			$R=10\text{k}\Omega$ 时的输出波形
	10kΩ	5kΩ	20kΩ	
输出电压 U_o/V				
输出频率 f_o/Hz				
R_p/kΩ				

(2)改变文氏电桥电阻值，使之分别等于 5kΩ，20kΩ 时，重复步骤①②，测量数据填入表 3-11-1。

2. 测量放大器闭环电压放大倍数 A_{uf}：

(1)如图 3-11-2 所示。测出图 3-11-1 所示电路在 $R_1=R_2=10\text{k}\Omega$ 时的输出电压 U_o 值 (表 3-11-1 已测好)。

(2)关断实验箱电源，保持 R_{p1} 的值及信号发生器频率不变，断开图 3-11-1 中"A"点接线，把信号发生器接在图 3-11-2 的 U_s 处，改变电位器 R_{p2}，使图 3-11-2 的输出电压等于原值 U_o。

(3)用交流毫伏表测出此时的 U_i 值(即 A 点的电压)，则：$A_{uf}=\dfrac{u_o}{u_i}$。

$$A_{uf}=\underline{\hspace{5cm}}。$$

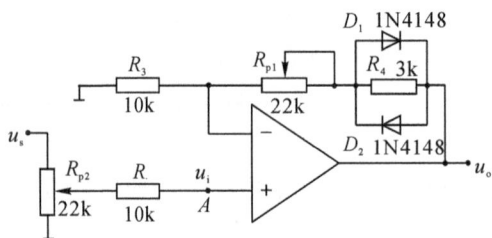

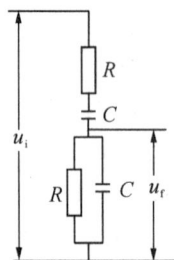

图 3-11-2　电路的闭环电压放大倍数测试图　　图 3-11-3　RC 串并隧网络的幅频特性测试

*3. 测定 RC 串并联网络的幅频特性。

(1)断开 RC 串并联选频网络与运算放大器输出端、同相输入端的连接。

(2)由信号发生器在 RC 串并联网络两端输入有效值为 1V 的正弦信号，并用示波器同时观察 RC 串并联网络输入、输出波形。

(3)保持输入信号幅值不变，从低到高改变信号频率，用交流毫伏表测量 RC 串并联网络输出端电压 u_f，当信号源的频率接近 $f_0=\dfrac{1}{2\pi RC}$ 时，RC 串并联网络输出达到最大值(约 1/3V)，描绘 RC 串并联网络的幅频特性曲线。

(4)自拟表格，记录数据。

六、实验报告

1. 将振荡频率的实测值和理论估算值比较,分析产生误差的原因。
2. 总结改变负反馈深度对振荡器起振的幅值条件及输出波形有何影响?
* 3. 作出 RC 串并联网络的幅频特性曲线。

七、思考题

1. 如果元件完好,接线正确,电源电压正常,而示波器看不到输出波形,请考虑是什么原因,该怎么办?
2. 如果元件完好,接线正确,电源电压正常,示波器有输出波形但出现明显失真应如何解决?
3. 图 3-11-1 中的 D_1、D_2 有何作用,D_1、D_2 的选择有何要求?

实验十二　　电压比较器

一、实验目的

1. 掌握比较器的电路构成及特点。
2. 学会测试比较器的方法。

二、实验器材

1. 双踪示波器
2. 函数信号发生器
3. 交流毫伏表
4. 数字万用表
5. 电子线路实验学习机(带 A3 模块)

三、预习要求

1. 复习教材中有关电压比较器的内容。
2. 过零比较器中,如果要改变输出电压的幅度,应改电路中哪个元件的参数?

四、实验原理

电压比较器可将模拟信号转换成二值信号,即只有高电平和低电平两种状态的离散信号,可以完成对输入信号的鉴幅与比较,是组成非正弦波发生电路的基本单元电路,在测量和控制中有着相当广泛的应用。在电压比较器电路中,集成运放工作在非线性区,即输出电压和输入电压不再是线性关系。表示输出电压与输入电压之间关系的特性曲线称为传输特性曲线。常见的比较器有过零比较器、滞回比较器,窗口比较器等。

1.过零比较器

如图 3-12-1 所示为加限幅电路的过零比较器,其阈值电压 $U_T = 0\text{V}$。集成运放工作在开环状态,其输出电压为 $\pm(U_z + U_D)$。当输入电压在阈值电压附近的任何微小变化,都将引起输出信号的跃变,不管这种微小变化是来源于输入信号还是外部干扰。因此,抗干扰能力差。

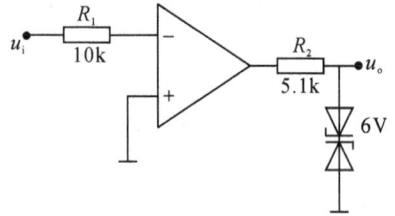

图 3-12-1　过零比较器

2.反相滞回比较器

如图 3-12-2 所示,从输出端通过电阻 R_F 连到同相输入端 P,以实现正反馈,若 u_o 改变状态,P 点也随着改变电位,使过零点离开原来位置。当 $u_i < U_P$ 时,u_o 输出为正 $(U_z + U_D)$,$U_P = \dfrac{R_2}{R_F + R_2}(U_z + U_D) = U_{T+}$,则当 $u_i > U_{T+}$ 后,u_o 即由正 $(U_z + U_D)$ 变成负 $(U_z + U_D)$,这时将 U_T 称为门限电压或转折电压;u_o 变成负 $(U_z + U_D)$ 后,$U_P = -\dfrac{R_2}{R_F + R_2}(U_z + U_D) = U_{T-}$。故只有当 u_i 下降到 U_{T-} 以下,才能使 u_o 再度回升到 $(U_z + U_D)$。

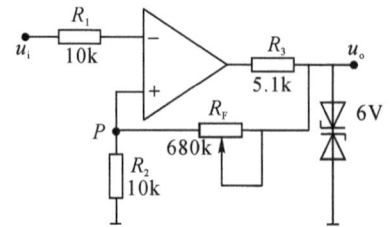

图 3-12-2　反相滞回比较器

上下门限电压 U_{T+} 和 U_{T-} 之差称为门限宽度,或称为回差。图 3-12-2 中 $U_{T+} - U_{T-} = \dfrac{2R_2(U_z + U_D)}{R_F + R_2}$,改变 R_2 的数值可以改变回差的大小。

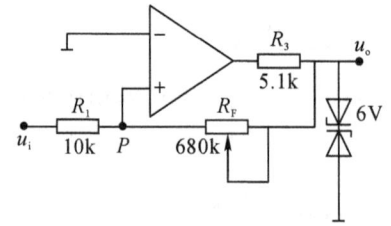

图 3-12-3　同相滞回比较器

3.同相滞回比较器

当 $U_P > 0$ 时,比较器输出为高电平 $(U_z + U_D)$,运放同相输入端电位 $U_P = \dfrac{R_F}{R_F + R_1} \cdot u_i + \dfrac{R_1}{R_F + R_1} \cdot (U_z + U_D)$,当减小到使 $U_P < 0$ 时,输出就从高电平 $+(U_z + U_D)$ 跳变为低电平 $-(U_z + U_D)$。

当输出为低电平 $-(U_z + U_D)$ 时,运放同相输入端电位 $U_P = \dfrac{R_F}{R_F + R_1} \cdot u_i - \dfrac{R_1}{R_F + R_1} \cdot (U_z + U_D)$,当 u_i 增大到使 $U_P > 0$ 时,输出就又从低电平跳变为高电平。

4.窗口(双限)比较器

窗口比较器是由两个简单比较器组成,它能指示出 u_I 值是否处于 U_{R+} 和 U_{R-} 之间,如 $U_{R-} < U_I < U_{R+}$,窗口比较器的输出电压 U_o 等于运放的正饱和输出电压,如果 $U_I < U_{R-}$ 或 $U_I > U_{R-}$,则输出电压 U_o 等于运放的负饱和输出电压。

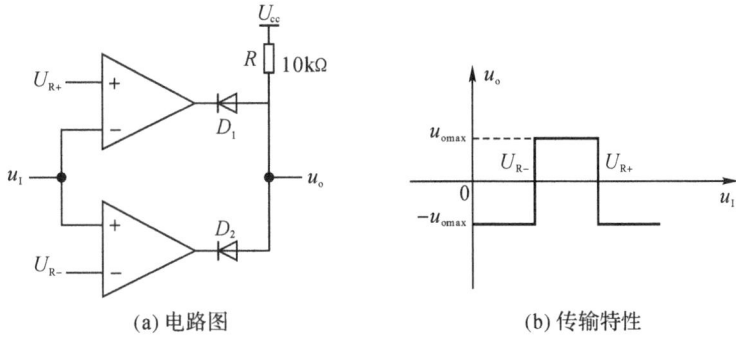

(a) 电路图　　　　　　　　　　　　(b) 传输特性

图 3-12-4　窗口比较器

五、内容与步骤

1. 过零比较器

(1) 按图 3-12-1 连线。

(2) 在输入信号加入峰峰值为 2V,频率为 500Hz 的正弦波信号,用示波器观察输入、输出的波形并记录到表 3-12-1 中。

表 3-12-1

波形	频率 f	幅度 U_{p-p}	u_i、u_o 处波形
正弦波	500Hz	2V	

(3) 在输入信号加入峰峰值为 2V,频率为 1kHz 的三角波信号,用示波器观察输入输出 U_o 的波形并记录到表 3-12-2 中。

表 3-12-2

波形	频率 f	幅度 U_{p-p}	u_i、u_o 处波形
三角波	1kHz	1V	

2. 反相滞回比较器

(1) 按图 3-12-2 连线。

(2) 将 R_F 调为 100kΩ,U_i 接直流电压源,分别测出输出信号 U_o 由 $+U_{om} \rightarrow -U_{om}$ 和由 $-U_{om} \rightarrow +U_{om}$ 时 U_i 的临界值,数据记入表 3-12-2。

表 3-12-2

	$+U_{om}/V$	$-U_{om}/V$	$+U_{om} \rightarrow -U_{om}$ 时 U_i 的临界值	$-U_{om} \rightarrow +U_{om}$ 时 U_i 的临界值
U_i				

(3) 在 U_i 处接上 500Hz,有效值为 2V 的正弦信号,用示波器观察并记录输入、输出波形。

*(4) 将电路中的 R_F 调为 200kΩ,重复上述步骤(1)(2)(3)。

3. 同相滞回比较器

(1) 按图 3-12-3 连线,

(2) 将 R_F 调为 $100k\Omega$, U_i 接直流电压源,分别测出 U_o 由 $+U_{om} \to -U_{om}$ 和由 $-U_{om} \to +U_{om}$ 时 U_i 的临界值。数据记入表 3-12-3

表 3-12-3

	$+U_{om}/V$	$-U_{om}/V$	$+U_{om} \to -U_{om}$ 时 U_i 的临界值	$-U_{om} \to +U_{om}$ 时 U_i 的临界值
U_i				

(3) 在 U_i 处接上 $500Hz$,峰峰值为 $1V$ 的正弦信号,观察并记录输入、输出波形。

*(4) 将电路中的 R_F 调为 $200k\Omega$,重复上述步骤(1)(2)(3)。

4. 窗口比较器(选做)

自拟实验步骤和方法测定其传输特性。

六、注意事项

1. 电阻 R_3 起到限流作用,防止稳压二极管损坏。

2. 输入电压幅度不能太小。

七、实验报告

1. 整理实验数据,画出各电路的电压传输特性曲线图,分析与理论值之间的差异并说明原因。

2. 总结几种比较器的特点。

3. 完成思考题。

八、思考题

1. 比较器是否要调零?为什么?

2. 在过零比较器的实验中,若信号从同相端输入,反相端接地,实验结果有何变化?

实验十三 波形发生电路

一、实验目的

1. 掌握方波和三角波波形发生电路的特点。

2. 熟悉方波和三角波波形发生器的主要性能指标及测量方法。

二、实验器材

1. 双踪示波器
2. 数字万用表
3. 函数信号发生器
4. 电子线路实验学习机(带 A3 模块)

三、预习要求

1. 分析图 3-13-1 电路的工作原理,估算输出信号的频率。
2. 分析图 3-13-2 电路的工作原理,如何使输出波形占空比变大?

四、实验原理

由集成运放构成的正弦波、方波和三角波发生器有多种形式,本实验选用最常用的,线性比较简单的几种加以分析。

1. 方波发生器

由集成运放构成的方波发生器,一般均包括电压比较器和 RC 积分器两大部分。图 3-13-1 所示为由滞回比较器及简单 RC 积分电路组成的方波发生器,它的特点是线路简单。

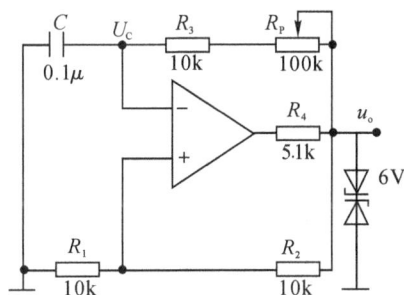

图 3-13-1　方波发生器

该电路的振荡频率：$f = \dfrac{1}{2(R_p + R_3)C\ln(1 + \dfrac{2R_1}{R_2})}$，方波输出的幅值：$U_{om} = \pm(U_z + U_D)$

调节电位器 R_p,可以改变振荡频率。

2. 占空比可调的矩形波发生器

通过改变电容正向和反向充电的时间常数,可以改变输出电压的占空比,如图 3-13-2,利用二极管的单向导通性可以引导电流流经不同的通路。若忽略二极管导通时的等效电阻,可有下列公式：

$$T_1 = (R_{p1} + R_1)C\ln(1 + \frac{2R_w}{R_2})$$

$$T_2 = (R_{p2} + R_1)C\ln(1 + \frac{2R_w}{R_2})$$

矩形波输出的幅值：$U_{om} = \pm(U_z + U_D)$，改变电位器的滑动端可以改变占空比，但不能改变周期。

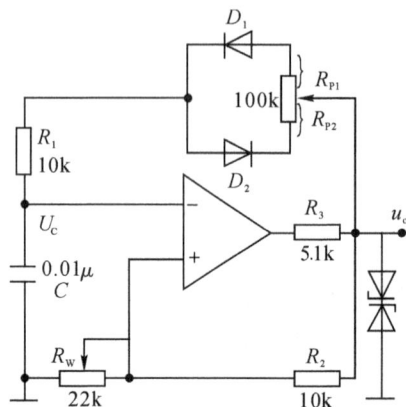

图 3-13-2　占空比可调的矩形波发生器

3. 三角波发生器

把迟滞比较器和积分器首尾相接形成正反馈闭环系统，如图 3-13-3 所示，则比较器输出的方波经积分器可到三角波，三角波又触发比较器自动翻转形成方波，形成了三角波发生器，由于采用运放组成的积分电路，因此可实现恒流充电，使三角波线性大大改善。

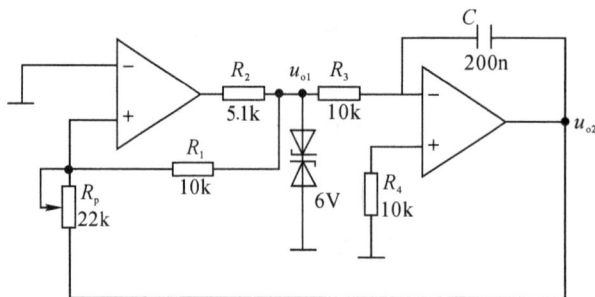

图 3-13-3　三角波发生器

该电路的振荡频率：$f = \dfrac{R_1}{4R_p R_3 C}$，调节 R_1，R_2，R_3 的阻值和 C 的容量，可以改变振荡频率。

五、内容与步骤

1. 方波发生器

（1）按图 3-13-1 连线。

（2）调节电位器 R_p，使得 $R = R_3 + R_p = 10\text{k}\Omega$，用示波器和频率计测量输出信号的幅度和频率，并用示波器观察 U_c、U_o 处的波形，把相关数据记入表 3-13-1 中。

（3）调节电位器 R_p，使得 $R = R_3 + R_p = 110\text{k}\Omega$，用示波器和频率计测量输出信号的幅度和频率,并用示波器观察 U_c、U_o 处的波形,把相关数据记入表 3-13-1 中。

表 3-13-1

	频率 f	幅度 U_{p-p}	U_c、U_o 处波形(任记一组)
$R=10\text{k}\Omega$			
$R=110\text{k}\Omega$			

2. 占空比可调的矩形波发生器

(1)按图 3-13-2 连线,

(2)按表 3-13-2 的要求调节电阻 R_w 和电位器 R_p,并用频率计测出信号的频率,用示波器观测输出波形幅度、占空比,相关数据记入表 3-13-2 中。

表 3-13-2

	频率 f/Hz	幅度 U_{p-p}/V	占空比 q	U_c、U_o 处波形（任记一组）
$R_w=5\text{k}, R_{p1}=20\text{k}$				
$R_w=5\text{k}, R_{p1}=40\text{k}$				
$R_w=22\text{k}, R_{p1}=20\text{k}$				

3. 三角波发生器

(1)按图 3-13-3 连线

(2)调节 $R_p=10\text{k}\Omega$,用示波器观测 U_{o1}、U_{o2} 两处的波形,并读出波形的频率、幅度,相关数据记入表 3-13-3 中。

表 3-13-3

	幅度 U_{p-p}/V	频率 f/Hz	U_{o1}、U_{o2} 处波形
U_{o1}			
U_{o2}			

六、实验报告

1. 整理实验数据,分析实验数据和理论值之间的差距,并画出每个实验的波形图。

2. 完成思考题。

七、思考题

1. 图 3-13-1 中,输出端的两个稳压二极管有何作用?

2. 图 3-13-2 中,二极管 D_1、D_2 何作用?

3. 如何产生锯齿波?

实验十四　电压/频率转换电路

一、实验目的

1. 掌握电压/频率转换电路的工作原理。
2. 了解电路参数对输出电压的影响,学会电压/频率转换电路的设计方法。

二、实验器材

1. 双踪示波器
2. 直流稳压电源
3. 交流毫伏表
4. 数字万用表
5. 电子线路实验学习机(带 A3 模块)

三、预习要求

1. 复习教材中有关电压/频率转换电路的内容。
2. 定性分析用可调输入电压 U_i 改变输出电压 U_o 频率的工作原理。

四、实验原理

电压/频率转换电路的功能是将输入直流电压转换成频率与其数值成正比的输出电压,故也称压控振荡电路。广泛的应用于模拟—数字信号的转换、调频、遥控遥测等各种设备之中。

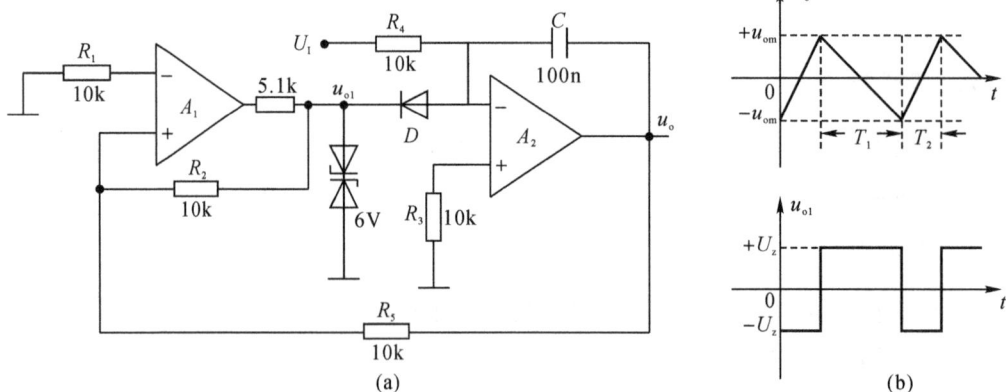

图 3-14-1　电压/频率转换电路及其波形

利用两个集成运放构成电压/频率转换电路,如图 3-14-1(a)所示。其中 A_1 构成同相输入滞回比较器,A_2 构成积分电路。当 A_1 输出电压 $u_{o1} = +(U_z + U_D)$ 时,二极管 D 截止,输入电压($U_1>0$)经电阻 R_4 向电容 C 充电,输出电压 u_o 按积分规律逐渐下降,波形如图 3-14-1(b)所示。当 u_o 下降到零继续下降使滞回比较器同相输入端电位略低于零,u_{o1} 由 $+(U_z+U_D)$ 跳变为 $-(U_z+U_D)$,二极管 D 由截止变为导通,电容 C 放电,放电回路的等效电阻较小,因此放电很快,u_o 迅速上升,当滞回比较器的同相输入端电位略大于零,u_{o1} 很快从 $-(U_z+U_D)$ 上跳到 $+(U_z+U_D)$,二极管 D 又截止。输入电压 U_1 向电容 C 充电。如此周而复始,产生振荡。

振荡频率:
$$f = \frac{1}{T} \approx \frac{1}{T_1} = \frac{R_2}{2R_4R_5C} \cdot \frac{U_1}{(U_z+U_D)}$$

即振荡频率与输入电压成正比。

五、内容与步骤

1. 按图 3-14-1 连线,确认无误后,接通 ±12V 直流稳压电源。
2. 将直流稳压电源的输出电压调到 0V,接在 U_i 处。
3. 把示波器接在输出端,观察输出信号。
4. 按表 3-14-1 的要求缓慢调节直流电压值,用频率计和交流毫伏表测量对应的输出信号频率和幅度,所测数据填入表 3-14-1。

表 3-14-1

U_i(V)	0	0.5	1	1.5	2	2.5	3	3.5	4	4.5	5
f(Hz)											
U_o(V)											

六、实验报告

1. 根据实验数据在坐标纸上做出电压/频率的关系曲线。
2. 回答思考题。

七、思考题

1. 能否将其他波形产生电路设计成频率/电压转换电路?
2. 说明第一级运放的作用,电阻 R_5 和 R_4 的阻值如何确定?

实验十五　互补对称功率放大器

一、实验目的

1. 了解互补对称功率放大器的工作原理及调试方法。
2. 掌握互补对称功率放大器的主要性能指标的测试方法。

二、实验器材

1. 双踪示波器
2. 功率函数信号发生器
3. 交流毫伏表
4. 数字万用表
5. 电子线路实验学习机(带 A4 模块)

三、预习要求

1. 复习《模拟电子技术基础》的相关内容。
2. 分析原理图各三极管工作状态及交越失真情况。

四、实验原理

图 3-15-1 所示为互补对称功率放大电路。其中 V_1 为推动级(也称前置放大级),V_2、V_3 是一对参数对称的 NPN 和 PNP 型三极管。由于每一个管子都接成射极输出器形式,因此具有输出阻抗低,带负载能力强等优点,适合于作功率输出级。

主要性能指标:

1. 最大不失真输出功率 P_{om}

理想情况下,$P_{om}=\dfrac{U_{cc}^2}{8R_L}$,在实验中可通过测量 R_L 两端的电压有效值,来求得实际的 $P_{om}=\dfrac{U_{om}^2}{R_L}$。

2. 效率 η

$\eta=\dfrac{P_{om}}{P_E}\times100\%$,$P_E$ 是指直流电源供给的平均功率,在理想情况下,$\eta_{max}=78.5\%$。在实验中,可测量电源供给的平均电流 I,从而求得 $P_E=U_{cc}\times I$。

3. 幅频特性:放大倍数与频率之间的关系曲线。

4. 输入灵敏度:当输出为最大不失真功率时的输入信号 U_i 之有效值。

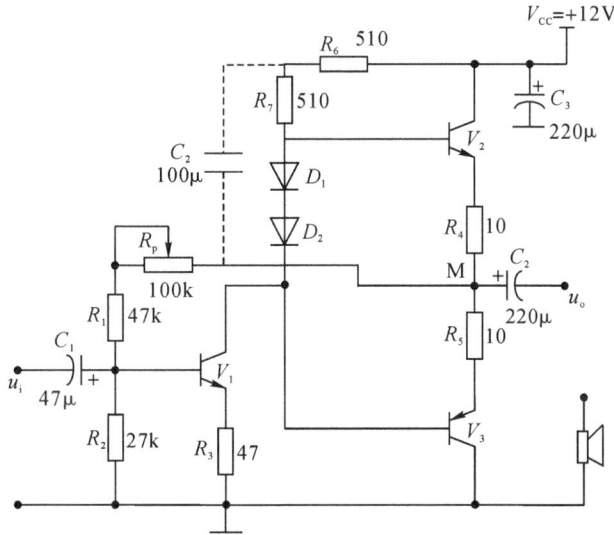

图 3-15-1 互补对称功率放大电路

五、内容与步骤

1. 直流工作点的调整。

(1)缓慢调节电位器 R_p,用数字万用表测量 M 点电压。

(2)当 M 点电压 $U_M = V_{CC}/2$ 时,停止调节,并保持电位器 R_p 不变。

$U_M = $ _____ V。

2. 测量最大输出功率 P_{om}.

	U_B/V	U_C/V	U_E/V	U_{BE}/V	U_{BC}/V	U_{CE}/V
V_1						
V_2						
V_3						

(1)接上负载 R_L。

(2)调节信号发生器频率为 1kHz 的正弦波信号,幅度调至较小位置,加到输入端 u_i,示波器接到输出端,观察输出信号的波形。

(3)逐渐缓慢加大输入电压的幅度,并时刻注意输出信号的波形,当输出信号出现失真时,稍微调小输入信号的幅度,此时为放大器的最大不失真输出。并用交流毫伏表测量最大不失真时负载两端的电压 U_o,同时记录此时输入电压 u_i 值和直流电流 I 值。

(4)最大输出功率为:$P_{om} = U_{om}^2/R_L$,数据记入表 3-15-1。

表 3-15-1

测量参数	实测值
U_{om}/V	
I/mA	
u_i/V	

3. 最大效率 η_m

根据步骤 2、3 算出 $\eta_m = P_{om}/P_E = $ _____ 。

4. 最大输出功率时晶体管的管耗 P_T

$$P_T = P_E - P_{om} = \underline{\qquad}。$$

*5. 幅频特性

根据前面实验测量放大器幅频特性的方法，自拟实验步骤和表格，完成对功率放大电路幅频特性的测量。

六、实验报告

1. 分析实验结果，计算实验内容要求的参数。

2. 总结功率放大电路特点及测量方法。

七、思考题

1. 为了不损坏输出管，实验中应注意什么问题？

2. 为什么引入自举电路？

实验十六　集成功率放大电路

一、实验目的

1. 熟悉集成功率放大器的应用。

2. 掌握集成功率放大器主要技术指标的测试方法。

二、实验器材

1. 双踪示波器

2. 函数信号发生器

3. 交流毫伏表

4. 数字万用表

5. 电子线路实验学习机(带 A4 模块)

三、预习要求

1. 查阅有关资料,熟悉集成功放 LM386 的工作原理和外围主要元器件的作用。

2. 自拟各技术指标的测试步骤及实验数据表格。

四、实验原理

本实验用到的集成功率放大器的芯片 LM386 是一种音频集成功放,具有自身功耗低、电压增益可调、电源电压范围大、外接元件少和总谐波失真小等优点,广泛用于录音机和收音机之中。

1. LM386 内部电路

如图 3-16-1 所示,第一级为差分放大电路,第二级为共射放大电路,第三级构成准互补输出级,电阻 R_7 从输出端连接到 T_2 的发射极,形成反馈通路,并与 R_5 和 R_6 构成反馈网络,从而引入了深度电压串联负反馈,使整个电路具有稳定的电压增益。

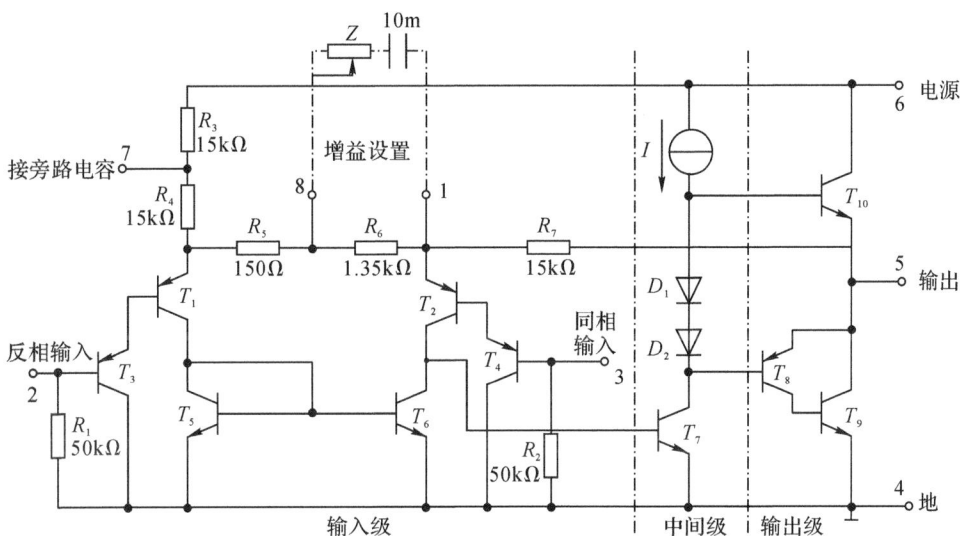

图 3-16-1　LM386 内部电路

2. LM386N 的引脚排列图

基本参数:电源电压　　4～12V

静态电流　　4mA～8mA

输出功率　　0.5W

电压增益　　20—200(26—46dB)

输入阻抗　　50kΩ

在引脚 1 和 8 之间外接电阻,可以调整其增益,若接入的电阻为 R,则 $A_u \approx \dfrac{2R_7}{R_5 + R_6 /\!/ z}$。

图 3-16-2 LM386 的引脚排列

因此 A_u 的可调范围是 20～200。应当指出,在引脚 1 和 8 外接电阻时,应只改变交流通路,所以在外接电阻回路中串联一个大容量电容。

3. LM386 组成的集成功率放大器

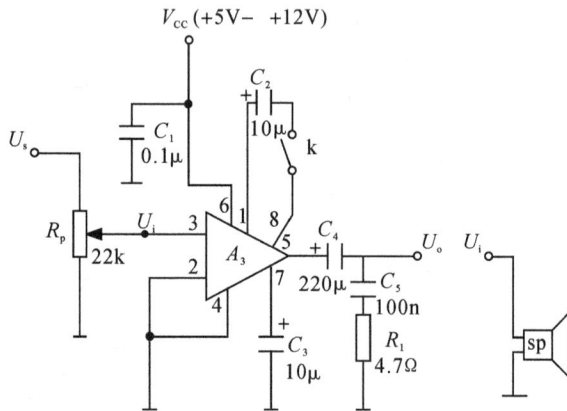

图 3-16-3 集成功率放大器电路图

测量时,有下面公式:

输出功率:$P_o = \dfrac{U_o^2}{R_L}$,U_o 为输出电压的有效值。

电源提供的功率:$P_E \approx V_{CC}I$,V_{CC} 为电源电压。

效率:$\eta = \dfrac{P_o}{P_E} \times 100\%$

五、内容与步骤

1. 调整电源电压 $V_{CC} = +5V$

(1) 测量放大器静态($u_i = 0$)时的总电流;

(2) 测量最大输出功率 P_{om}

A. 断开电容 C_2

① 调节信号发生器输出频率为 1kHz 的正弦波信号,幅度调至较小位置,加到输入端 U_i,示波器接到输出端,观察输出信号的波形。

② 缓慢加大输入电压的幅度,并时刻注意输出信号的波形,当输出信号出现失真时,稍微调小输入信号的幅度,此时为放大器的最大不失真输出。并用交流毫伏表测量最大不失真时负载两端的电压 U_{om}、输入电压 U_i(LM386 第 3 号脚的电压)。

③ 最大输出功率为:$P_o = \dfrac{U_{om}^2}{R_L}$,相关数据记入表 3-16-1 中。

B. 接上电容 C_2

① 先调小输入信号的幅度,再在 1、8 脚间接入 $C_2 = 10\mu F$ 电容,

② 重复步骤(1)的测试内容,相关数据记入表 3-16-1 中。

(2)电源供给的功率 P_E

① 保持步骤 1 最大不失真输出的状态不变,

② 断开电源 V_{CC},在 V_{CC} 和 LM386 的 6 号脚之间串联一个直流毫安表,打开电源。

③ 调节毫安表的量程,此时表上的电流读数 I_d 就是电源输出的平均电流。

④ 根据公式 $P_E = V_{CC} I_d$ 可算出电源供给的功率,数据记入表 3-16-1。

(3)效率 η

根据 $\eta = P_o / P_E$,可以计算出 η。

(4)输入灵敏度测试

当输出功率为最大值时的输入电压值就是输入灵敏度。

(5)频率响应的测试

采用描点法测量放大器的频率响应。测试时通常取输入信号为输入灵敏度的 50%,在整个测试过程中应保持输入信号为恒值,且输出波形不失真。

(6)噪声电压的测试

测量时将输入端短路($u_i = 0$),观察输出噪声波形,并用交流毫伏表测量输出电压即为噪声电压 u_N,本电路若 $u_N < 15mV$,即满足要求。

表 3-16-1　$V_{CC} = 5V$ 时测量的各参数

	静态电流 I_o/mA	动态电流 I_d/mA	输入电压 U_i/V	输出电压 U_o/V	P_o	P_E	η
断开 C_2							
接上 C_2							

2. 把电源电压改变为 +9V,重复 1 测试内容,相关数据记入表 3-16-2 中。

表 3-16-2　$V_{CC} = 9V$ 时测量的各参数

	静态电流 I_o/mA	动态电流 $I_d mA$	输入电压 U_i/V	输出电压 U_o/V	P_o	P_E	η
断开 C_2							
接上 C_2							

3. 把电源电压改变为 +12V,重复 1 测试内容,相关数据记入表 3-16-3 中。

表 3-16-3　$V_{cc}=12V$ 时测量的各参数

	I_o/mA	I_d/mA	U_i/V	U_o/V	P_o	P_E	η
断开 C_2							
接上 C_2							

*4. 取 $V_{cc}=12V$，有效值 U_i 为 50mV，断开 C_2，接上负载，改变频率测量功放的幅频特性，绘制幅频特性曲线。

*5. 取 $V_{cc}=12V$，$f=1kHz$，断开 C_2，接上负载，改变输入电压（请特别注意：输入不得超过 90mV，否则有可能损坏 LM386），测量功放的输入—输出特性曲线，按表 3-16-4 要求测量。

表 3-16-4

$U_i(mV)$	10	20	30	40	50	60	70	80	90
$U_o(V)$									

六、注意事项

1. 在接上和断开电容的时候一定要事先把输入信号的幅度调为最小。

2. 为了得到最大不失真波形，一定要缓慢增加信号源幅度的。

3. 电源电压不允许超过极限值，不允许极性接反，否则会损坏集成块。

4. 电路工作时避免负载短路，否则会损坏集成块。

七、实验报告

1. 整理实验数据，计算出输出功率 P_o、直流输出功率 P_E 和效率 η，分析实验结果，说明理论值与实测值产生误差的原因。

2. 对实验过程测出的波形，出现的问题进行分析。

八、思考题

1. 怎样才能得到增益在 20～200 之间的某一个数？

2. 为什么效率不是随着供电电源电压的增大而增大呢？

实验十七　串联稳压电路

一、实验目的

1. 学会稳压电源的主要特性,掌握串联稳压电路的工作原理。
2. 学会稳压电源的调试及测量方法。

二、实验器材

3. 双踪示波器
4. 交流毫伏表
5. 数字万用表
6. 电子线路实验学习机(带 A5 模块)

三、实验预习要求

1. 估算图 3-17-1 电路中各三极管的 Q 点(设:各管的 $\beta = 100$,电位器 R_p 滑动端处于中间位置)。
2. 复习教材中相关知识。

四、实验原理

电子设备一般都需要直流电源供电。这些直流电大多数采用把交流电(市电)转变为直流电的直流稳压电源。

直流稳压电源由电源变压器、整流、滤波、和稳压电路四部分组成。电网供给的交流电压(220V,50Hz)经电源变压器降压后,得到符合电路需要的交流电压,然后由整流电路变换成方向不变、大小随时间变化的脉动电压。再用滤波器滤夫其交流分量,就可得到比较平直的直流电压。但这样的直流输出电压,还会随交流电网电压的波动或负载的变化而变化。在对直流供电要求较高的场合,还需要使用稳压电路,以保证输出直流电压更加稳定。

稳压过程:

当电网波动或负载变化引起输出直流电压发生改变时,取样电路取出输出电压的一部分送入比较放大器 V_3,并与基准电压进行比较,产生的误差信号经 V_3 放大后送至调整管 V_2 的基极,使调整管改变管压降,以补偿输出电压的变化,从而达到稳定输出电压的目的。

稳压电源的主要性能指标:

1. 输出电压 U_o 和输出电压可调范围。
2. 最大负载电流 I_{om}。
3. 输出电阻 r_o。r_o 定义为,当输入电压 U_i(稳压电路输入)保持不变,由于负载变化而引起的输出电压变化量与输出电流变化量之比,即

$$r_o = \frac{\Delta U_o}{\Delta I}\bigg|_{U_i = 常数}$$

4. 稳压系数 S(电压调整率)。稳压系数 S 定义为,当负载保持不变,输出电压相对变化量与输入电压相对变化量之比,即 $S = \dfrac{\Delta U_o / U_o}{\Delta U_I / U_I}\Big|_{R_L = 常数}$。

5. 纹波电压。输出纹波电压是指在额定负载条件下,输出电压中所含交流分量的有效值(或峰值)。

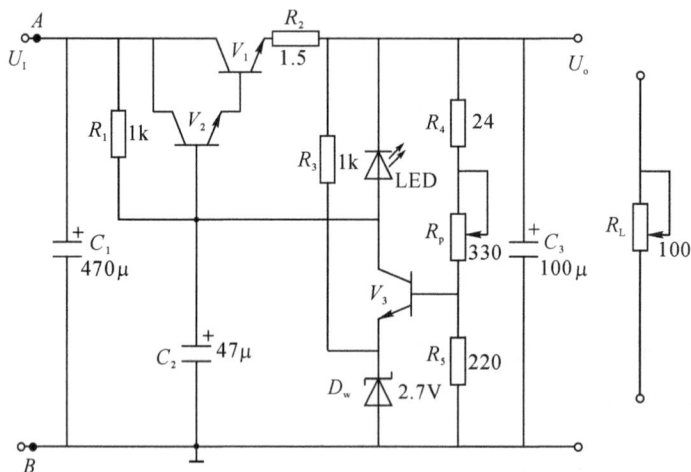

图 3-17-1　串联稳压电路

五、内容与步骤

1. 静态调试

(1)按图 3-17-1 接线。

(2)负载 R_L 开路,即稳压电源空载。

(3)将输入电源调到 9V,接到 U_I 端,再缓慢调节电位器 R_p,用数字万用表测量输出电压 U_o,当 $U_o = 6V$ 时,停止调节电位器 R_p,并用万用表测量此时各三极管的 Q 点,相关数据记入表 3-17-1。

表 3-17-1

U_I/V	U_o/V	三极管	U_B/V	U_C/V	U_E/V
9	6	V_1			
		V_2			
		V_3			

(3)调节 R_p,用万用表测量输出电压 U_o,观察输出电压 U_o 的变化情况,数据记入表 3-17-2。

表 3-17-2

U_I/V	U_{omin}/V	U_{omax}/V
9		

2. 动态测量

(1)当 $U_I = 9V$ 时,调节 R_P 使 $U_o = 6V$,测量电源稳压特性

使稳压电源处于空载状态,调节电源电位器,模拟电网电压波动 $\pm 10\%$,即 U_I 由 8V 变到 10V。测量相应的 ΔU,计算稳压系数,数据记入表 3-17-3。

表 3-17-3

输入电压 U_I/V	输出电压 U_o/V	
8		
10		

(2)测量稳压电源内阻 r_o。

保持 $U_I = 9V$ 不变,稳压电源的负载电流 I_L 由空载变化到额定值 $I_L = 100mA$ 时,测量输出电压 U_o 的变化量即可求出电源内阻,数据记入表 3-17-4。

表 3-17-4

I_L	U_o	r_o
0		
100mA		

(3)测试输出的纹波电压

将图 3-17-2 的电压输出端接到图 3-17-1 的输入端(即接通 $A-a$、$B-b$),调整负载电阻,使 $I_L = 100mA$ 不变,用示波器观察稳压电源输入输出的交流分量,记录其波形。用毫伏表测量交流分量的大小,再计算其纹波电压。

$$u_r = \underline{\hspace{2cm}} V。$$

(4)输出保护

① 在电源输出端接负载 R_L 同时串接电流表,并用电压表监视输出电压,逐渐减小 R_L 值,直到短路。LED 发光二极管逐渐变亮,记录此时的电压,电流值。(注意维持时间应短,不超过 5 秒)

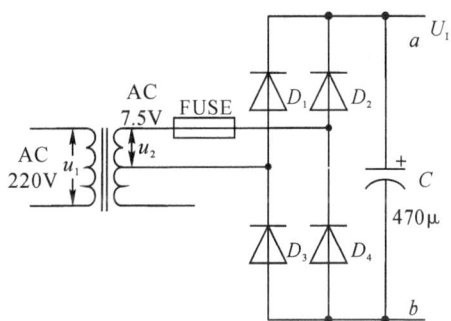

图 3-17-2

② 逐渐加大 R_L 值,观察记录输出电压、电流值。

③ 自拟表格,记录数据。

六、注意事项

1. 实验过程中,如果 LED 发光二极管变亮,说明输出电流过大,应立即采用增大负载或者关闭电源等方式来避免损坏电路。

2. 实验中需要用到万用表的直流电压档、直流电流档、电阻档等,每次测量前必须明确需要测量什么参数,以便注意正确预置万用表的档位、量程等,否则极易造成万用表的损坏。

七、实验报告

1. 对思考题进行讨论分析。
2. 对测试数据进行处理,与理论值比较,分析误差原因。
3. 图 3-17-2 中能否用双踪示波器同时测量 u_2 和 U_I,为什么?

八、思考题

1. 如何改变电源保护值?
2. 图 3-17-1 电路中,电阻 R_2 和发光二极管 LED 的作用是什么?

实验十八　集成稳压电源的设计(设计性实验)

一、实验目的

掌握集成稳压电源的设计及性能指标的测试方法。

二、设计任务和技术指标要求

1. 设计任务,设计与制作集成稳压电源
2. 技术指标要求
(1)输入交流电压 220V±10%,频率 50Hz
(2)输出电压 12V(发挥 1.25V～15V,可调)
(3)最大输出电流 500mA
(4)纹波电压 $\Delta U_{opp} \leqslant 5mV$
(5)稳压系数 $S \leqslant 3 \times 10^{-3}$
3. 测试要求
(1)输出电压值
(2)稳压系数
(3)纹波电压
(4)输出电阻 r_o。

三、预习要求

1. 复习教材直流稳压电源部分关于整流、滤波和稳压的基础知识及主要参数的测试方法。

2. 查阅手册,了解本实验使用稳压器的技术参数。

3. 复习使用集成三端稳压器的直流稳压电源电路的知识

4. 拟定实验步骤及记录数据表格。

四、实验条件

1. 主要元器件

集成稳压块 CW7812(或 LM317),电容器、二极管、变压器 220V/7.5×2

2. 仪器设备

YB4320/A 双踪示波器,WC2180(YB2173)交流微(毫)伏表,UT56/DT9201 数字万用表,TPE-A5 电子线路实验学习机,自耦调压器。

3. 自带 500 型万用表、电烙铁

五、设计指导

1. 小型变压器的效率,$P<10\text{W}$,$\eta=0.6$;$P=10\sim30\text{W}$,$\eta=0.7$

2. 桥式整流滤波电路

(1)有载 $U_1=(1.1\sim1.2)U_2$,

(2)每只整流管承受的最大反向电压为 $U_{RM}=1.4U_2\times(1+10\%)$

(3)通过每只二极管的平均电流为 $I_D\geqslant1.5\times(I_0/2)$,

3. 滤波电容的选择:$C=I_O\times0.01/\Delta V_{IP-P}$,　$\Delta U_{IP-P}=\Delta U_{OP-P}\times V_I/(U_O\times S)$

4. 对 $78\times\times$ 系列,$U_{IMIX}\geqslant U_{OMAX}+2\text{V}$

六、实验报告要求

1. 根据设计要求,计算并选择元器件

2. 画出电原理图及文字说明

3. 列出元器件清单

4. 写出测试所需的仪器名称及型号

5. 写出测试步骤及记录实验数据

6. 谈谈本次实验的收获和体会

七、注意事项

1. 桥对四个引脚及三端稳压器不能接错。

2. 二极管、电解电容器极性不能接反。

3. 调压器调节电压从 10V 慢慢地增大到所需的电压值,用毕慢慢地调节到最小值。

八、参考资料

[1]　谢自美.电子线路设计、实验、测试.武汉:华中理工大学出版社,2000

[2]　陈梓城等.实用电子电路设计与调试.北京:中国电力出版社,2006

[3]　高吉祥,易凡.电子技术基础实验与课程设计.北京:电子工业出版社,2004

实验十九 RC 波形发生电路（设计性实验）

一、实验目的

1. 学习使用运放组成方波发生器、矩形波发生器、三角波发生器、锯齿波发生器和正弦波发生器。

2. 掌握各振荡器的电路构成及工作原理。

3. 熟悉各振荡器的调整,测试方法。

4. 观察 RC 参数对振荡频率的影响,学习振荡频率的测定方法。

二、设计任务和技术指标要求

1. 设计任务及技术指标要求:(任选一题目)

(1)设计方波发生器($f_0 = 50 - 300\text{Hz}$)、$U_{om} = \pm 6\text{V}$

(2)设计三角波发生器($f_0 = 100 - 1000\text{Hz}$)、$U_{om} = 2 \sim 6\text{V}$

(3)设计正弦波发生器($f_0 = 50 - 150\text{Hz}$)、$U_{opp} = 20\text{V}$

2. 测试要求:(1)测试振荡频率 f_0,(2)画出输出电压波形,(3)* 测试闭环电压放大倍数 A_{uf}

三、预习要求

1. 复习关于用运放组成方波发生器、矩形波发生器、三角波发生器、锯齿波发生器和正弦波发生器的基础知识。

2. 根据技术指标要求,计算 R、C 值。

四、实验条件

1. 实验元器件:A3 板、μA741

2. 仪器设备:

(1)双踪示波器

(2)函数信号发生器

(3)交流毫伏表

(4)电子线路实验学习机

(5)数字万用表

五、集成电路 RC 正弦波形发生电路指导过程

1. 振荡频率计算 $f_0 = 1/(2\pi RC)$

2. 起振条件和平衡条件分别为 $R_F > 2R_3$,$R_F = 2R_3$,$R_F = (r_d /\!/ R_f) + R_P$

3. 稳幅措施:利用二极管非线性自动完成稳幅电路。

4. $A_{UF} = 1 + R_F/R_3$,$R_F = 2.1R_3$ 易振

5. 集成运放的选择，$A_{od} \cdot BW > 3f_0$

6. μA741：　　　　$A_{od} = 2 \times 10^5$　　　　BW　$f_H = 10\text{Hz}$

　　　　$A_{od} \times BW = 2 \times 10^6 > 3f_0$

根据平衡电阻概念 $R_2 = R = R_3 // R_F$，当动态电阻 r_d 与并联电阻值相当时，稳幅特性和改善波形失真都有比较好的效果。

六、实验报告要求

1. 根据设计要求，计算并选择元器件。

2. 画出电原理图及文字说明。

3. 列出元器件清单。

4. 写出测试所需的仪器名称及型号。

5. 写出测试步骤及记录实验数据。

6. 谈谈本次实验的收获和体会。

七、注意事项

1. 电源电压为 $\pm 12\text{V}$。

2. 选用参数相同的两个硅管二极管。

八、参考文献

［1］谢自美.电子线路设计、实验、测试.武汉:华中理工大学出版社,2000,85—928

［2］陈梓城等.实用电子电路设计与调试.北京:中国电力出版社,2006,98—113

［3］高吉祥,易凡.电子技术基础实验与课程设计.北京:电子工业出版社,2004

第四章

数字电路实验

实验一　TTL 集成逻辑门的逻辑功能与参数测试

一、实验目的

1. 了解 TTL 与非门各参数的意义。
2. 掌握 TTL 集成与非门的逻辑功能和主要参数的测试方法。
3. 掌握 TTL 器件的使用规则。
4. 熟悉数字电路实验系统的使用方法。

二、实验器材

1. 数字电路实验箱　　　　　2. 双踪示波器
3. 数字万用表
4. 74LS20×2、200Ω 电阻器(0.5W)

三、预习要求

1. 什么叫 TTL 集成电路？它使用的电源电压是多少？
2. 复习 TTL 与非门的逻辑功能,主要参数的概念和测量方法。
3. TTL 与非门的输出特性曲线？

四、实验原理

本实验采用四输入双与非门 74LS20,即在一块集成块内含有两个互相独立的与非门,每个与非门有四个输入端。其逻辑符号及引脚排列如图 4-1-1(a)、(b)所示。

TTL 与非门的主要参数

1. 低电平输出电源电流 I_{CCL} 和高电平输出电源电流 I_{CCH}

与非门处于不同的工作状态,电源提供的电流是不同的。I_{CCL} 是指所有输入端悬空,输出端空载时,电源提供给器件的电流。I_{CCH} 是指输出端空载,每个门各有一个以上的输入端

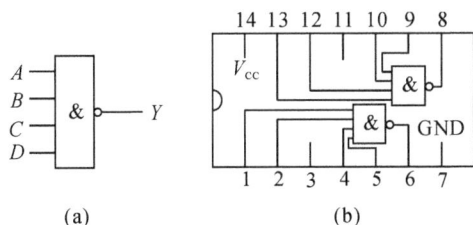

图 4-1-1 74LS20 逻辑符号及引脚排列

接地,其余输入端悬空,电源提供给器件的电流。通常 $I_{CCL} > I_{CCH}$,它们的大小标志着器件静态功耗的大小。器件的最大功耗为 $P_{CCL} = V_{CC} I_{CCL}$。I_{CCL} 和 I_{CCH} 测试电路如图 4-1-2(a)、(b)所示。

[注意]:TTL 电路对电源电压要求较严,电源电压 V_{CC} 只允许在 $+5V \pm 10\%$ 的范围内工作,超过 5.5V 将损坏器件;低于 4.5V 器件的逻辑功能将不正常。

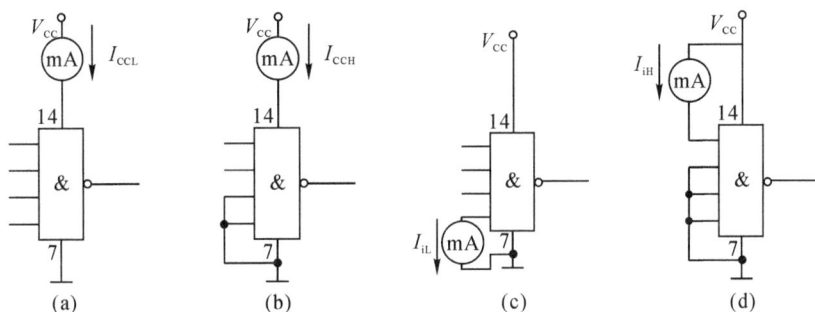

图 4-1-2 TTL 与非门静态参数测试电路图

2. 低电平输入电流 I_{iL} 和高电平输入电流 I_{iH}。

I_{iL} 是指被测输入端接低电平,其余输入端悬空,输出端空载时,由被测输入端流出的电流值。在多级门电路中,I_{iL} 相当于前级门输出低电平时,后级门向前级门灌入的电流,因此它关系到前级门的灌电流负载能力,即直接影响前级门电路带负载的个数,因此希望 I_{iL} 小些。

I_{iH} 是指被测输入端接高电平,其余输入端接地,输出端空载时,流入被测输入端的电流值。在多级门电路中,它相当于前级门输出高电平时,前级门的拉电流负载,其大小关系到前级门的拉电流负载能力,希望 I_{iH} 小一些。由于 I_{iH} 较小,难以测量,一般免于测试。

I_{iL} 与 I_{iH} 的测试电路如图 4-1-2(c)、(d)所示。

3. 扇出系数 N_O

扇出系数 N_O 是指门电路能驱动同类门的个数,它是衡量门电路负载能力的一个参数,TTL 与非门有两种不同性质的负载,即灌电流负载和拉电流负载,因此有两种扇出系数,即低电平扇出系数 N_{OL} 和高电平扇出系数 N_{OH}。通常 $I_{iH} < I_{iL}$,则 $N_{OH} > N_{OL}$,故常以 N_{OL} 作为门的扇出系数。

N_{OL} 的测试电路如图 4-1-3 所示,门的输入端全部悬空,输出端接灌电流负载 R_L,调节

R_L 使 I_{OL} 增大，V_{OL} 随之增高，当 V_{OL} 达到 V_{OLM}（手册中规定低电平规范值 0.4V）时的 I_{OL} 就是允许灌入的最大负载电流，则

$$N_{OL} = \frac{I_{OL}}{I_{iL}} \qquad 通常 \ N_{OL} \geqslant 8$$

4. 电压传输特性

门的输出电压 V_o 随输入电压 V_i 而变化的曲线 $V_o = f(V_i)$ 称为门的电压传输特性，测试电路如图 4-1-4 所示，采用逐点测试法，即调节 R_w，逐点测得 V_i 及 V_o，然后绘成曲线。

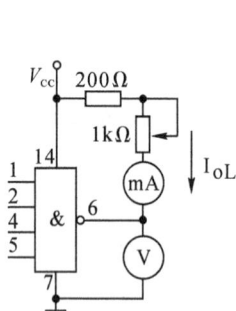

图 4-1-3　扇出系数测试电路　　　　图 4-1-4　传输特性测试电路

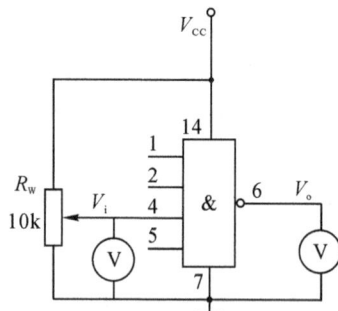

5. 平均传输延迟时间 t_{pd}

t_{pd} 是衡量门电路开关速度的参数，它是指输出波形边沿的 $0.5V_m$ 至输入波形对应边沿 $0.5V_m$ 的时间间隔，如图 4-1-5 所示。

图 4-1-5(a) 中的 t_{PHL} 为导通延迟时间，t_{PLH} 为截止延迟时间，平均传输延迟时间为

$$t_{pd} = \frac{1}{2}(t_{PHL} + t_{PLH})$$

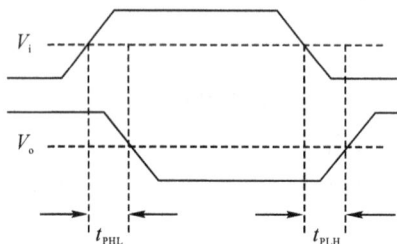

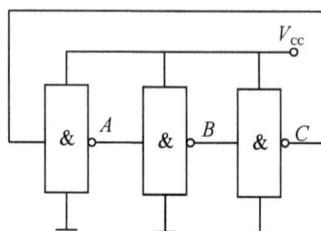

(a)传输延迟特性　　　　　　　　(b) t_{pd} 的测试电路

图 4-1-5　传输延时时间测试电路

t_{pd} 的测试电路如图 4-1-5(b) 所示，由于 TTL 门电路的延迟时间较小，直接测量时对信号发生器和示波器的性能要求较高，故实验采用测量由奇数个与非门组成的环形振荡器的振荡周期 T 来求得。其工作原理是：假设电路在接通电源后某一瞬间，电路中的 A 点为逻辑"1"，经过三级门的延迟后，使 A 点由原来的逻辑"1"变为逻辑"0"；再经过三级门的延迟后，A 点电平又重新回到逻辑"1"。电路中其他各点电平也跟随变化。说明使 A 点发生一个周期的振荡，必须经过 6 级门的延迟时间。因此平均传输延迟时间为

$$t_{pd} = \frac{T}{6}$$

五、内容与步骤

在合适的位置选取一个 14P 插座,按定位标记插好 74LS20 集成块。

1. 验证 TTL 集成与非门 74LS20 的逻辑功能

门的四个输入端接逻辑开关输出插口,以提供"0"与"1"电平信号,开关向上,输出逻辑"1",向下为逻辑"0"。门的输出端接到由 LED 发光二极管组成的逻辑电平显示器(又称 0 —1 指示器)的显示插口,LED 亮为逻辑"1",不亮为逻辑"0"。按表 4-1-1 的真值表逐个测试集成块中两个与非门的逻辑功能。74LS20 有 4 个输入端,有 16 个最小项,在实际测试时,只要通过对输入 1111、0111、1011、1101、1110 五项进行检测就可判断其逻辑功能是否正常。Y_1 和 Y_2 分别表示与非门的两个输出。

表 4-1-1　74LS00 逻辑功能

输　　　入				输　　出	
A_n	B_n	C_n	D_n	Y_1	Y_2
1	1	1	1		
0	1	1	1		
1	0	1	1		
1	1	0	1		
1	1	1	0		

2. 74LS20 主要参数的测试

(1) 分别按图 4-1-2、4-1-3 接线并进行测试,将测试结果记入表 4-1-2 中。

表 4-1-2　74LS20 主要参数测试

I_{CCL}(mA)	I_{CCH}(mA)	I_{iL}(mA)	I_{OL}(mA)	N_O(计算)	P_{CCL}(计算)

(2) 接图 4-1-4 接线,调节电位器 R_w,使 V_i 从 0V 向高电平变化,逐点测量 V_i 和 V_O 的对应值,记入表 4-1-3 中。(注意:测试过程中在电压传输特性的转折区,应多测一些数据)

表 4-1-3　74LS20 电压传输特性测试

V_i(V)	0	0.5	0.8	0.9	1.0	1.1	1.2	1.3	1.4	1.5	2.0	4.0	…
V_O(V)													

(3) 按图 4-1-5(b)接线并测量 t_{pd} 的值。

六、注意事项

1. 接插集成块时,要认清定位标记,不得插反。

2. 电源电压使用范围为+4.5V～+5.5V 之间,实验中要求使用 V_{cc}=+5V。电源极性绝对不允许接错。

3. 输出端不允许并联使用(集电极开路门(OC)和三态输出门电路(3S)除外)。否则不仅会使电路逻辑功能混乱,并会导致器件损坏。

4. 输出端不允许直接接地或直接接+5V电源,否则将损坏器件,有时为了使后级电路获得较高的输出电平,允许输出端通过电阻 R 接至 V_{cc},一般取 $R=3\sim5.1\text{k}\Omega$。

七、实验报告

1. 记录、整理实验结果,并对结果进行分析。
2. 画出实测的电压传输特性曲线。

八、思考题

1. TTL 与非门输入端悬空相当于输入什么电平? 为什么?
2. 如何处理各种门电路的多余输入端?
3. TTL 门电路的输入端通过电阻接地,相当于输入什么电平?
4. 为什么 TTL 与非门输出端不能直接接电源 V_{CC} 或地?

实验二　CMOS 集成逻辑门的逻辑功能与参数测试

一、实验目的

1. 掌握 CMOS 集成门电路的逻辑功能和器件的使用规则。
2. 学会 CMOS 集成门电路主要参数的测试方法。

二、实验器材

1. 数字电路实验箱　　　　　　2. 双踪示波器
3. 数字万用表
4. CD4011、CD4030、CD4071、CD4081

三、预习要求

1. 复习 CMOS 门电路的工作原理。
2. 了解四 2 输入与非门 CD4011,四 2 输入或门 CD4071,四 2 输入与门 CD4082 及四异或门 CD4030 等门电路的引脚功能。
3. 各种 CMOS 门电路闲置输入端应如何处理?

四、实验原理

1. 输出高电平 V_{OH} 和输出低电平 V_{OL}

输出高电平 V_{OH} 是指在规定电源电压下,输出端开路时的输出高电平。通常 $V_{OH} \approx V_{DD}$。输出低电平 V_{OL} 是指在规定的电源电压下,输出端开路时的输出低电平。通常 $V_{OL} \approx 0V$。

2. 开门电平 V_{ON} 和关门电平 V_{OFF}

开门电平 V_{ON}—是指输出由高电平转换为临界低电平(一般取 $0.1V_{DD}$)所需要的最小输入高电平。

关门电平 V_{OFF}—是指输出由低电平转换为临界高电平(一般取 $0.9V_{DD}$)所需要的最大输入低电平。

若 $V_{DD} = 10V$,对应于 $V_O = 9V$ 时 V_I 为 V_{OFF};对应于 $V_O = 1V$ 时 V_I 为 V_{ON}。

3. 输入阻抗和静态功耗

CMOS 电路的输入阻抗 R_i 极高,一般可达 $10^{10} \Omega$ 以上,实际上是很难测量的。CMOS 静态功耗测试电路与 TTL 静态功耗测试电路图相同,但由于 CMOS 器件是微功耗器件,电流值要小得多。

4. 传输特性曲线

CMOS 器件传输特性可参考图 4-1-4 所示电路测量。(注意:其他的输入端不能悬空,必须接高电平)。

5. 传输延迟时间 t_{pd}

传输延迟时间,是指输入信号从上升边沿的 $0.5V_m$ 点到输出信号下降边沿的 $0.5V_m$ 点之间的时间间隔。

五、内容与步骤

1. 验证 CMOS 各门电路的逻辑功能,判断其好坏。(可以取器件中的一个门进行实验)。

验证与非门 CD4011、与门 CD4081、或门 CD4071 及异或门 CD4030 逻辑功能,其引脚见附录。

以 CD4011 为例:测试时,选好某一个 14P 插座,插入被测器件,其输入端 A、B 接逻辑开关的输出插口,其输出端 Y 接至逻辑电平显示器输入插口,拨动逻辑电平开关,逐个测试各门的逻辑功能,并记入表 4-2-1 中。Y1,Y2,Y3,Y4 分别代表与非门 CD4011、与门 CD4081、或门 CD4071 及异或门 CD4030 的输出。

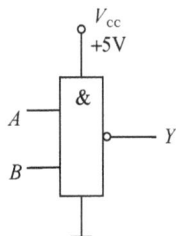

表 4-2-1　CMOS 门电路逻辑功能

输　入		输　　出			
A	B	Y_1	Y_2	Y_3	Y_4
0	0				
0	1				
1	0				
1	1				

图 4-2-1　与非门逻辑功能测试

2. CMOS 与非门 CD4011 参数测试

方法与 TTL 电路相同,测试电路可参考实验一。但应当注意:CMOS 所有输入端一律不准悬空。与非门闲置输入端直接接电源电压 V_{DD}。测试结果填入表 4-2-2 中。

(1) 测试 CD4011 的 I_{CCL},I_{CCH},I_{iL}。

① 整个器件的低电平输出电源电流 I_{CCL}:测试时,将 CD4011 四个门的所有输入端接电源电压 V_{DD},输出端空载,测得电源提供给器件的总电流。

② 整个器件的高电平输出电源电流 I_{CCH}:测试时,将 CD4011 四个门的所有输入端接地,输出端空载时,测得电源提供给器件的总电流。

③ 低电平输入电流 I_{iL}:四个门的 I_{iL} 相同,选取其中一个门进行测试。测试时,将被测输入端接地,其余输入端接 V_{DD}。

表 4-2-2　CD4011 重要参数测试

I_{CCL}(mA)	I_{CCH}(mA)	I_{iL}(mA)	P_{CCL}(计算 mw)

(2)测试 CD4011 其中一个门的电压传输特性(参照实验一的图 4-1-4,一个输入端接信号输入,另一个输入端必须接逻辑高电平 V_{DD}),采用逐点测试法,调节电位器,按表 4-2-3 测得,然后绘制电压传输特性曲线。表中的 U_i 值仅作参考,测量时根据实际情况灵活变动。

表 4-2-3　CD4011 电压传输特性测试

U_i(V)	0	0.8	1.2	1.6	2.0	2.2	2.3	2.4	2.5	2.6	2.7	2.8	3.0	3.6
U_o(V)														

(3)将 CD4011 的三个门串接成振荡器,用示波器观测输入、输出波形,并计算出 t_{pd} 值。

六、注意事项

1. CMOS 电路电源电压允许在 $3\sim18V$ 范围内使用,实验中通常选 $V_{DD}=5V$。

2. 在通电之前,要处理 CMOS 门电路不用的输入端,按逻辑需要,可并联使用,也可分别接 V_{SS} 或 V_{DD},切勿悬空使用。

3. 禁止在接通电源的情况下,装拆器件。

4. 在工作或测试时,应先接通电源,然后加输入信号。工作和测试结束后,必须先撤去输入信号,然后再切断电源。输入信号的幅度应限制在 $V_{SS}\leqslant V_i\leqslant V_{DD}$ 的范围之内。

七、实验报告

1. 整理实验结果,对结果进行分析,并用坐标纸画出电压传输特性曲线。

2. 写出本次实验心得。

八、思考题

1. 为什么 CMOS 门电路的输入端不能悬空?

2. 为什么 CMOS 门电路的输入端通过电阻接地时,总是相当于低电平?

3. 比较 CMOS 门电路的参数和 TTL 门电路的参数,试述 CMOS 门电路的优缺点。

实验三　*TTL* 集电极开路门与三态输出门的应用

一、实验目的

1. 掌握 TTL 集电极开路门(OC 门)的逻辑功能及应用。
2. 了解集电极负载电阻 R_L 对集电极开路门的影响。
3. 掌握 TTL 三态输出门(TSL 门)的逻辑功能及应用。

二、实验器材

1. 数字电路实验箱　　　　　　　　2. 数字万用表
3. 74LS00、74LS03、74LS125

三、预习要求

1. 复习 TTL 集电极开路门和三态门工作原理。
2. 计算实验中各 R_L 阻值,并从中确定实验所用 R_L 值。
3. 画出用 OC 与非门实现实验内容 2 的逻辑图。

四、实验原理

　　数字系统中有时需把两个或两个以上集成逻辑门的输出端直接并接在一起来完成一定的逻辑功能。对于普通的 TTL 门电路,由于输出级采用了推挽式输出电路,无论输出是高电平还是低电平,输出阻抗都很低。因此,通常不允许它们的输出端并接在一起使用。集电极开路门和三态输出门是两种特殊的 TTL 门电路,它们允许把输出端直接并接在一起使用。

　　1. TTL 集电极开路门(OC 门)

　　本实验所用 OC 与非门型号为四 2 输入与非门 74LS03,内部逻辑及引脚排列如图 4-3-1(a)、(b)所示。OC 与非门的输出管是悬空的,工作时,输出端必须通过一只外接电阻 R_L 和电源 V_{CC} 相连接,以保证输出电压符合电路要求。

　　OC 门的应用主要有下述三个方面:

　　(1) 利用电路的"线与"特征方便地完成某些特定的逻辑功能。如图 4-3-2 所示,将两个 OC 与非门输出端直接并接在一起,则它们的输出 $F = F_A F_B = \overline{A_1 A_2} \cdot \overline{B_1 B_2} = \overline{A_1 A_2 + B_1 B_2}$。即把两个(或两个以上)OC 与非门"线与"可完成"与或非"的逻辑功能。

（2）实现多路信息采集，使两路以上的信号共用一个传输通道（总线）。

（3）实现逻辑电平的转换，以推动荧光数码管、继电器、MOS 器件等多种数字集成电路。

(a) 内部逻辑　　　　　　　　　　(b) 引脚排列

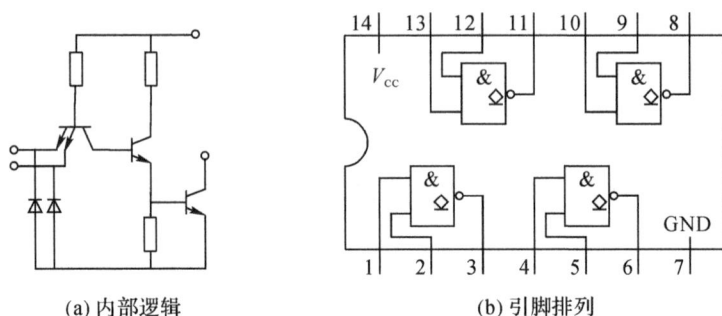

图 4-3-1　74LS03 内部逻辑及引脚排列

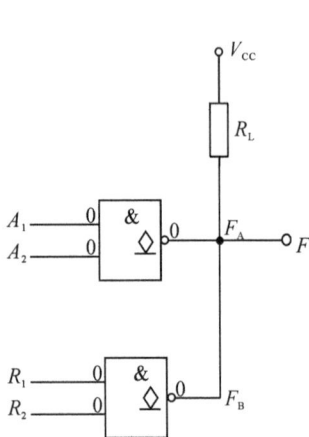

图 4-3-2　OC 门实现线与功能　　　　图 4-3-3　负载电阻的选择

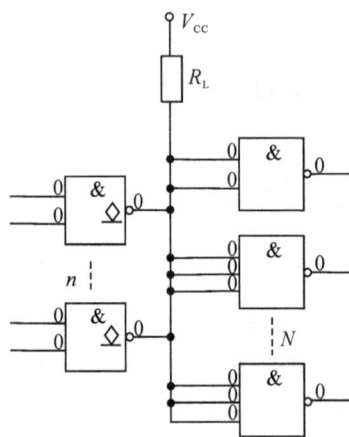

OC 门输出并联运用时负载电阻 R_L 的选择：

图 4-3-3 所示电路由 n 个 OC 与非门"线与"驱动有 m 个输入端的 N 个 TTL 与非门，为保证 OC 与非门输出电平符合逻辑要求，负载电阻 R_L 阻值的选择范围为

$$R_{L\max} = \frac{V_{CC} - V_{OH}}{nI_{OH} + mI_{iH}}$$

$$R_{L\min} = \frac{V_{CC} - V_{OL}}{I_{LM} - NI_{iL}}$$

式中 I_{OH} 为 OC 门输出管截止时（输出高电平 U_{OH}）的漏电流（约 $50\mu A$）；I_{LM} 为 OC 门输出低电平 U_{OL} 时，允许最大灌入负载电流（约 20mA）。

I_{iH}——负载门高电平输入电流（$<50\mu A$）

I_{iL}——负载门低电平输入电流（$<1.6mA$）

V_{CC}——R_L 外接电源电压

n——OC 门个数

N—负载门个数

m—接入电路的负载门输入端总个数

R_L 值须小于 R_{Lmax}，否则 U_{OH} 将下降，R_L 值须大于 R_{Lmin}，否则 U_{OL} 将上升，又由于 R_L 的大小会影响输出波形的边沿时间，在工作速度较高时，R_L 应尽量选取接近 R_{Lmin}。

2. TTL 三态输出门（TSL 门）

TTL 三态输出门是一种特殊的门电路，它与普通的 TTL 门电路结构不同，它的输出端除了通常的高电平、低电平两种状态外（这两种状态均为低阻状态），还有第三种输出状态—高阻状态，处于高阻状态时，电路与负载之间相当于开路。图 4-3-4 是三态输出缓冲器的逻辑符号，它有一个控制端（又称禁止端或使能端）$\overline{E}$，$\overline{E}=0$ 为正常工作状态，实现 $Y=A$ 的逻辑功能；$\overline{E}=1$ 为禁止状态，输出 Y 呈高阻状态。这种在控制端加低电平电路才能正常工作的工作方式称低电平使能。

三态输出门按逻辑功能及控制方式分有各种不同的类型，在实验中所用的三态门的型号是 74LS125，引脚如附图 4-3-5。

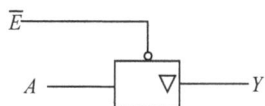

图 4-3-4 三态门逻辑符号

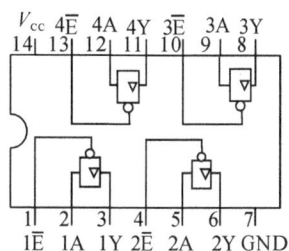

图 4-3-5 74LS125 管脚排列图

五、内容与步骤

1. OC 与非门负载电阻 R_L 的确定

在四 2 输入 OC 与非门 74LS03 中任选两个门驱动三个与非门（74LS00 中任选三个）测试电路如图 4-3-6 所示。其中 $R_P=2\text{k}\Omega$，$R=200\Omega$。

（1）测定 R_{Lmax}　OC 门 G_1、G_2 的四个输入端 A、B、C、D 均接地，则输出 F 为高电平。调节电位器 R_P 的值使 $V_{OH}\geqslant 2.4\text{V}$，用万用表测出此时的 R_L 值即为 R_{Lmax}。

（2）测定 R_{Lmin}　OC 门 G_1 的输入端 A、B 接高电平，G_2 输入端 C、D 接低电平，则输出 F 为低电平。调节电位器 R_P 的值使 $V_{OLmax}\leqslant 0.4\text{V}$，用万用表测出此时的 R_L 值为 R_{Lmin}。

调节 R_P，使 $R_{Lmin}<R_L<R_{Lmax}$，分别测出 F 点的 V_{OH} 和 V_{OL} 值。

2. OC 与非门实现线与功能列真值表验证图

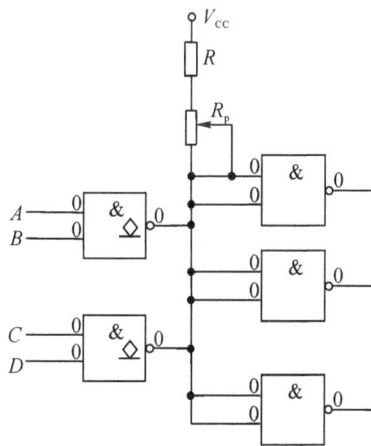

图 4-3-6 OC 与非门负载电阻 R_L 的确定

4-3-1 所示电路的线与功能：

$$F = F_1 \cdot F_2 = \overline{AB} \cdot \overline{CD} = \overline{AB + CD}$$

3. 三态门逻辑功能测试及应用

(1) 在 74LS125 中任选一个三态门，列真值表，测试并记录其逻辑功能。

(2) 三态门的应用

① 用三态门组成的多路(二路)开关如图所示。当 $\overline{E}$＝"0"时，A 路数据被传递，B 路被禁止；当 $\overline{E}$＝"1"时，A 路数据被禁止，B 路数据被传递。按图 4-3-8 连接线路，测试其功能。

② 图 4-3-7 为一双向总线数据传输电路，测试其逻辑功能，测试方法和步骤自拟。

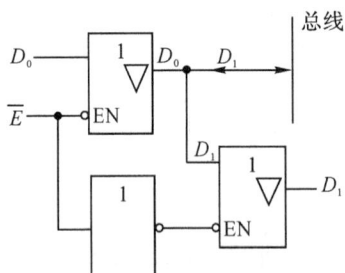

图 4-3-7　多路(二路)开关

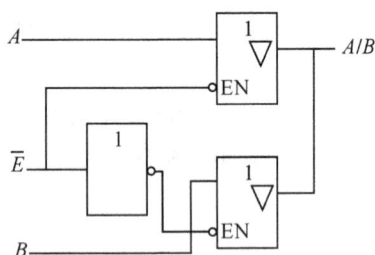

图 4-3-8　双向总线数据传输电路

六、注意事项

1. 切勿把普通的与非门当成三态门或 OC 门直接把输出端并联使用。

七、实验报告

1. 画出实验电路，并标明有关外接元件值。

2. 整理分析实验结果，总结集电极开路门和三态输出门的优缺点。

八、思考题

1. OC 门外接负载电阻 R_L 过大或过小会产生什么影响？

2. 三态门输出端并联使用时，为什么两输出端不能同时工作？应如何避免？

实验四　组合逻辑电路的设计与测试（设计性实验）

一、实验目的

1. 掌握组合逻辑电路的设计方法。
2. 用实验验证所设计电路的逻辑功能。

二、设计任务

1. 设计用与非门组成半加器电路。

2. 设计一个 2 线至 4 线译码电路。当 $A_0=0$，$A_1=0$ 时，B_0 端输出为 0，其余 Y_1、Y_2、Y_3 端输出为 1；当 $A_0=1$，$A_1=0$ 时，则 B_1 端输出为 1，其余各端为 0；其他状态依此类推。

3. 设计一个裁判电路。如举重比赛有三个裁判，一个主裁判，两个副裁判，试举是否成功的裁决，由每个裁判按下自己面前的按钮来决定。只有两个以上的裁判（其中必须有主裁判）裁定成功时，表示'成功'的灯才亮。请设计这个组合逻辑电路。

4. 设计一个四个开关控制一盏灯的逻辑电路，要求改变任意开关的状态能够引起灯亮灭状态的改变。（即任一开关的合断改变原来灯亮灭的状态）。

三、预习要求

1. 复习组合逻辑电路的设计方法。
2. 根据实验任务要求设计组合电路，并根据所给的标准器件画出逻辑图。并在图上标明集成块引脚号。

四、组合电路一般设计方法

1. 根据给定的实际逻辑问题，求出实现这一逻辑功能的最简逻辑电路。所谓'最简'，是指电路使用的逻辑器件数最少，器件的种类最少，器件之间的连线也最少。

设计步骤如下：

（1）逻辑问题的描述。依据设计要求，确定输入、输出逻辑关系，建立真值表。

（2）写出逻辑函数式或画出卡诺图。

（3）选择器件。为了产生所需要的逻辑函数，既可以用小规模集成门电路、也可以用中规模集成的组合逻辑器件和可编程逻辑器件等构成相应的逻辑电路，应该根据对电路的具体要求决定。

（4）对逻辑函数或卡诺图进行化简和等效变换。

（5）画出逻辑电路图。

（6）连线和工程实现。

2. 组合逻辑电路设计举例

用"与非"门设计一个表决电路。当四个输入端中有三个或四个为"1"时，输出端才为"1"。

设计步骤:根据题意列出真值表如表 4-4-1 所示,再填入卡诺图表 4-4-2 中。

由卡诺图得出逻辑表达式,并演化成"与非"的形式:

$$Z = ABC + BCD + ACD + ABD = \overline{\overline{ABC} \cdot \overline{BCD} \cdot \overline{ACD} \cdot \overline{ABC}}$$

表 4-4-1　表决电路真值表

A	0	0	0	0	0	0	0	0	1	1	1	1	1	1	1	1
B	0	0	0	0	1	1	1	1	0	0	0	0	1	1	1	1
C	0	0	1	1	0	0	1	1	0	0	1	1	0	0	1	1
D	0	1	0	1	0	1	0	1	0	1	0	1	0	1	0	1
Z	0	0	0	0	0	0	0	1	0	0	0	1	0	1	1	1

表 4-4-2　表决电路卡诺图

CD \ AB	00	01	11	10
00				
01			1	
11		1	1	1
10			1	

根据逻辑表达式画出用"与非门"构成的逻辑电路如图 4-4-1 所示。

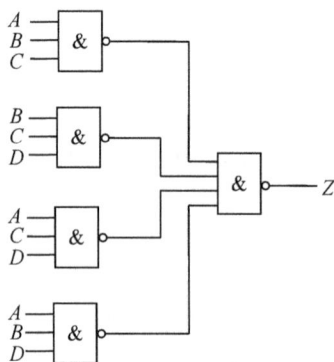

图 4-4-1　表决电路逻辑图

五、实验条件

1. 主要元器件

CD4011×2(74LS00)　　CD4012(74LS20)　　CD4030(74LS86)

CD4082(74LS08)　　　CD4071(74LS32)

2. 仪器设备

数字电路实验箱,数字万用表

六、注意事项

1. 注意 74LS00 的管脚排列与 CD4011 的管脚排列是不相同的。

2. 注意实验箱上的继电器的工作电源。

七、实验报告

1. 列写实验任务的设计过程,画出设计的电路图。
2. 对所设计的电路进行实验测试,在数据记录纸上画出相应的表格并记录测试结果。
3. 组合电路设计体会。

八、思考题

1. 组合逻辑电路的设计步骤?
2. 如果门电路的输出无法吸合继电器,请问电路该作如何改进?

实验五 译码器及其应用

一、实验目的

1. 掌握中规模集成译码器的逻辑功能和使用方法。
2. 熟悉数码管的使用。

二、实验器材

1. 数字电路实验箱　　　　　　　2. 双踪示波器
3. 数字万用表　　　　　　　　　4. 74LS138×2　CD4511 74LS20

三、预习要求

1. 复习有关译码器和分配器的原理。
2. 根据实验任务,画出所需的实验线路及记录表格。

四、实验原理

在数字系统中,需要把二进制代码或二—十进制代码(BCD 码)翻译成字符或十进制数字,并直接显示出来,或翻译成控制信号去执行某些操作,这一"翻译"过程称为译码。

根据不同用途,译码器通常可分为三类:1)二进制译码器。2)显示译码器。3)码制变换译码器。

1. 二进制译码器:用以表示输入变量的状态,如 2 线－4 线、3 线－8 线和 4 线－16 线译码器。若有 n 个输入变量,则有 2^n 个不同的组合状态,就有 2^n 个输出端。而每一个输出所代表的函数对应于 n 个输入变量的某一个最小项。

以 3 线—8 线译码器 74LS138 为例进行分析,图 4-5-1(a)、(b)分别为其逻辑图及引脚排列。其中 A_2、A_1、A_0 为地址输入端,$\overline{Y_0} \sim \overline{Y_7}$ 为译码输出端,S_1、$\overline{S_2}$、$\overline{S_3}$ 为使能端。

表 4-5-1 为 74LS138 功能表

表 4-5-1　3-8 线译码器 74LS138 真值表

输　　入					输　　出							
S_1	$\overline{S_2}+\overline{S_3}$	A_2	A_1	A_0	$\overline{Y_0}$	$\overline{Y_1}$	$\overline{Y_2}$	$\overline{Y_3}$	$\overline{Y_4}$	$\overline{Y_5}$	$\overline{Y_6}$	$\overline{Y_7}$
1	0	0	0	0	0	1	1	1	1	1	1	1
1	0	0	0	1	1	0	1	1	1	1	1	1
1	0	0	1	0	1	1	0	1	1	1	1	1
1	0	0	1	1	1	1	1	0	1	1	1	1
1	0	1	0	0	1	1	1	1	0	1	1	1
1	0	1	0	1	1	1	1	1	1	0	1	1
1	0	1	1	0	1	1	1	1	1	1	0	1
1	0	1	1	1	1	1	1	1	1	1	1	0
0	×	×	×	×	1	1	1	1	1	1	1	1
×	1	×	×	×	1	1	1	1	1	1	1	1

当 $S_1=1$,$\overline{S_2}+\overline{S_3}=0$ 时,器件使能,地址码所指定的输出端有信号(为 0)输出,其他所有输出端均无信号(全为 1)输出。当 $S_1=0$,$\overline{S_2}+\overline{S_3}=X$ 时,或 $S_1=X$,$\overline{S_2}+\overline{S_3}=1$ 时,译码器被禁止,所有输出同时为 1。

二进制译码器实际上也是负脉冲输出的脉冲分配器。若利用使能端中的一个输入端输入数据信息,器件就成为一个数据分配器(又称多路分配器),如图 4-5-2 所示。若在 S_1 输入端输入数据信息,$\overline{S_2}=\overline{S_3}=0$,地址码所对应的输出是 S_1 端数据信息的反码;若从 $\overline{S}2$ 端输入数据信息,令 $S_1=1$,$\overline{S_3}=0$,地址码所对应的输出就是 $\overline{S}2$ 端数据信息的原码。若数据信息是时钟脉冲,则数据分配器便成为时钟脉冲分配器。

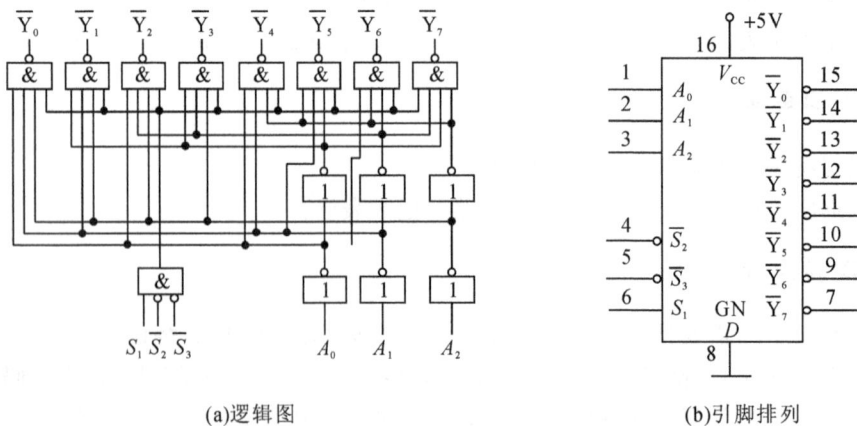

(a)逻辑图　　　　　　　　　　(b)引脚排列

图 4-5-1　3—8 线译码器 74LS138 逻辑图及引脚排列

根据输入地址的不同组合译出唯一地址,故可用作地址译码器。接成多路分配器,可将一个信号源的数据信息传输到不同的地点。

二进制译码器还能方便地实现逻辑函数,如图 4-5-3 所示,实现的逻辑函数是

$$Z = \overline{A}\,\overline{B}C + \overline{A}B\overline{C} + A\overline{B}\overline{C} + ABC$$

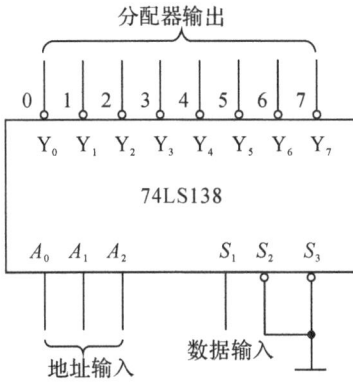

图 4-5-2　作数据分配器　　　　　　　　图 4-5-3　实现逻辑函数

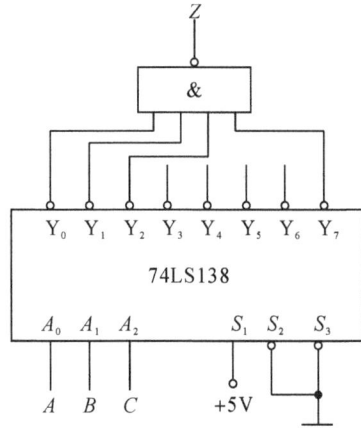

利用使能端能方便地将两个 3/8 译码器组合成一个 4/16 译码器,如图 4-5-4 所示。

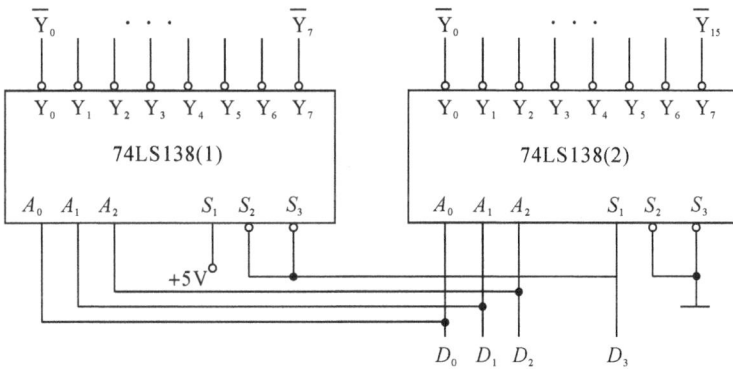

图 4-5-4　用两片 74LS138 组合成 4/16 译码器

2. 数码显示译码器

(1) 七段发光二极管(LED)数码管

LED 数码管是目前最常用的数字显示器,图 4-5-5(a)、(b)为共阴管和共阳管的电路,(c)为两种不同出线形式的引出脚功能图。

一个 LED 数码管可用来显示一位 0~9 十进制数和一个小数点。小型数码管(0.5 寸和 0.36 寸)每段发光二极管的正向压降,随显示光(通常为红、绿、黄、橙色)的颜色不同略有差别,通常约为 2~2.5V,每个发光二极管的点亮电流在 5~10mA。LED 数码管要显示 BCD 码所表示的十进制数字就需要有一个专门的译码器,该译码器不但要完成译码功能,还要有相当的驱动能力。

(a) 共阴连接("1"电平驱动)　　　　(b) 共阳连接("0"电平驱动)

(c) 符号及引脚功能

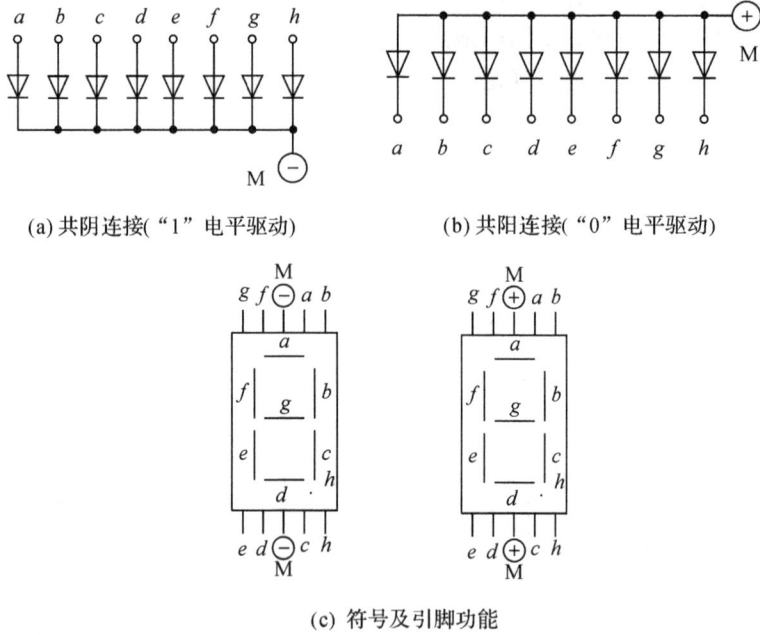

图 4-5-5　LED 数码管

（2）BCD 码七段译码驱动器

此类译码器型号有 74LS47（共阳），74LS48（共阴），CD4511（共阴）等，本实验系采用 CD4511 BCD 码锁存/七段译码/驱动器。驱动共阴极 LED 数码管。

图 4-5-6CD4511 引脚排列

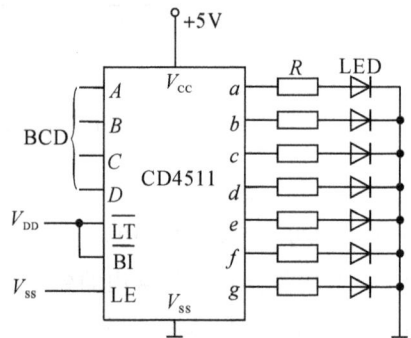

其中 D、C、B、A—BCD 码输入端

图 4-5-6　CD4511 引脚排列

a、b、c、d、e、f、g—译码输出端，输出"1"有效，用来驱动共阴极 LED 数码管。

$\overline{LT}$—测试输入端，$\overline{LT}$ = "0"时，译码输出全为"1"

$\overline{BI}$—消隐输入端，$\overline{BI}$ = "0"时，译码输出全为"0"

LE—锁定端，LE = "1"时译码器处于锁定（保持）状态，译码输出保持在 LE = 0 时的数值，LE = 0 为正常译码。

表 4-5-2 为 CD4511 功能表。CD4511 内接有上拉电阻，故只需在输出端与数码管笔段之间串入限流电阻即可工作。如图 4-5-7 所示译码器还有拒伪码功能，当输入码超过 1001 时，输出全为"0"，数码管熄灭。

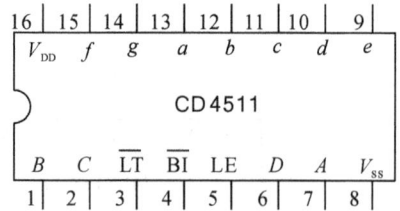

图 4-5-7　CD4511 驱动一位 LED 数码管

五、内容与步骤

1. CD4511 的逻辑功能测试

任选实验装置上的一组拨码开关的输出 A、B、C、D 分别接至显示译码/驱动器 CD4511 的对应输入口，LE、$\overline{BI}$、$\overline{LT}$ 接至三个逻辑开关的输出插口，CD4511 的 a—g 的输出接至数码管的相对应的输入口，接上 +5V 显示器的电源，然后按功能表 4-5-2 输入的要求揿动四个数码的增减键（"+"与"－"键）和操作与 LE、$\overline{BI}$、$\overline{LT}$ 对应的三个逻辑开关，观测拨码盘上的四位数与 LED 数码管显示的对应数字是否一致，及译码显示是否正常。

2. 74LS138 译码器逻辑功能测试

将译码器使能端 S_1、$\overline{S}_2$、$\overline{S}_3$ 及地址端 A_2、A_1、A_0 分别接至逻辑电平开关输出口，八个输出端 $\overline{Y}_7 \cdots \overline{Y}_0$ 依次连接在逻辑电平显示器的八个输入口上，拨动逻辑电平开关，按表 4-5-1 逐项测试 74LS138 的逻辑功能。

3. 用一片 74LS138 为核心构成组合电路：$Z = \overline{A}B + A\overline{B}C$。画出设计的电路图，并设计表格记录结果。

表 4-5-2　CD4511 真值表

输　入							输　出							显示字形
LE	$\overline{BI}$	$\overline{LT}$	D	C	B	A	a	b	c	d	e	f	g	
×	×	0	×	×	×	×	1	1	1	1	1	1	1	8
×	0	1	×	×	×	×	0	0	0	0	0	0	0	消隐
0	1	1	0	0	0	0	1	1	1	1	1	1	0	8
0	1	1	0	0	0	1	0	1	1	0	0	0	0	1
0	1	1	0	0	1	0	1	1	0	1	1	0	1	2
0	1	1	0	0	1	1	1	1	1	1	0	0	1	3
0	1	1	0	1	0	0	0	1	1	0	0	1	1	4
0	1	1	0	1	0	1	1	0	1	1	0	1	1	5
0	1	1	0	1	1	0	0	0	1	1	1	1	1	6
0	1	1	0	1	1	1	1	1	1	0	0	0	0	7
0	1	1	1	0	0	0	1	1	1	1	1	1	1	8
0	1	1	1	0	0	1	1	1	1	0	0	1	1	9
0	1	1	1	0	1	0	0	0	0	0	0	0	0	消隐
0	1	1	1	0	1	1	0	0	0	0	0	0	0	消隐
0	1	1	1	1	0	0	0	0	0	0	0	0	0	消隐
0	1	1	1	1	0	1	0	0	0	0	0	0	0	消隐
0	1	1	1	1	1	0	0	0	0	0	0	0	0	消隐
0	1	1	1	1	1	1	0	0	0	0	0	0	0	消隐
1	1	1	×	×	×	×	锁　存							锁存

4. 用两片 74LS138 组合成一个 4 线—16 线译码器，并进行实验。

5. (选做)用 74LS138 构成时序脉冲分配器

参照图 4-5-2 和实验原理说明,时钟脉冲 CP 频率约为 10kHz,要求分配器输出端 $\overline{Y}_0$ $\cdots\overline{Y}_7$ 的信号与 CP 输入信号同相。

画出分配器的实验电路,用示波器观察和记录在地址端 A_2、A_1、A_0 分别取 000～111 八种不同状态时 $\overline{Y}_0\cdots\overline{Y}_7$ 端的输出波形,注意输出波形与 CP 输入波形之间的相位关系。

六、注意事项

要使实验箱上的数据拨码开关和显示译码器工作,必须加上 +5V 电源。

七、实验报告

1. 画出实验线路,把观察到的波形画在坐标纸上,并标上对应的地址码。
2. 对实验结果进行分析、讨论。

八、思考题

1. 可否用 +5V 的直流电压直接接到 LED 数码管的各段输入端检查该管的好坏? 为什么?
2. 共阴极和共阳极 LED 数码管显示器有什么区别?

实验六　触发器及其应用

一、实验目的

1. 掌握基本 RS、JK、D 和 T 触发器的逻辑功能及其测试方法。
2. 学会正确使用集成触发器。
3. 熟悉不同触发器之间相互转换的方法。

二、实验器材

1. 数字电路实验箱　　　　　　2. 双踪示波器
3. 数字万用表　　　　　　　　4. 74LS112、74LS00、74LS74(各一片)

三、预习要求

1. 复习 RS、JK、D 和 T 触发器的逻辑功能。
2. 复习不同触发器之间的相互转换方法。

3. 列出各触发器功能测试表格。

4. 按实验内容 4 的要求设计线路,拟定实验方案。

四、实验原理

触发器是具有记忆功能,能存储数字信息的最常用的一种基本单元电路,是构成各种时序电路的最基本逻辑单元。触发器有两个稳定的状态:0 状态和 1 状态。

在适当触发信号作用下,触发器的状态发生翻转,即触发器可从一个稳态转换到另一个稳态。当输入触发信号消失后,触发器翻转后的状态保持不变(记忆功能)。

根据电路结构和功能的不同,触发器有 RS 触发器、D 触发器、JK 触发器、T 触发器等类型。

1. 基本 RS 触发器

图 4-6-1 为由两个与非门交叉耦合构成的基本 RS 触发器,它是无时钟控制低电平直接触发的触发器。基本 RS 触发器具有置"0"、置"1"和"保持"三种功能。通常称 $\bar{S}$ 为置"1"端,因为 $\bar{S}=0(\bar{R}=1)$ 时触发器被置"1";$\bar{R}$ 为置"0"端,因为 $\bar{R}=0(\bar{S}=1)$ 时触发器被置"0",当 $\bar{S}=\bar{R}=1$ 时状态保持;$\bar{S}=\bar{R}=0$ 时,触发器状态不定,应避免此种情况发生,表 4-6-1 为基本 RS 触发器的功能表。

基本 RS 触发器。也可以用两个"或非门"组成,此时为高电平触发有效。

2. JK 触发器

在输入信号为双端的情况下,JK 触发器是功能完善、使用灵活和通用性较强的一种触发器。本实验采用 74LS112 双 JK 触发器,是下降边沿触发的边沿触发器。引脚如图 4-6-2 所示。功能表如表 4-6-2 所示。

表 4-6-1 基本 RS 触发器功能表

输 入		输 出	
$\bar{S}$	$\bar{R}$	Q^{n+1}	$\overline{Q^{n+1}}$
0	1	1	0
1	0	0	1
1	1	Q^n	$\overline{Q^n}$
0	0	Φ	Φ

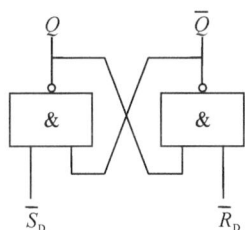

图 4-6-1 基本 RS 触发器

JK 触发器的状态方程为 $Q^{n+1}=J\bar{Q}^n+\bar{K}Q^n$

J 和 K 是数据输入端,是触发器状态更新的依据。Q 与 $\bar{Q}$ 为两个互补输出端。通常把 $Q=0$、$\bar{Q}=1$ 的状态定为触发器"0"状态;而把 $Q=1,\bar{Q}=0$ 定为"1"状态。

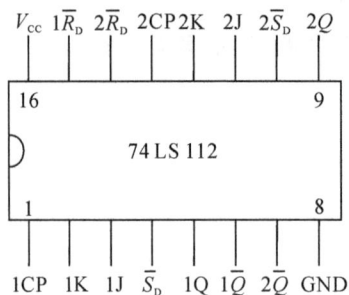

图 4-6-2　74LS112 双 JK 触发器引脚排列

表 4-6-2　JK 触发器功能表

输　　入					输　　出	
$\overline{S_D}$	R_D	CP	J	K	Q^{n+1}	$\overline{Q^{n+1}}$
0	1	×	×	×	1	0
1	0	×	×	×	0	1
0	0	×	×	×	Φ	Φ
1	1	↓	0	0	Q^n	$\overline{Q^n}$
1	1	↓	1	0	1	0
1	1	↓	0	1	0	1
1	1	↓	1	1	$\overline{Q^n}$	Q^n
1	1	↑	×	×	Q^n	$\overline{Q^n}$

注:×—任意态　　↓—高到低电平跳变　　↑—低到高电平跳变

$Q^n(\overline{Q^n})$—现态　　　$Q^{n+1}(\overline{Q^{n+1}})$—次态　　Φ—不定态

JK 触发器广泛用于计数、分频、时钟脉冲发生等电路中。

3. D 触发器

在输入信号为单端的情况下,D 触发器用起来最为方便,其状态方程为 $Q^{n+1}=D^n$,其输出状态的更新发生在 CP 脉冲的上升沿,故又称为上升沿触发的边沿触发器,触发器的状态只取决于时钟到来前 D 端的状态,D 触发器的应用很广,可用作数字信号的寄存,移位寄存,分频和波形发生等。

图 4-6-3 为双 D 触发器 74LS74 的引脚排列。功能如表 4-6-3。

表 4-6-3　D 触发器功能表

输　　入				输　出	
$\overline{S_D}$	$\overline{R_D}$	CP	D	Q^{n+1}	$\overline{Q^{n+1}}$
0	1	×	×	1	0
1	0	×	×	0	1
0	0	×	×	Φ	Φ
1	1	↑	1	1	0
1	1	↑	0	0	1
1	1	↓	×	Q^n	$\overline{Q^n}$

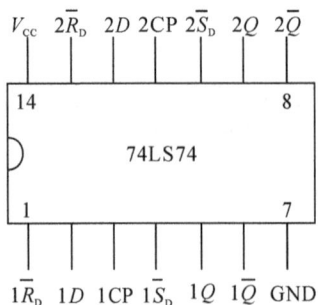

图 4-6-3　74LS74 引脚排列

4. 触发器之间的相互转换

在集成触发器的产品中,每一种触发器都有自己固定的逻辑功能。但可以利用转换的方法获得具有其他功能的触发器。例如将 JK 触发器的 J、K 两端连在一起,并认它为 T 端,就得到所需的 T 触发器。如图 4-6-4(a)所示,其状态方程为:$Q^{n+1}=T\overline{Q^n}+\overline{T}Q^n$

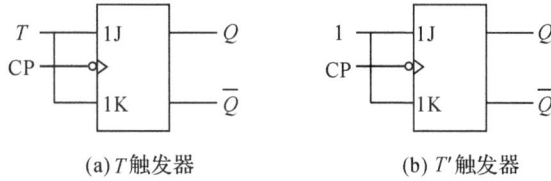

(a) T 触发器　　　　　　　(b) T' 触发器

图 4-6-4　JK 触发器转换为 T、T' 触发器

T 触发器的功能如表 4-6-4 所示。

由功能表可见,当 $T=0$ 时,时钟脉冲作用后,其状态保持不变;当 $T=1$ 时,时钟脉冲作用后,触发器状态翻转。所以,若将 T 触发器的 T 端置"1",如图 4-6-4(b)所示,即得 T' 触发器。在 T' 触发器的 CP 端每来一个 CP 脉冲信号,触发器的状态就翻转一次,故称之为反转触发器,广泛用于计数电路中。

同样,若将 D 触发器 $\overline{Q}$ 端与 D 端相连,便转换成 T' 触发器。如图 4-6-5 所示。

JK 触发器也可转换为 D 触发器,如图 4-6-6 所示。

表 4-6-4　T 触发器的逻辑功能

输　　　　入				输　　出
$\overline{S_D}$	$\overline{R_D}$	CP	T	Q^{n+1}
0	1	$\times$	$\times$	1
1	0	$\times$	$\times$	0
1	1	$\downarrow$	1	$\overline{Q^n}$

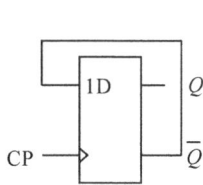

图 4-6-5　D 转成 T'

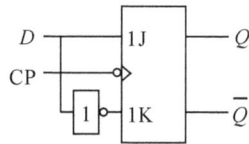

图 4-6-6　JK 转成 D

五、内容与步骤

1. 测试基本 RS 触发器的逻辑功能

按图 4-6-1,用两个与非门组成基本 RS 触发器,输入端 $\overline{R}$、$\overline{S}$ 接逻辑开关的输出插口,输出端 Q、$\overline{Q}$ 接逻辑电平显示输入插口,按表 4-6-5 要求测试,记录之。

表 4-6-5　基本 RS 逻辑功能测试

$\bar{R}$	$\bar{S}$	Q	$\bar{Q}$
1	$1 \rightarrow 0$		
	$0 \rightarrow 1$		
$1 \rightarrow 0$	1		
$0 \rightarrow 1$			
0	0		

2. 测试双 JK 触发器 74LS112 逻辑功能

(1) 测试 $\overline{R_D}$、$\overline{S_D}$ 的复位、置位功能

任取一只 JK 触发器，$\overline{R_D}$、$\overline{S_D}$、J、K 端接逻辑开关输出插口，CP 端接单次脉冲源，Q、$\bar{Q}$ 端接至逻辑电平显示输入插口。要求改变 $\overline{R_D}$、$\overline{S_D}$（J、K、CP 处于任意状态），并在 $\overline{R_D}=0$（$\overline{S_D}=1$）或 $\overline{S_D}=0$（$\overline{R_D}=1$）作用期间任意改变 J、K 及 CP 的状态，观察 Q、$\bar{Q}$ 状态。自拟表格并记录之。

(2) 测试 JK 触发器的逻辑功能

按表 4-6-6 的要求改变 J、K、CP 端状态，观察 Q、$\bar{Q}$ 状态变化，观察触发器状态更新是否发生在 CP 脉冲的下降沿（即 CP 由 $1 \rightarrow 0$），记录之。

(3) 将 JK 触发器的 J、K 端连在一起并接高电平，构成 T' 触发器。

在 CP 端输入 1Hz 连续脉冲，观察 Q 端的变化。

在 CP 端输入 1kHz 连续脉冲，用双踪示波器观察 CP、Q、$\bar{Q}$ 端波形，注意相位关系，描绘之。

表 4-6-6　JK 触发器逻辑功能测试

J	K	CP	Q^{n+1}	
			$Q^n = 0$	$Q^n = 1$
0	0	$0 \rightarrow 1$		
		$1 \rightarrow 0$		
0	1	$0 \rightarrow 1$		
		$1 \rightarrow 0$		
1	0	$0 \rightarrow 1$		
		$1 \rightarrow 0$		
1	1	$0 \rightarrow 1$		
		$1 \rightarrow 0$		

3. 测试双 D 触发器 74LS74 的逻辑功能

(1) 测试 $\bar{R}_D$、$\bar{S}_D$ 的复位、置位功能

测试方法同实验内容 2.(1)，自拟表格记录。

(2) 测试 D 触发器的逻辑功能

表 4-6-7　D 触发器逻辑功能测试

D	CP	Q^{n+1}	
		$Q^n=0$	$Q^n=1$
0	$0{\rightarrow}1$		
	$1{\rightarrow}0$		
1	$0{\rightarrow}1$		
	$1{\rightarrow}0$		

按表 4-6-7 要求进行测试,并观察触发器状态更新是否发生在 CP 脉冲的上升沿(即由 $0{\rightarrow}1$),记录之。

(3) 将 D 触发器的 $\bar{Q}$ 端与 D 端相连接,构成 T' 触发器。

测试方法同实验内容 2.(3),记录之。

4. 双相时钟脉冲电路

用 JK 触发器及与非门构成的双相时钟脉冲电路如图 4-6-8 所示,此电路是用来将时钟脉冲 CP 转换成两相时钟脉冲 CP_A 及 CP_B,其频率相同、相位不同。

分析电路工作原理,并按图 4-6-7 接线,用双踪示波器同时观察 CP、CP_A;CP、CP_B 及 CP_A、CP_B 波形,并描绘之。

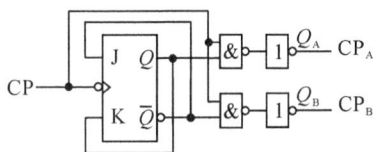

图 4-6-7　双相时钟脉冲电路

六、注意事项

1. 在测试触发器的功能时,严格按照图表的要求,利用触发器的异步置位端或清零端使其处在相应的状态。

2. 在判别触发器是上升沿触发还是下降沿触发时,应使用实验箱上的单次脉冲源。看触发器翻转是发生在按钮按下时还是放开时来判别是上升沿还是下降沿。

七、实验报告

1. 列表整理各类触发器的逻辑功能。

2. JK 触发器如何转换成 D 触发器、T 触发器和 T' 触发器?

3. D 触发器如何转换成 JK 触发器、T 触发器和 T' 触发器?

八、思考题

1. 利用普通的机械开关组成的数据开关所产生的信号是否可作为触发器的时钟脉冲信号?为什么?是否可以用作触发器的其他输入端的信号?又是为什么?

2. 用与非门构成的基本 RS 触发器的约束条件是什么?如果改用或非门构成基本 RS 触发器,其约束条件是什么?

实验七　计数器及其应用

一、实验目的

1. 学习集成触发器构成计数器的方法。
2. 掌握中规模集成计数器的使用方法及功能测试方法。
3. 用集成电路计数器构成 $1/N$ 分频器。

二、实验器材

1. 数字电路实验箱　　　　　　2. 双踪示波器
3. 数字万用表　　　　　　　　4. CD4013×2(74LS74)
5. CD4011(74LS00)　　　　　　6. CD40192×3(74LS192)
7. CD4012(74LS20)

三、预习要求

1. 复习计数器电路工作原理。
2. 预习中规模集成电路计数器 CD40192(同 74LS192)的逻辑功能及使用方法。
3. 复习实现任意进制计数器的方法。
4. 熟悉实验所用各集成块的引脚排列图。
5. 绘出各实验内容的详细线路图。

四、实验原理

计数器是典型的时序逻辑电路,它不仅可用来累计和记忆输入脉冲的个数,还常用于数字系统的定时、分频和执行数字运算以及其他特定的逻辑功能。计数是数字系统中很重要的基本操作,集成计数器是最广泛应用的逻辑部件之一。

计数器种类较多,按构成计数器中的触发器是否使用一个时钟脉冲源可分为同步计数器和异步计数器;根据计数制的不同可分为二进制计数器、十进制计数器和任意进制计数器;根据计数的增减趋势,又分为加法、减法和可逆计数器。还有可预置数和可编程序功能计数器等。本实验主要研究中规模十进制计数器 CD40192(74LS192)的功能及应用。

1. 用 D 触发器构成异步二进制加/减计数器

图 4-7-1 是用四个 D 触发器构成的四位二进制异步加法计数器,它的连接特点是将每只 D 触发器接成 T' 型触发器,再由低位触发器的 $\bar{Q}$ 端和高一位的 CP 端相连接。如果将图 4-7-1 稍加改动,即将低位触发器的 Q 端与高一位的 CP 端相连接,即构成了一个 4 位二进制减法计数器。

2. 中规模十进制计数器 CD40192(同 74LS192)

(1)主要原理:CD40192(74LS192)是同步十进制可逆计数器,具有双时钟输入,并具有清除和置数等功能,其引脚排列及逻辑符号如图 4-7-2 所示。

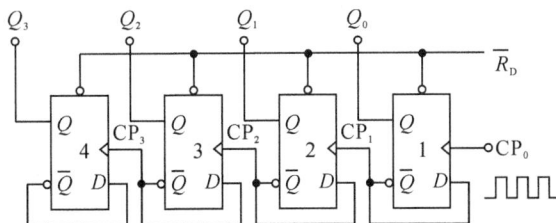

图 4-7-1　四位二进制异步加法计数器

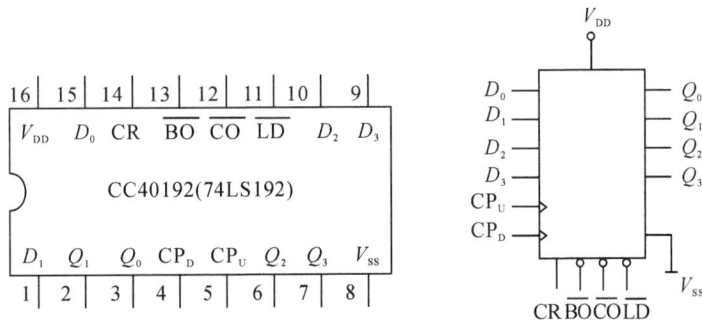

图 4-7-2　CD40192(74LS192)引脚排列及逻辑符号

图中：　CPU—加计数端　　CPD—减计数端　　　$\overline{LD}$—置数端　　CR—清零端　　$\overline{CO}$—非同步进位输出端　　$\overline{BO}$—非同步借位输出端　　D_3、D_2、D_1、D_0—数据输入端

Q_3、Q_2、Q_1、Q_0—数据输出端。

表 4-7-1 为 CD40192(74LS192)的功能表

表 4-7-2 为 CD40192(74LS192)加减计数的状态转换表

表 4-7-1　74LS192 功能表

输　　　　入								输　　　出			
CR	$\overline{LD}$	CP_u	CP_D	D_3	D_2	D_1	D_0	Q_3	Q_2	Q_1	Q_0
1	X	X	X	X	X	X	X	0	0	0	0
0	0	X	X	d	c	b	a	d	c	b	a
0	1	↑	1	X	X	X	X	加 计 数			
0	1	1	↑	X	X	X	X	减 计 数			

功能描述：

① 异步清零：CR＝1，$Q_3Q_2Q_1Q_0＝0000$；

② 异步置数：CR＝0，$\overline{LD}＝0$，　$Q_3Q_2Q_1Q_0＝D_3D_2D_1D_0$；

③ 保持：　　CR＝0，$\overline{LD}＝1$，$CP_U＝CP_D＝1$，　$Q_3Q_2Q_1Q_0$ 保持原态；

④ 加计数：　CR＝0，$\overline{LD}＝1$，$CP_U＝CP,CP_D＝1$，　$Q_3Q_2Q_1Q_0$ 加计数；

⑤ 减计数：　CR＝0，$\overline{LD}＝1$，$CP_U＝1,CP_D＝CP,Q_3Q_2Q_1Q_0$ 减计数；

表 4-7-2　74LS192 加减计数的状态转换表

$\longrightarrow$ 加法计数（进位）

输入脉冲数	0	1	2	3	4	5	6	7	8	9
输 出 Q_3	0	0	0	0	0	0	0	0	1	1
Q_2	0	0	0	0	1	1	1	1	0	0
Q_1	0	0	1	1	0	0	1	1	0	0
Q_0	0	1	0	1	0	1	0	1	0	1

减法计数（借位）$\longleftarrow$

（2）计数器的级联使用

一个十进制计数器只能表示 0～9 十个数，为扩大计数器范围，常用多个十进制计数器级联使用。同步计数器往往设有进位（或借位）输出端，所以可以选用其进位（或借位）输出信号驱动下一级计器。图 4-7-3 是由 CD40192（74LS192）利用其进位输出 $\overline{CO}$ 控制高一位的 CP_D 端构成的加计数级联图。可以实现 $10 \times 10 = 100$ 进制（"00"—"99"）的计数；如果要构成减计数电路，则利用其借位输出 $\overline{BO}$ 控制高一位的 CP_D 端，实现（"99"—"00"）的减法计数，如果计数初始值为 00—99 其中一个数，则必须先在输入端 $D_3 \sim D_0$ 预置所要开始计数的初始值，令 $\overline{LD} = 0$，将此初始值预置完成，此后重新置 $\overline{LD} = 1$。

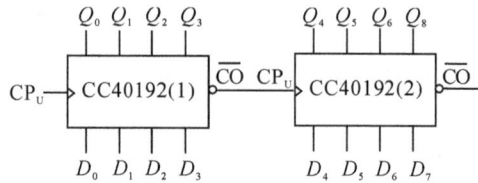

图 4-7-3　加计数级联图

（3）任意进制计数的实现

① 用复位法获得 M 进制计数器（异步清零）

假设已有 N 进制计数器，而需要得到一个 M 进制计数器时，只要 $M < N$，用复位法使计数器计数到 M 时置"0"，即获得 M 进制计数器。图 4-7-4 所示为用一片 CD40192（74LS192）并采用复位法构成的 6 进制加法计数器。

② 利用预置功能获 M 进制计数器（异步置数）

图 4-7-5 为用三个 CD40192（74LS192）组成的 421 进制计数器。外加的由与非门构成的锁存器可以克服器件计数速度的离散性，保证在反馈置"0"信号作用下计数器可靠置"0"。

图 4-7-6 是一个特殊 12 进制的计数器电路方案。在数字钟里，对时位的计数序列是 1、2、…11、12、1、…是 12 进制的，且无 0 数。如图所示，当计数到 13 时，通过与非门产生一个复位信号，使 CD40192（2）〔时十位〕直接置成 0000，而 CD40192（1），即时的个位直接置成 0001，从而实现了 1—12 计数。

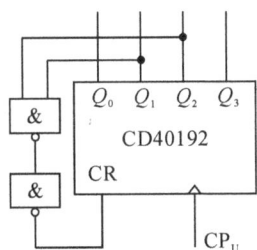

图 4-7-4 采用复位法构成的
6 进制加法计数器

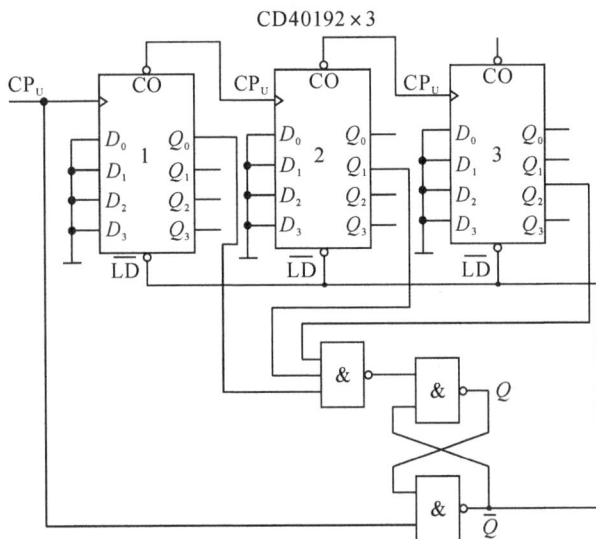

图 4-7-5 采用预置法构成的 421 进制加法计数

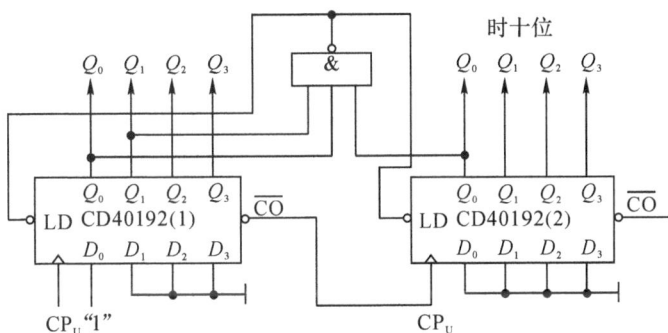

图 4-7-6 采用预置法构成的特殊 12 进制加法计数器

五、内容与步骤

（根据实际情况部分内容可以选做）

1. 用 CD4013 或 74LS74 D 触发器构成 4 位二进制异步加法计数器。

（1）按图 4-7-1 接线，$\overline{R}_D$ 接至逻辑开关输出插口，将低位 CP_0 端接单次脉冲源，输出端 Q_3、Q_2、Q_3、Q_0 接逻辑电平显示输入插口，各 $\overline{S}_D$ 接高电平"1"。

（2）清零后，逐个送入单次脉冲，观察并列表记录 $Q_3 \sim Q_0$ 状态。

（3）将单次脉冲改为 1Hz 的连续脉冲，观察 $Q_3 \sim Q_0$ 的状态。

（4）将 1Hz 的连续脉冲改为 1kHz，用双踪示波器观察 CP、Q_3、Q_2、Q_1、Q_0 端波形，描绘之。

（5）将图 4-7-1 电路中低位触发器的 Q 端与高一位的 CP 端相连接，构成减法计数器，按实验内容（2），（3），（4）进行实验，观察并列表记录 $Q_3 \sim Q_0$ 的状态。

2. 测试 CD40192 或 74LS192 同步十进制可逆计数器的逻辑功能

CD40192(或 74LS192)的 16 脚接 $V_{DD}=+5V$,8 脚接地,计数脉冲 CP_u 和 CP_D 由单次脉冲源提供,置数端($\overline{LD}$)、数据输入端($D_3—D_0$)分别接逻辑开关,输出端($Q_3—Q_0$)接译码显示输入的相应孔 D、C、B、A,同时接至逻辑电平 LED 显示插孔,$\overline{CO}$ 和 $\overline{BO}$ 接逻辑电平 LED 显示插孔。按表 4-7-1 逐项测试,判断该集成块的功能是否正常。

(1) 清零(CR)

令 CR=1,其他输入端状态为任意态,记录 $Q_3Q_2Q_1Q_0$ 的状态和译码显示的数值。之后,置 CR=0。

结果记录:

(2) 置数($\overline{LD}$)

当 CR=0,$\overline{LD}=0$,CP_u、CP_D 任意态时,74LS192 处于置数状态。$D_3D_2D_1D_0$ 任给一组数据,输出 $Q_3Q_2Q_1Q_0$ 与 $D_3D_2D_1D_0$ 数据相同,若:$D_3D_2D_1D_0=0011$,记录 $Q_3Q_2Q_1Q_0$ 的状态和译码显示的数值。

结果记录:＿＿＿＿＿＿＿＿＿＿＿＿＿＿＿＿＿＿

(3) 加法计数

令 CR=0,$\overline{LD}=1$,$CP_D=1$,CP_u 接单次脉冲源。在清零后送入 10 个单次脉冲,观察输出状态变化是否发生在 CP_u 的上升沿。记录译码依次显示数字的情况。

结果记录:＿＿＿＿＿＿＿＿＿＿＿＿＿＿＿＿＿＿

(4) 减法计数

令 CR=0,$\overline{LD}=1$,$CP_u=1$,CP_D 接单次脉冲源。在清零后送入 10 个单次脉冲,观察输出状态变化是否发生在 CP_D 的上升沿。记录译码依次显示数字的情况。

结果记录:＿＿＿＿＿＿＿＿＿＿＿＿＿＿＿＿＿＿

3. 任意 M 进制的实现

(1) 用复位法获得 9 进制和 78 进制加法计数器,分别画出电路图,并连线验证其功能。CD40192(或 74LS192)的 16 脚接 $V_{DD}=+5V$,8 脚接地;$CP_D=1$,$\overline{LD}=1$,CP_U 由单次脉冲或 1Hz 计数脉冲提供,$Q_3—Q_0$ 接译码显示输入的相应插孔 D,C,B,A。

(2) 用预置法获得 30 进制(从 5 开始计数)加法计数器,画出电路图,并连线验证其功能可以参照图 4-7-6。CD40192(或 74LS192)的 16 脚接 $V_{DD}=+5V$,8 脚接地;$CP_D=1$,$CR=0$,$Q_3—Q_0$ 接译码显示输入的相应插孔 D,C,B,A。

(3) 将两位十进制加法计数器改为两位十进制减法计数器,实现由 99—00 递减计数,记录之。

六、注意事项

1. 使用显示译码器前必须接上 +5V 电源,输入端全部空载时显示 'F' 相当于输入端都接高电平 '1111'。该显示译码器能译码从 0000 到 1111,分别显示 0 1 2 3 4 5 6 7 8 9 A b C d E F。

2. 构成加法计数器时 CP_D 接高电平"1",构成减法计数器时 CP_u 接高电平"1"。

3. 芯片级联使用时,低位的 $\overline{CO}$ 必须与高位的 CP 相连。

4. 图中未标出全部引脚的连接,实验中应将其他引脚的连法查出,一一对应连接。

七、实验报告

1. 画出各实验电路图,记录、整理实验现象及实验所得的有关结果并进行分析。
2. 总结使用集成计数器的方法。
3. 写出本次实验的心得体会。

八、思考题

1. 用双踪示波器观察 CP、$Q_3 \sim Q_0$ 波形时,要想正确观察波形的时序关系,示波器的触发源应置在什么位置?
2. 画出两片 CD40192(或 74LS192)用预置法构成 65 进制减法计数器的连接图。

实验八　同步时序逻辑电路的分析与设计(设计性实验)

一、设计目的

1. 掌握同步时序逻辑电路的分析、设计方法。
2. 掌握时序逻辑电路的测试方法。

二、设计任务

1. 使用 JK 触发器设计一个计数器产生下列的时序:00,10,01,11,00,…
2. 使用 JK 触发器设计一个计数器产生下列的二进制时序:1,4,3,5,7,6,2,1,…

三、预习要求

1. 掌握同步时序逻辑电路的分析、设计方法,如何修改逻辑使同步时序电路能自启动?
2. 比较 Moore 与 Mealy 同步时序逻辑电路的设计方法和测试方法有何不同?
3. 按照设计任务要求画出设计的电路图。

四、同步时序逻辑电路的分析和设计方法

1. 同步时序逻辑电路的分析方法:

1) 从给定的逻辑图中写出每个触发器的激励方程(每个触发器输入信号的逻辑表达式)。

2) 将得到的激励方程代入相应的触发器特征方程,得出每个触发器的状态方程,由状态方程求出电路次态。

3）根据电路图写出电路的输出方程。

2. 同步时序电路的设计方法：

1）分析题意，画出状态转换图。

2）根据状态转换图，画出次态表。

3）选定触发器类型，根据选定的类型画出该触发器的状态转换表。

4）画出卡诺图。

5）根据卡诺图写出激励方程。

6）画出电路图。

7）检查能否自启动。

3. 同步时序逻辑电路的设计举例：

试用 JK 触发器设计一个 3 位的格雷码计数器。

1）根据题意画出状态转换图如图 4-8-1 所示。

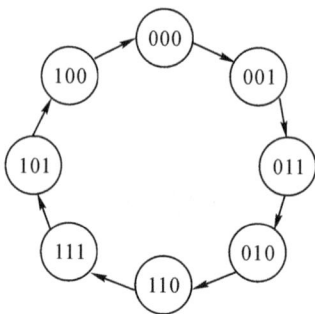

图 4-8-1　格雷码状态转换图

2）根据状态转换表画出次态表，如表 4-8-1 所示。

表 4-8-1　次态表

现　态			次　态		
Q_2	Q_1	Q_0	Q_2	Q_1	Q_0
0	0	0	0	0	1
0	0	1	0	1	1
0	1	1	0	1	0
0	1	0	1	1	0
1	1	0	1	1	1
1	1	1	1	0	1
1	0	1	1	0	0
1	0	0	0	0	0

3）JK 触发器的转换表。

表 4-8-2　JK 触发器的转换表

Output transitions	Flip-flop inputs	
	J	K
0 ——→ 0	0	$\times$
0 ——→ 1	1	$\times$
1 ——→ 0	$\times$	1
1 ——→ 1	$\times$	0

4）根据次态表和 JK 触发器的状态转换表画出卡诺图，如图 4-8-2 所示。

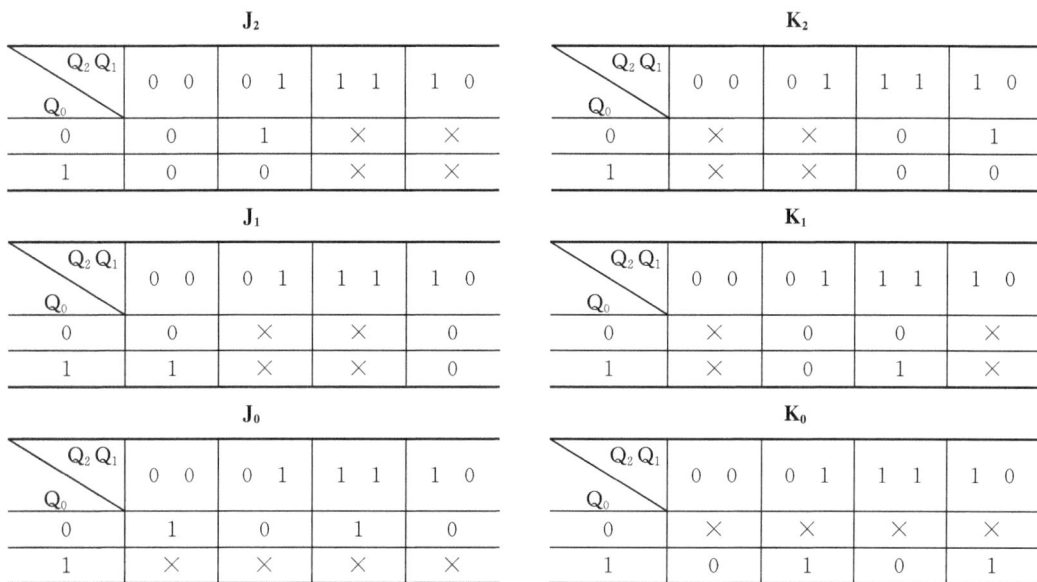

J_2

Q_2Q_1 / Q_0	0 0	0 1	1 1	1 0
0	0	1	$\times$	$\times$
1	0	0	$\times$	$\times$

K_2

Q_2Q_1 / Q_0	0 0	0 1	1 1	1 0
0	$\times$	$\times$	0	1
1	$\times$	$\times$	0	0

J_1

Q_2Q_1 / Q_0	0 0	0 1	1 1	1 0
0	0	$\times$	$\times$	0
1	1	$\times$	$\times$	0

K_1

Q_2Q_1 / Q_0	0 0	0 1	1 1	1 0
0	$\times$	0	0	$\times$
1	$\times$	0	1	$\times$

J_0

Q_2Q_1 / Q_0	0 0	0 1	1 1	1 0
0	1	0	1	0
1	$\times$	$\times$	$\times$	$\times$

K_0

Q_2Q_1 / Q_0	0 0	0 1	1 1	1 0
0	$\times$	$\times$	$\times$	$\times$
1	0	1	0	1

图 4-8-2　各触发器的 JK 输入的卡诺图（现态）

5）根据卡诺图写出各触发器输入激励信号的逻辑表达式。

$$J_2=Q_1\overline{Q_0},K_2=\overline{Q_1}\,\overline{Q_0}$$
$$J_1=\overline{Q_2}Q_0,K_1=Q_2Q_0$$
$$J_0=Q_2+Q_1+\overline{Q_2}\,\overline{Q_1}=\overline{Q_2\oplus Q_1},K_0=Q_2\,\overline{Q_1}+\overline{Q_2}Q_1$$

6）根据逻辑表达式画出逻辑图。

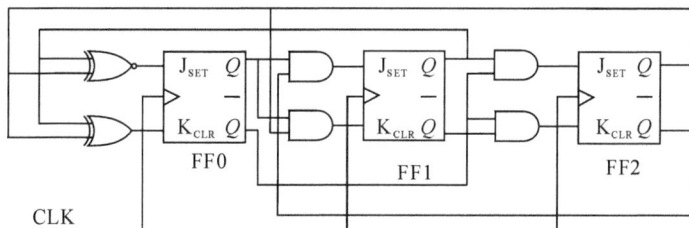

图 4-8-3　3 位格雷码计数器的逻辑图

7）3 位格雷码包含了 3 位二进制代码的所有排列，所有该电路不需检查能否自启动。

五、实验条件

1. 主要元器件

　　74LS112×2　　　74LS86　　　74LS00　　　74LS08

2. 仪器设备

数字电路实验箱,数字万用表,双踪示波器

六、注意事项

1. JK 触发器的异步清零端和异步置位端必须接高电平。

七、实验报告

1. 列写实验任务的设计过程,画出设计的电路图。

2. 对所设计的电路进行实验测试,在数据记录纸上画出相应的表格并记录测试结果。

3. 同步时序逻辑电路设计体会。

八、思考题

1. 同步时序逻辑电路的设计步骤?

实验九　移位寄存器及其应用

一、实验目的

1. 掌握中规模 4 位双向移位寄存器逻辑功能及使用方法。

2. 熟悉移位寄存器的应用—实现数据的串行、并行转换和构成环形计数器。

二、实验器材

1. 数字电路实验箱　　　　　　　　　2. 数字万用表

3. CD40194×2(74LS194)　　　　　4. CD4011(74LS00)

5. CD4068(74LS30)

三、预习要求

1. 复习有关移位寄存器及串行、并行转换器的有关内容。

2. 查阅 CD40194、CD4011 及 CD4068 逻辑线路。熟悉其逻辑功能及引脚排列。

四、实验原理

1. 移位寄存器是一个具有移位功能的寄存器,是指寄存器中所存的代码能够在移位脉冲的作用下依次左移或右移。既能左移又能右移的称为双向移位寄存器,只需要改变左、右移的控制信号便可实现双向移位要求。根据移位寄存器存取信息的方式不同分为:串入串出、串入并出、并入串出、并入并出四种形式。

本实验选用的 4 位双向通用移位寄存器,型号为 CD40194 或 74LS194,两者功能相同,可互换使用,其逻辑符号及引脚排列如图 4-9-1 所示。

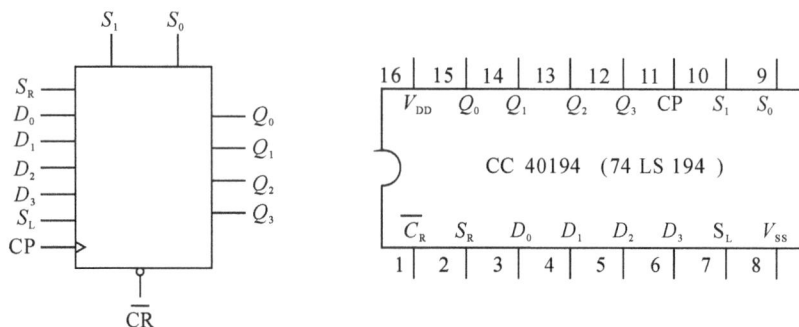

图 4-9-1 CD40194 的逻辑符号及引脚功能

其中 D_0、D_1、D_2、D_3 为并行输入端;Q_0、Q_1、Q_2、Q_3 为并行输出端;S_R 为右移串行输入端,S_L 为左移串行输入端;S_1、S_0 为操作模式控制端;$\overline{CR}$ 为直接无条件清零端;CP 为时钟脉冲输入端。

CD40194 有 5 种不同操作模式:即并行送数寄存,右移(方向由 $Q_0 \rightarrow Q_3$),左移(方向由 $Q_3 \rightarrow Q_0$),保持及清零。S_1、S_0 和 $\overline{C}_R$ 端的控制作用如表 4-9-1。

表 4-9-1 CD40194 操作模式

功能	输 入										输 出			
	CP	$\overline{C}_R$	S_1	S_0	S_R	S_L	D_O	D_1	D_2	D_3	Q_0	Q_1	Q_2	Q_3
清除	×	0	×	×	×	×	×	×	×	×	0	0	0	0
送数	↑	1	1	1	×	×	a	b	c	d	a	b	c	d
右移	↑	1	0	1	D_{SR}	×	×	×	×	×	D_{SR}	Q_0	Q_1	Q_2
左移	↑	1	1	0	×	D_{SL}	×	×	×	×	Q_1	Q_2	Q_3	D_{SL}
保持	↑	1	0	0	×	×	×	×	×	×	Q_0^n	Q_1^n	Q_2^n	Q_3^n
保持	↓	1	×	×	×	×	×	×	×	×	Q_0^n	Q_1^n	Q_2^n	Q_3^n

2. 移位寄存器应用很广,可构成移位寄存器型计数器;顺序脉冲发生器;串行累加器;可用作数据转换,即把串行数据转换为并行数据,或把并行数据转换为串行数据等。本实验

研究移位寄存器用作环形计数器和数据的串、并行转换。

（1）环形计数器

把移位寄存器的输出反馈到它的串行输入端，就可以进行循环移位，如图 4-9-2 所示，把输出端 Q_3 和右移串行输入端 S_R 相连接，设初始状态 $Q_0Q_1Q_2Q_3=1000$，则在时钟脉冲作用下 $Q_0Q_1Q_2Q_3$ 将依次变为 $0100\rightarrow0010\rightarrow0001\rightarrow1000\rightarrow\cdots$，如表 4-9-2 所示，可见它是一个具有四个有效状态的计数器，这种类型的计数器通常称为环形计数器。4-9-2 电路可以由各个输出端输出在时间上有先后顺序的脉冲，因此也可作为顺序脉冲发生器。

表 4-9-2　环行计数器循环移位

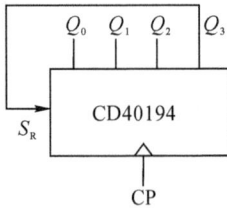

图 4-9-2　环形计数器

C_P	Q_0	Q_1	Q_2	Q_3
0	1	0	0	0
1	0	1	0	0
2	0	0	1	0
3	0	0	0	1

如果将输出 Q_0 与左移串行输入端 S_L 相连接，即可构成左移循环移位。

（2）实现数据串、并行转换

① 串行/并行转换器

串行/并行转换是指串行输入的数码，经转换电路之后变换成并行输出。图 4-9-3 是用二片 CD40194(74LS194)四位双向移位寄存器组成的七位串/并行数据转换电路。

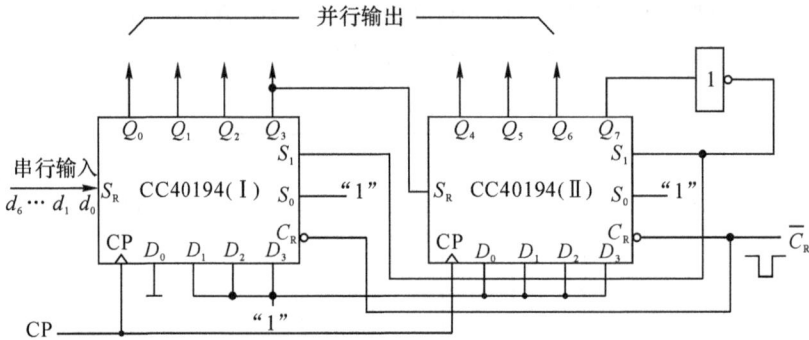

图 4-9-3　七位串行/并行转换器

电路中 S_0 端接高电平 1，S_1 受 Q_7 控制，二片寄存器连接成串行输入右移工作模式。Q_7 是转换结束标志。当 $Q_7=1$ 时，S_1 为 0，使之成为 $S_1S_0=01$ 的串入右移工作方式，当 $Q_7=0$ 时，$S_1=1$，有 $S_1S_0=11$，则串行送数结束，标志着串行输入的数据已转换成并行输出了。

串行/并行转换的具体过程如下：

转换前，$\overline{C}_R$ 端加低电平，使 1、2 两片寄存器的内容清 0，此时 $S_1S_0=11$，寄存器执行并行输入工作方式。当第一个 CP 脉冲到来后，寄存器的输出状态 $Q_0\sim Q_7$ 为 01111111，与此

同时 $S_1 S_0$ 变为 01,转换电路变为执行串入右移工作方式,串行输入数据由第 1 片的 S_R 端加入。随着 CP 脉冲的依次加入,输出状态的变化可列成表 4-9-3 所示。

　　由表 4-9-3 可见,右移操作七次之后,Q_7 变为 0,$S_1 S_0$ 又变为 11,说明串行输入结束。这时,串行输入的数码已经转换成了并行输出了。当再来一个 CP 脉冲时,电路又重新执行一次并行输入,为第二组串行数码转换作好了准备。

表 4-9-3　输出状态转换表

CP	Q_0	Q_1	Q_2	Q_3	Q_4	Q_5	Q_6	Q_7	说明
0	0	0	0	0	0	0	0	0	清零
1	0	1	1	1	1	1	1	1	送数
2	d_0	0	1	1	1	1	1	1	右移操作七次
3	d_1	d_0	0	1	1	1	1	1	
4	d_2	d_1	d_0	0	1	1	1	1	
5	d_3	d_2	d_1	d_0	0	1	1	1	
6	d_4	d_3	d_2	d_1	d_0	0	1	1	
7	d_5	d_4	d_3	d_2	d_1	d_0	0	1	
8	d_6	d_5	d_4	d_3	d_2	d_1	d_0	0	
9	0	1	1	1	1	1	1	1	送数

　　② 并行/串行转换器

　　并行/串行转换器是指并行输入的数码经转换电路之后,换成串行输出。

　　图 4-9-4 是用两片 CD40194(74LS194)组成的七位并行/串行转换电路,它比图 4-9-3 多了两只与非门 G_1 和 G_2,电路工作方式同样为右移。

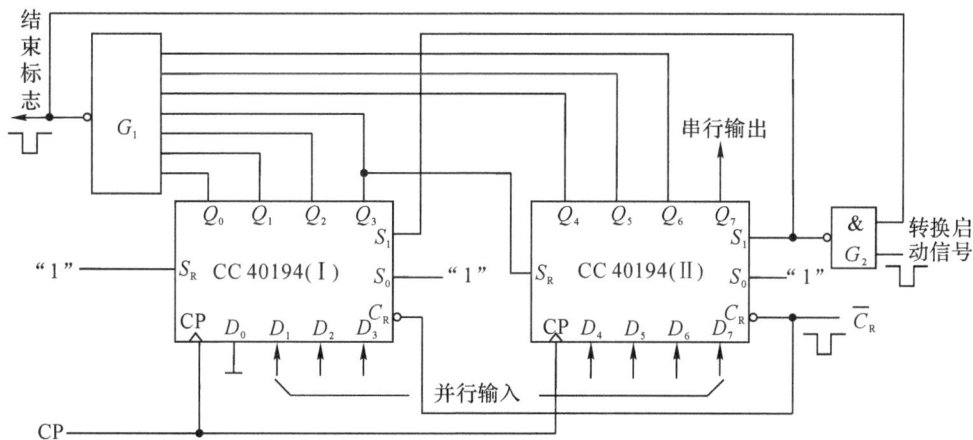

图 4-9-4　七位并行/串行转换器

　　寄存器清"0"后,加一个转换启动信号(负脉冲或低电平)。此时,由于方式控制 $S_1 S_0$ 为 11,转换电路执行并行输入操作。当第一个 CP 脉冲到来后,$Q_0 Q_1 Q_2 Q_3 Q_4 Q_5 Q_6 Q_7$ 的状态为 $0D_1 D_2 D_3 D_4 D_5 D_6 D_7$,并行输入数码存入寄存器。从而使得 G_1 输出为 1,G_2 输出为 0,结果,$S_1 S_2$ 变为 01,转换电路随着 CP 脉冲的加入,开始执行右移串行输出,随着 CP 脉冲的依次加入,输出状态依次右移,待右移操作七次后,$Q_0 \sim Q_6$ 的状态都为高电平 1,与非门 G_1 输出为低电平,G_2 门输出为高电平,$S_1 S_2$ 又变为 11,表示并/串行转换结束,且为第二次并行输入创造了条件。转换过程如表 4-9-4 所示。

表 4-9-4　并行/串行输出转换过程

C_P	Q_0	Q_1	Q_2	Q_3	Q_4	Q_5	Q_6	Q_7	串 行 输 出							
0	0	0	0	0	0	0	0	0								
1	0	D_1	D_2	D_3	D_4	D_5	D_6	D_7								
2	1	0	D_1	D_2	D_3	D_4	D_5	D_6	D_7							
3	1	1	0	D_1	D_2	D_3	D_4	D_5	D_6	D_7						
4	1	1	1	0	D_1	D_2	D_3	D_4	D_5	D_6	D_7					
5	1	1	1	1	0	D_1	D_2	D_3	D_4	D_5	D_6	D_7				
6	1	1	1	1	1	0	D_1	D_2	D_3	D_4	D_5	D_6	D_7			
7	1	1	1	1	1	1	0	D_1	D_2	D_3	D_4	D_5	D_6	D_7		
8	1	1	1	1	1	1	1	0	D_1	D_2	D_3	D_4	D_5	D_6	D_7	
9	0	D_1	D_2	D_3	D_4	D_5	D_6	D_7								

中规模集成移位寄存器,其位数往往以 4 位居多,当需要的位数多于 4 位时,可把几片移位寄存器用级连的方法来扩展位数。

五、内容与步骤

1. 测试 CD40194(或 74LS194)的逻辑功能

按图 4-9-5 接线,$\overline{CR}$、S_1、S_0、S_L、S_R、D_0、D_1、D_2、D_3 分别接至逻辑开关的输出插口;Q_0、Q_1、Q_2、Q_3 接至逻辑电平显示输入插口。CP 端接单次脉冲源。按表 4-9-5 所规定的输入状态,逐项进行测试。

(1) 清除:令 $\overline{C}_R = 0$,其他输入均为任意态,这时寄存器输出 Q_0、Q_1、Q_2、Q_3 应均为 0。清除后,置 $\overline{C}_R = 1$。

图 4-9-5　CD40194 逻辑功能测试

(2) 送数:令 $\overline{C}_R = S_1 = S_0 = 1$,送入任意 4 位二进制数,如 $D_0 D_1 D_2 D_3 = abcd$,加 CP 脉冲,观察 CP=0、CP 由 0→1、CP 由 1→0 三种情况下寄存器输出状态的变化,观察寄存器输出状态变化是否发生在 CP 脉冲的上升沿。

(3) 右移:清零后,令 $\overline{C}_R = 1$,$S_1 = 0$,$S_0 = 1$,由右移输入端 S_R 送入二进制数码如 0100,由 CP 端连续加 4 个脉冲,观察输出情况,记录之。

(4) 左移:先清零或预置,再令 $\overline{C}_R = 1$,$S_1 = 1$,$S_0 = 0$,由左移输入端 S_L 送入二进制数码如 1111,连续加四个 CP 脉冲,观察输出端情况,记录之。

(5) 保持:寄存器预置任意 4 位二进制数码 $abcd$,令 $\overline{C}_R = 1$,$S_1 = S_0 = 0$,加 CP 脉冲,观察寄存器输出状态,记录之。

2. 环形计数器

自拟实验线路用并行送数法预置寄存器为某二进制数码(如 0100),然后进行右移循

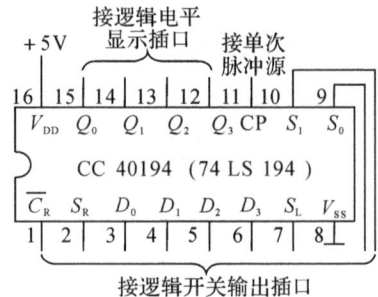

环,观察寄存器输出端状态的变化,记入表 4-9-6 中。

3. 实现数据的串、并行转换

(1) 串行输入、并行输出。按图 4-9-3 接线,进行右移串入、并出实验,串入数码自定;改接线路用左移方式实现并行输出。自拟表格,记录之。

(2) 并行输入、串行输出。按图 4-9-4 接线,进行右移并入、串出实验,并入数码自定。再改接线路用左移方式实现串行输出。自拟表格,记录之。

六、实验报告

1. 分析表 4-9-4 的实验结果,总结移位寄存器 CD40194 的逻辑功能并写入表格功能总结一栏中。

2. 实验内容 2 的结果,画出 4 位环形计数器的状态转换图及波形图。

3. 分析串/并、并/串转换器所得结果的正确性。

表 **4-9-5**　**CD40194 逻辑功能表**

清除	模式		时钟	串行		输　入	输　出	功能总结
$\overline{C}_R$	S_1	S_0	C_P	S_L	S_R	$D_0\ D_1\ D_2\ D_3$	$Q_0\ Q_1\ Q_2\ Q_3$	
0	$\times$	$\times$	$\times$	$\times$	$\times$	$\times\times\times\times$		
1	1	1	$\uparrow$	$\times$	$\times$	$a\ b\ c\ d$		
1	0	1	$\uparrow$	$\times$	0	$\times\times\times\times$		
1	0	1	$\uparrow$	$\times$	1	$\times\times\times\times$		
1	0	1	$\uparrow$	$\times$	0	$\times\times\times\times$		
1	0	1	$\uparrow$	$\times$	0	$\times\times\times\times$		
1	1	0	$\uparrow$	1	$\times$	$\times\times\times\times$		
1	1	0	$\uparrow$	1	$\times$	$\times\times\times\times$		
1	1	0	$\uparrow$	1	$\times$	$\times\times\times\times$		
1	1	0	$\uparrow$	1	$\times$	$\times\times\times\times$		
1	0	0	$\uparrow$	$\times$	$\times$	$\times\times\times\times$		

表 **4-9-6**　**环行转换器功能表**

CP	Q_0	Q_1	Q_2	Q_3
0	0	1	0	0
1				
2				
3				
4				

七、思考题

1. 在对 CD40194 进行送数后,若要使输出端改成另外的数码,是否一定要使寄存器清零?

2. 使寄存器清零,除采用 $\overline{C}_R$ 输入低电平外,可否采用右移或左移的方法? 可否使用并行送数法? 若可行,如何进行操作?

实验十　脉冲分配器及其应用

一、实验目的

1. 熟悉集成时序脉冲分配器的使用方法及其应用。
2. 学习步进电动机的环形脉冲分配器的组成方法。

二、实验器材

1. 数字电路实验箱
2. 双踪示波器
3. 数字万用表
4. CD4011×2
5. CD4017×2
6. CD4013×2
7. CD4027×2

三、预习要求

1. 复习有关脉冲分配器的原理。
2. 按实验任务要求,拟定实验方案及步骤。

四、实验原理

1. 脉冲分配器的作用是产生多路顺序脉冲信号,它可以由计数器和译码器组成,也可以由环形计数器构成,图 4-10-1 中 CP 端上的系列脉冲经 N 位二进制计数器和相应的译码器,可以转变为 2^N 路顺序输出脉冲。

2. 集成时序脉冲分配器 CD4017

CD4017 是按 BCD 计数/时序译码器组成的分配器。其逻辑符号及引脚功能如图 4-10-2 所示,功能如表 4-10-1 所示。

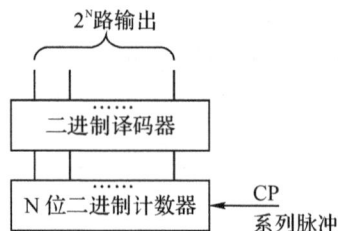

图 4-10-1　脉冲分配器的组成

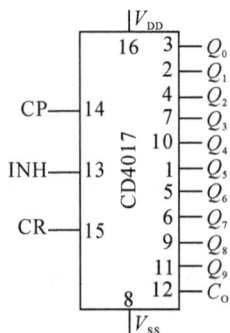

图 4-10-2　CD4017 的逻辑符号

表 4-10-1　CD4017 功能表

输　入			输　出	
CP	INH	CR	$Q_0 \sim Q_9$	C_o
×	×	0	0	计数脉冲为
↑	0	0	计　数	$Q_0 \sim Q_4$ 时:
1	↓	0		$C_o = 1$
0	×	0		
×	1	0	保　持	计数脉冲为
↓	×	0		$Q_5 \sim Q_9$ 时:
×	↑	0		$C_o = 0$

C_o—进位脉冲输出端　　CP—时钟输入端　　CR—清除端　　　INH—禁止端

$Q_0 \sim Q_9$—计数脉冲输出端

CD4017 的输出波形如图 4-10-3 所示。

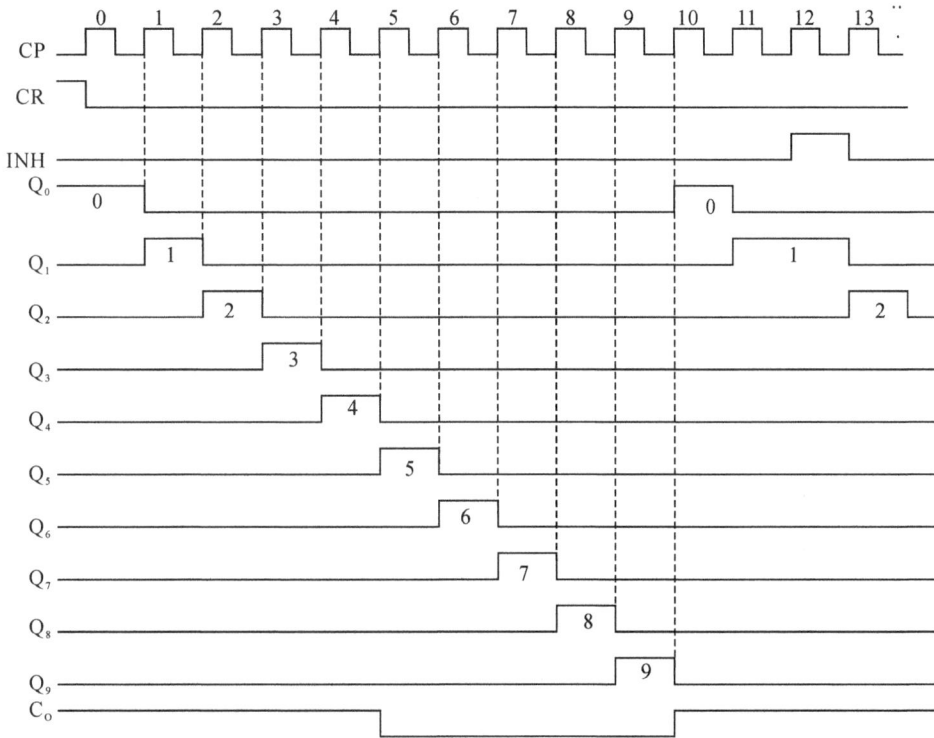

图 4-10-3　CD4017 的波形图

CD4017 应用十分广泛,可用于十进制计数、分频、$1/N$ 计数($N=2\sim10$ 时只需用一块,$N>10$ 时可用多块器件级连)。图 4-10-4 所示为由两片 CD4017 组成的 60 分频的电路。

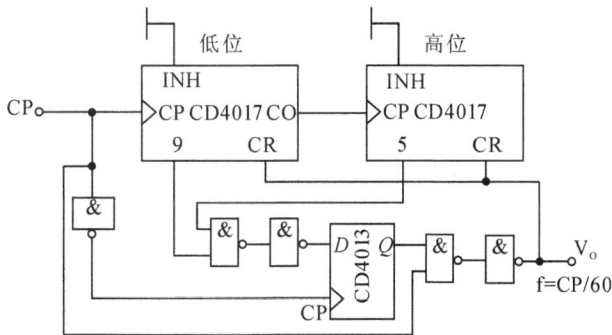

图 4-10-4　60 分频电路

3. 步进电动机的环形脉冲分配器

图 4-10-5 所示为某一三相步进电动机的驱动电路示意图。

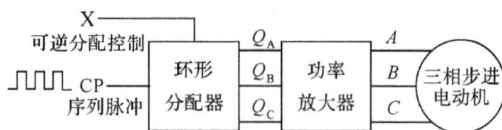

图 4-10-5 三相步进电动机的驱动电路示意图

A、B、C 分别表示步进电机的三相绕组。步进电机按三相六拍方式运行,即要求步进电机正转时,控制端 X＝1,使电机三相绕组的通电顺序为 $A \longrightarrow AB \longrightarrow B \longrightarrow BC \longrightarrow C \longrightarrow CA$;要求步进电机反转时,令控制端 X＝0,三相绕组的通电顺序改为 $A \longrightarrow AC \longrightarrow C \longrightarrow BC \longrightarrow B \longrightarrow AB$。图 4-10-6 所示为由三个 JK 触发器构成的按六拍通电方式的脉冲环形分配器,供参考。要使步进电机反转,通常应加有正转脉冲输入控制和反转脉冲输入控制端。

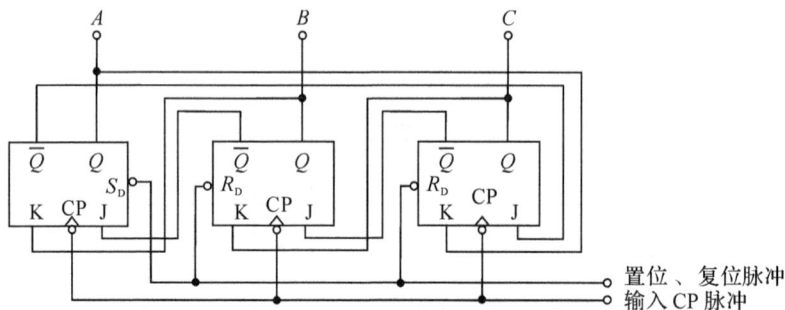

图 4-10-6 六拍通电方式的脉冲环行分配器逻辑图

此外,由于步进电机三相绕组任何时刻都不得出现 A、B、C 三相同时通电或同时断电的情况,所以,脉冲分配器的三路输出不允许出现 111 和 000 两种状态,为此,可以给电路加初态预置环节。

五、内容与步骤

1. CD4017 逻辑功能测试

(1)参照图 4-10-2,INH、CR 接逻辑开关的输出插口。CP 接单次脉冲源,0～9 十个输出端接至逻辑电平显示输入插口,按功能表要求操作各逻辑开关。清零后,连续送出 10 个脉冲信号,观察十个发光二极管的显示状态,并列表记录。

(2)CP 改接为 1Hz 的连续脉冲,观察并记录输出状态。

2. 按图 4-10-4 线路接线,自拟实验方案验证 60 分频电路的正确性。

3. 参照图 4-10-6 进行实验:先用手控送入 CP 脉冲进行调试,然后加入系列脉冲进行动态实验。分别记录输出端 A、B、C 的输出变化情况。并说明置位复位脉冲的作用。

六、注意事项

1. 芯片工作时必须保证 16 脚接电源,8 脚接地。

2. 实验前必须先熟悉芯片各个引脚的功能及每个图的原理。

七、实验报告

1. 整理数据,分析实验中出现的问题,作出实验报告。
2. 写出本次实验心得体会。

八、思考题

1. 参照图 4-10-6 电路,设计一个可逆运行的三相六拍环形分配器线路。
2. 了解 CD4022 等其他类似器件的逻辑功能及其使用方法。

实验十一　　单稳态触发器与施密特触发器
——脉冲延时与波形整形电路

一、实验目的

1. 学习集成单稳态触发器 74121 的使用方法。
2. 学习将集成单稳态构成多谐振荡器的方法。
3. 了解外接元件的计算方法及其与单稳态触发器的脉宽、多谐振荡器的频率、占空比的关系。
4. 熟悉施密特触发器的性能及其应用。

二、实验器材

1. 数字电路实验箱　　　　　　　2. 双踪示波器
3. 信号发生器　　　　　　　　　4. 74121×2
5. CD40106×1　　　　　　　　　6. 电阻、电容若干

三、预习要求

1. 复习单稳态触发器和施密特触发器的工作原理。
2. 了解集成单稳态触发器 74121、集成施密特触发器 CD40106 的外引线排列图,熟悉其功能表。
3. 画出实验电路图。

四、实验原理

1. 单稳态触发器

　　单稳态触发器有一个稳态和一个暂稳态。在无外来触发脉冲作用时,保持稳态不变。在确定的外来触发脉冲作用下,输出一个脉宽和幅值恒定的矩形脉冲。

　　单稳态触发器分为非重复触发和可重复触发两种。非重复触发单稳态触发器一经触发就输出一个定时脉宽的脉冲,不管在此期间输入量有什么变化,且该定时脉宽仅取决于单稳态电路的定时电阻 R 和定时电容 C。

　　可重复触发单稳态触发器,若输入一系列触发脉冲,且各触发脉冲相距的时间小于定时脉宽,则输出脉冲由第一次触发开始,直到最后一次触发,再延续一个定时脉宽才结束。调节输出脉宽的方法有三个:第一,可调整定时电阻和电容;第二,可用重触发将它延长;第三,可用清零端将其缩短。

　　单稳态触发器常用于脉冲的整形、延时和定时。

　　TTL 集成单稳态触发器的型号有:单稳态触发器 74121、可重复触发单稳态触发器 74122、双可重复单稳态触发器 74123 和双单稳态触发器 74221 等。

　　CMOS 双单稳态触发器的型号为:CD4098 和 CD14528。

　　本实验选用 TTL 非重复触发单稳态触发器 74121。图 4-11-1 示出 74121 的外引线排列图和功能表。

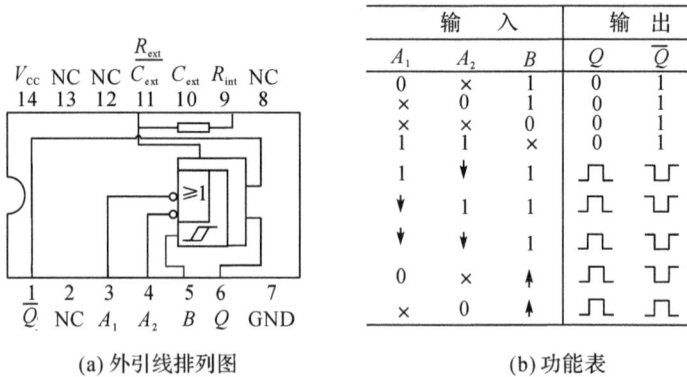

输　　入			输　　出	
A_1	A_2	B	Q	$\bar{Q}$
0	×	1	0	1
×	0	1	0	1
×	×	0	0	1
1	1	×	0	1
1	↓	1	⊓	⊔
↓	1	1	⊓	⊔
↓	↓	1	⊓	⊔
0	×	↑	⊓	⊔
×	0	↑	⊓	⊔

(a) 外引线排列图　　　　　　　(b) 功能表

图 4-11-1　74121 集成单稳态触发器

　　74121 单稳态触发器的内部电路如图 4-11-2 所示。它由触发输入、窄脉冲形成、基本单稳态触发器和输出级四部分组成。

　　静态时(Z 点没有产生上跳沿时),电路处于稳态,即 $Q=0$,$\bar{Q}=1$。若因随机因素使 $Q=1$,$\bar{Q}=0$,则 RS 触发器的 G_4 输出为 1,此时 Z 点无论为 1 还是为 0,G_5 输出必为 0,同时,由于 G_7 的输入经 R 接 +V_{CC},所以 G_7 输出也为 0,即 G_6 的两个输入端全为 0,使得 G_6 的输出为 1,G_8 的输出为 0,即 $Q=0$,这就是通过电路的内部反馈,使触发器回到稳态。

　　当 Z 点产生由 0 到 1 的正跳变时,G_5 的输出也产生正跳变,使电路由稳态翻转到暂稳态:$Q=1$,$\bar{Q}=0$ 又会使 RS 触发器的 G_3 输出为 0,从而使 G_5 输出马上由高电平翻回到低电平,即 G_5 输出一个窄脉冲。此后,经电容 C 的充放电,使触发器又回到稳态。

　　74121 集成单稳态触发器有以下几个特点:

　　(1) 利用边沿触发。

　　(2) 施密特触发输入。

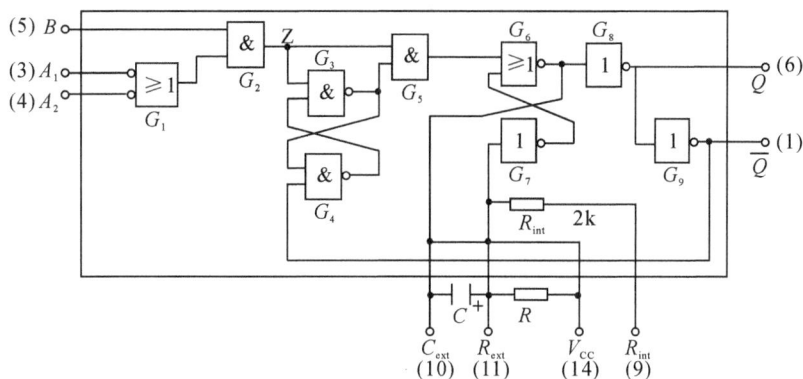

图 4-10-2　74121 集成单稳态触发器内部电路图

（3）内部设有温度补偿，故而输出脉冲宽度的温度稳定性好，定时误差在 1％以内。

（4）互补输出。具有上升沿触发和下降沿触发两种输入端，且均兼有禁止功能。

（5）输入脉冲的占空比达 90％时，仍能正常工作。

集成单稳态触发器内部设有定时电阻 $R_{int}=2k\Omega$，但其温度系数较大，最好改用高质量的外接定时电阻。外接定时电阻 R_{ext} 一般变化范围为 $2\sim30k\Omega$。外接定时电容 C_{ext} 为 $10pF \sim 1000\mu F$（最佳取值范围为 $10pF\sim10\mu F$）。单稳态触发器的输出脉宽 t_w 由定时电阻和定时电容决定，即：

$$t_w = \ln2 R_{ext} \cdot C_{ext} \approx 0.7R_{ext} \cdot C_{ext}$$

2. 单稳态触发器的应用

（1）定时电路或延时电路

图 4-10-3(a)所示为单稳态触发器 74121 构成的延时电路，用上升沿触发输入端 B 的电路接法。其输入电压 v_I、输出端 Q、A 点及 Q_A 点的波形如图 4-11-3(b)所示。

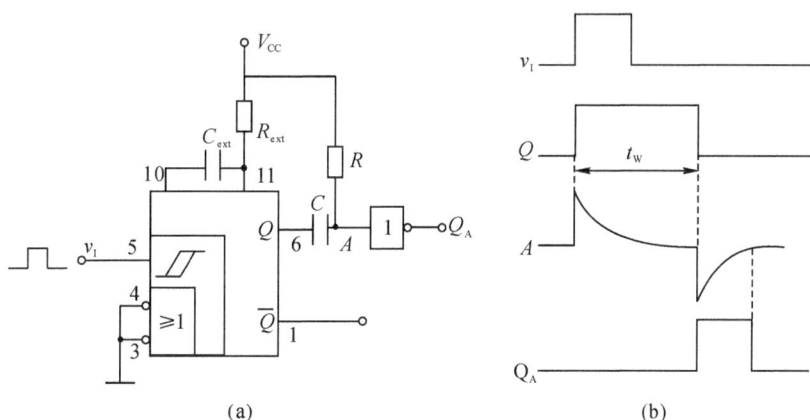

图 4-11-3　74121 构成的延时电路及波形图

（2）多谐振荡器

图 4-11-3(a)所示为由两片 74121 构成的多谐振荡器。(b)为相应点的波形。

集成单稳态触发器 I 被 v_{I1} 触发后，Q_1 输出一个正脉冲。$\overline{Q}_2$ 的上升沿又触发集成单稳态触发器 I，使 Q_1 又输出一个正脉冲。如此反复触发，循环不已，于是在 $\overline{Q}_1$ 或 Q_2 得到固定频率的连续脉冲。v_{I1} 和 v_{I2} 可用来控制起振和停振。触发后，v_{I1} 和 v_{I2} 应保持正确的电平，以免使该电路变成单稳态触发电路。

该多谐振荡器的输出脉冲频率为

$$f_0 = \frac{1}{T} \approx \frac{1}{0.7(R_1 C_1 + R_2 C_2)}$$

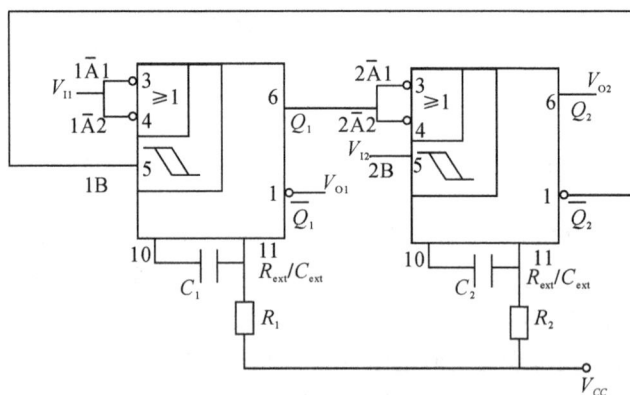

(a) 振荡电路

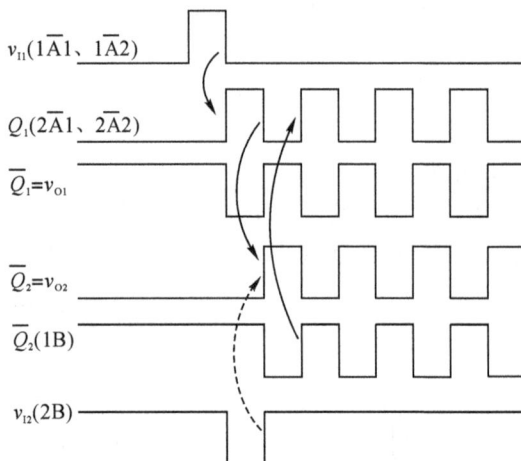

(b) 波形图

图 4-11-4 由 74121 构成的多谐振荡器及波形图

3. 集成六施密特触发器 CD40106 如图 4-11-5 为其逻辑符号及引脚功能，它可用于波形的整形，也可作反相器或构成单稳态触发器和多谐振荡器。

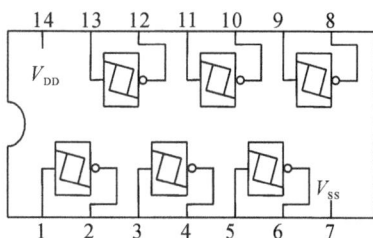

图 4-11-5　CD40106 引脚排列

（1）将正弦波转换为方波，图 4-11-6 示。

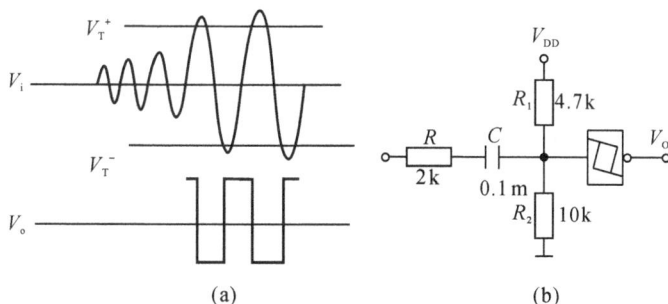

(a)　　　　　　　　　(b)

图 4-11-6　正弦波转换为方波

（2）构成多谐振荡器，如图 4-11-7 所示。

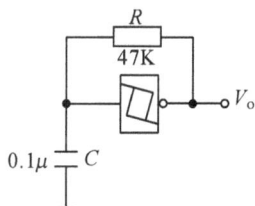

图 4-11-7　多谐振荡器

（3）构成单稳态触发器

图 4-11-8(a)为下降沿触发；图 4-11-8(b)为上升沿触发。

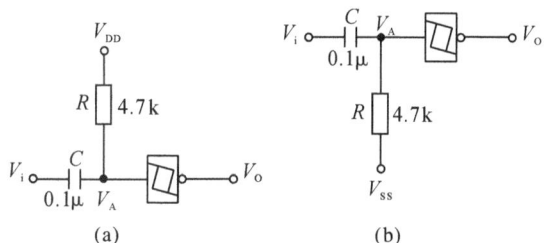

(a)　　　　　　　　　(b)

图 4-11-8　单稳态触发器

五、内容和步骤

1. 按 74121 功能表的要求,画出用下降沿触发输入端 A_1 或 A_2 单稳态触发器电路图。外接定时电阻 $R_{ext}=10k\Omega$,电容 $C_{ext}=0.01\mu F$。

2. 按所画电路图将 74121 接成单稳态触发器,用双踪示波器观察和记录 74121 输入端 A_1 波形 v_I 与输出端 Q 的波形。注意正确选择 v_I 的频率和脉宽。

3. 用示波器测绘对应于外接电容 $C_{ext}=0.1\mu F$,外接电阻 $R_{ext}=3k\Omega$ 时,单稳态触发器的输出脉冲宽度 t_w。

4. 将 2 片 74121 接成多谐振荡器,要求振荡频率约为 50kHz,占空比约为 25%。已知定时电容为 $0.1\mu F$,试确定定时电阻 R_{ext} 的数值。然后组装多谐振荡电路。用示波器观察输出脉冲的频率和占空比。

5. 按图 4-11-6 接线,构成整形电路,被整形信号可由音频信号源或信号发生器提供,图中串联的 2k 电阻起限流保护作用。将正弦信号频率置 500kHz,调节信号电压由低到高观测输出波形的变化。记录输入信号为 $0V$,$0.25V$,$0.5V$,$1.0V$,$1.5V$,$2.0V$ 时的输出波形,记录之。

六、注意事项

1. 集成单稳态触发器 74121 的触发输入信号,可上升沿也可下降沿触发,当选择上升沿触发时,输入信号送上升沿触发输入端 B,而 A_1 和 A_2 中至少有一个为低电平;当选择下降沿触发时,输入信号同时送 A_1、A_2 端,B 端接高电平,或输入信号送 A_1、A_2 中任一个,其余一端与 B 端同时接高电平。

2. 外接定时电容接在 C_{ext}(10 脚,正)和 R_{ext}/C_{ext}(11 脚)之间。外接电阻 R_{ext} 有两种接法:(1)接于 R_{int}(9 脚)端和 V_{CC}(14 脚)之间,此时外接电阻 R_{ext} 与 74121 内部 $2k\Omega$ 电阻串联作为定时电阻。(2)接于 R_{ext}/C_{ext}(11 脚)和 V_{CC}(14 脚)之间,不用内部的 $2k\Omega$ 电阻。实验时注意连接方式。

3. 严格地说,集成单稳态触发器不是精确的定时器件。在要求定时时间不很严格的地方,74121 应该是较满意的定时器件。若要求定时时间准确又稳定,最好选用晶体振荡器加上合适的分频器构成。

七、实验报告

1. 分别对应时间坐标轴,绘出单稳态触发器和多谐振荡器输出波形。

2. 在图上标明实验所测出的波形的幅值、脉宽、频率和占空比。将理论计算的频率和占空比与实测值相比较。

八、思考题

1. 已知单稳态触发器输出脉宽约为 $20\mu s$,定时电阻 $R_{ext}=3k\Omega$,试求定时电容 C_{ext} 的数值。

2. 在图 4-11-4 所示电路中,v_{I1} 和 v_{I2} 分别为什么电平时,该电路将错误地成为一个单稳态触发器?

实验十二　555 时基电路及其应用

一、实验目的

1. 熟悉 555 型集成时基电路结构、工作原理及其特点。
2. 掌握 555 型集成时基电路的基本应用。

二、实验器材

1. 数字电路实验箱　　　　　　2. 双踪示波器
3. 数字万用表　　　　　　　　4. 555×2　2CK13×2
5. 电阻、电容若干

三、预习要求

1. 复习有关 555 定时器的工作原理及其应用。
2. 拟定实验中所需的数据、表格等。
3. 拟定各次实验的步骤和方法。

四、实验原理

集成时基电路又称为集成定时器或 555 电路,是一种数字、模拟混合型的中规模集成电路,应用十分广泛。它是一种产生时间延迟和多种脉冲信号的电路,由于内部电压标准使用了三个 5k 电阻,故取名 555 电路。其电路类型有双极型和 CMOS 型两大类,二者的结构与工作原理类似。几乎所有的双极型产品型号最后的三位数码都是 555 或 556;所有的 CMOS 产品型号最后四位数码都是 7555 或 7556,二者的逻辑功能和引脚排列完全相同,易于互换。555 和 7555 是单定时器。556 和 7556 是双定时器。双极型的电源电压 $V_{CC}=+5V\sim+15V$,输出的最大电流可达 200mA,CMOS 型的电源电压为 $+3V\sim+18V$。

1. 555 电路的工作原理

555 电路的内部电路方框图如图 4-12-1 所示。它含有两个电压比较器,一个基本 RS 触发器,一个放电开关管 T,比较器的参考电压由三只 $5k\Omega$ 的电阻器构成的分压器提供。它们分别使高电平比较器 A_1 的同相输入端和低电平比较器 A_2 的反相输入端的参考电平为 $\frac{2}{3}V_{CC}$ 和 $\frac{1}{3}V_{CC}$。A_1 与 A_2 的输出端控制 RS 触发器状态和放电管开关状态。当输入信号自 6 脚输入并超过参考电平 $\frac{2}{3}V_{CC}$ 时,触发器复位,555 的输出端 3 脚输出低电平,同时放电开关管导通;当输入信号自 2 脚输入并低于 $\frac{1}{3}V_{CC}$ 时,触发器置位,555 的 3 脚输出高电平,同时放电开关管截止。

$\overline{R}_D$ 是复位端(4 脚),当 $\overline{R}_D=0$,555 输出低电平。平时 $\overline{R}_D$ 端开路或接 V_{CC}。

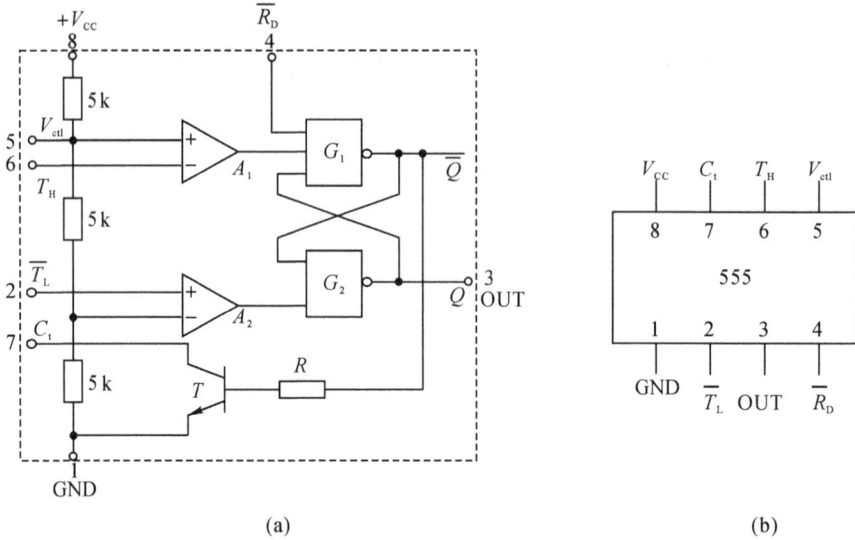

(a)　　　　　　　　　　　　　(b)

图 4-12-1　555 定时器内部框图及引脚排列

V_{ctl} 是控制电压端(5 脚)，平时输出 $\frac{2}{3}V_{cc}$ 作为比较器 A_1 的参考电平，当 5 脚外接一个输入电压，即改变了比较器的参考电平，从而实现对输出的另一种控制，在不接外加电压时，通常接一个 $0.01\mu F$ 的电容器到地，起滤波作用，以消除外来的干扰，以确保参考电平的稳定。

T 为放电管，当 T 导通时，将给接于脚 7 的电容器提供低阻放电通路。

555 定时器主要是与电阻、电容构成充放电电路，并由两个比较器来检测电容器上的电压，以确定输出电平的高低和放电开关管的通断。这就很方便地构成从微秒到数十分钟的延时电路，可方便地构成单稳态触发器，多谐振荡器，施密特触发器等脉冲产生或波形变换电路。

2. 555 定时器的典型应用

(1) 构成单稳态触发器

图 4-12-2(a) 为由 555 定时器和外接定时元件 R、C 构成的单稳态触发器。触发电路由 C_1、R_1、D 构成，其中 D 为钳位二极管，稳态时 555 电路输入端处于电源电平，内部放电开关管 T 导通，输出端 F 输出低电平，当有一个外部负脉冲触发信号经 C_1 加到 2 端。并使 2 端电位瞬时低于 $\frac{1}{3}V_{cc}$，低电平比较器动作，单稳态电路即开始一个暂态过程，电容 C 开始充电，V_C 按指数规律增长。当 V_C 充电到 $\frac{2}{3}V_{cc}$ 时，高电平比较器动作，比较器 A_1 翻转，输出 V_O 从高电平返回低电平，放电开关管 T 重新导通，电容 C 上的电荷很快经放电开关管放电，暂态结束，恢复稳态，为下个触发脉冲的来到作好准备。波形图如图 4-12-2(b) 所示。

暂稳态的持续时间 t_W (即为延时时间) 决定于外接元件 R、C 值的大小。

$$t_W = 1.1RC$$

通过改变 R、C 的大小，可使延时时间在几个微秒到几十分钟之间变化。当这种单稳态电路作为计时器时,可直接驱动小型继电器,并可以使用复位端(4脚)接地的方法来中止暂态,重新计时。此外尚须用一个续流二极管与继电器线圈并接,以防继电器线圈反电势损坏内部功率管。

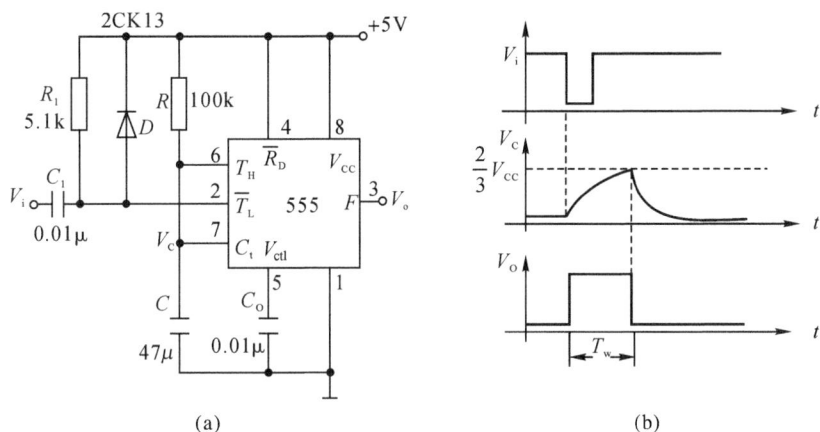

图 4-12-2 单稳态触发器

(2) 构成多谐振荡器

如图 4-12-3(a),由 555 定时器和外接元件 R_1、R_2、C 构成多谐振荡器,脚 2 与脚 6 直接相连。电路没有稳态,仅存在两个暂稳态,电路亦不需要外加触发信号,利用电源通过 R_1、C 向 C 充电,以及 C 通过 R_2 向放电端 C_t 放电,使电路产生振荡。电容 C 在 $\frac{1}{3}V_{cc}$ 和 $\frac{2}{3}V_{cc}$ 之间充电和放电,其波形如图 4-12-3(b)所示。输出信号的时间参数是

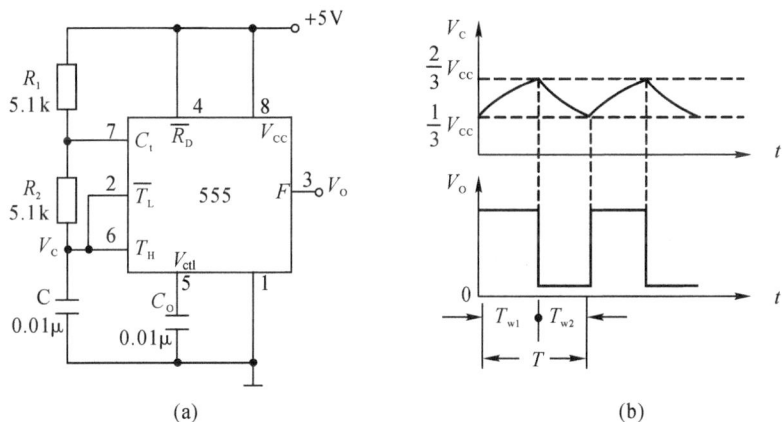

图 4-12-3 多谐振荡器

$$T = T_{w1} + T_{w2}, \quad T_{w1} = 0.7(R_1 + R_2)C, \quad T_{w2} = 0.7R_2C$$

555 电路要求 R_1 与 R_2 均应大于或等于 $1k\Omega$,但 $R_1 + R_2$ 应小于或等于 $3.3M\Omega$。

外部元件的稳定性决定了多谐振荡器的稳定性,555 定时器配以少量的元件即可获得较高精度的振荡频率和具有较强的功率输出能力。因此这种形式的多谐振荡器应用很广。

(3)组成施密特触发器

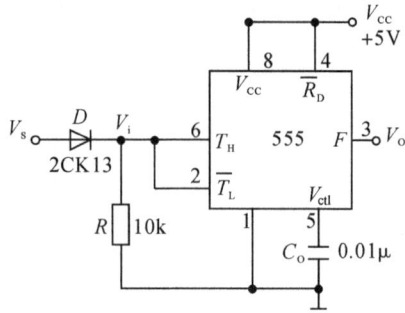

图 4-12-4　施密特触发器

电路如图 4-12-4,只要将脚 2、6 连在一起作为信号输入端,即得到施密特触发器。图 4-12-5 示出了 V_s,V_i 和 V_O 的波形图。

设被整形变换的电压为正弦波 V_s,其正半波通过二极管 D 同时加到 555 定时器的 2 脚和 6 脚,得 V_i 为半波整流波形。当 V_1 上升到 $\frac{2}{3}V_{cc}$ 时,V_O 从高电平翻转为低电平;当 V_i 下降到 $\frac{1}{3}V_{cc}$ 时,V_O 又从低电平翻转为高电平。电路的电压传输特性曲线如图 4-12-6 所示。

回差电压 $\Delta V = \frac{2}{3}V_{cc} - \frac{1}{3}V_{cc} = \frac{1}{3}V_{cc}$

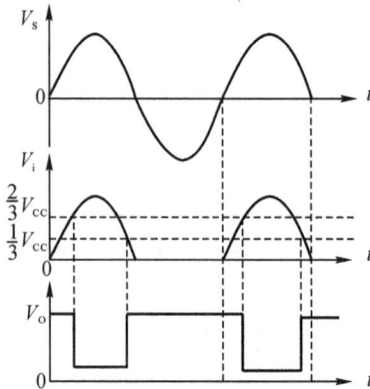

图 4-12-5　波形变换图

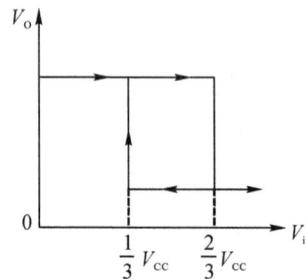

图 4-12-6　电压传输特性

五、内容与步骤

1. 单稳态触发器

(1)按图 4-12-2 连线,取 $R=100$k,$C=47\mu$F,输入信号由单次脉冲源提供,测定暂稳态时间。

(2)将 R 改为 1k,C 改为 0.1μF,输入端加 1kHz 的连续脉冲,观测并对应记录波形 V_i,V_C,V_O,测定幅度及暂稳态时间。

2. 多谐振荡器

按图 4-12-3 接线,用双踪示波器观测并对应记录 V_C 与 V_O 的波形,测定幅度与暂稳态 T_{w1} 和 T_{w2} 的时间。

3. 施密特触发器

按图 4-12-4 接线,输入信号由信号源提供,预先调好 V_s 的频率为 1kHz,接通电源,逐渐加大 V_s 的幅度,观测输出波形,测绘电压传输特性,算出回差电压 ΔU。

4. 模拟声响电路

按图 4-12-7 接线,组成两个多谐振荡器,调节定时元件,使 I 输出较低频率,II 输出较高频率,连好线,接通电源,试听音响效果。调换外接阻容元件,再试听音响效果。

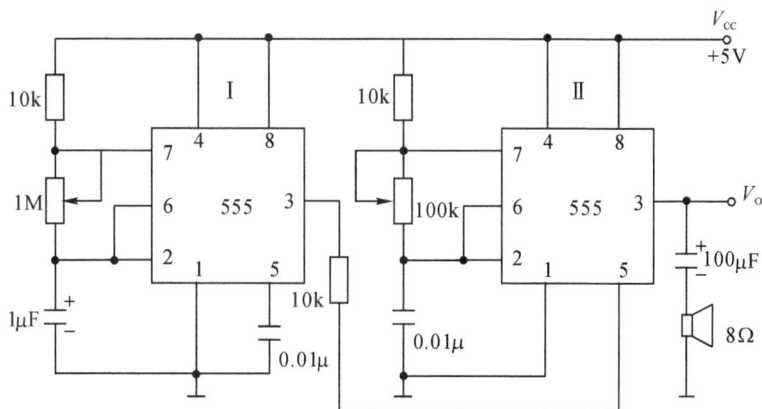

图 4-12-7　模拟声响电路

六、注意事项

1. 注意电解电容有正负极性。
2. 熟练灵活掌握 555 的工作原理。
3. 注意双踪示波器的连接和使用方法。

七、实验报告

1. 绘出详细的实验线路图,定量绘出观测到的波形。
2. 分析、总结实验结果。
3. 写出本次实验心得体会。

八、思考题

1. 555 定时器构成的多谐振器,其振荡周期和占空比的改变与那些因素有关?若只需改变周期,而不改变占空比应调整哪个元件参数?

2. 用 555 定时器设计一个整形电路。给定输入触发信号频率为 500Hz,要求输出脉宽为 0.5ms,试计算定时元件 R、C。

实验十三　D/A、A/D 转换器

一、实验目的

1. 了解 D/A 和 A/D 转换器的基本工作原理和基本结构。
2. 掌握大规模集成 D/A 和 A/D 转换器的功能及其典型应用。

二、实验器材

1. 数字电路实验箱　　　　　　　2. 双踪示波器
3. 数字万用表　　　　　　　　　4. DAC0832　ADC0809　μA741
5. 电位器、电阻、电容若干

三、预习要求

1. 复习 A/D、D/A 转换的工作原理。
2. 绘好完整的实验线路和所需的实验记录表格。
3. 拟定各个实验内容的具体实验方案。

四、实验原理

在数字电子技术的很多应用场合往往需要把模拟量转换为数字量,称为模/数转换器(A/D 转换器,简称 ADC);或把数字量转换成模拟量,称为数/模转换器(D/A 转换器,简称 DAC)。完成这种转换的线路有多种,特别是单片大规模集成 A/D、D/A 转换器问世,为实现上述的转换提供了极大的方便。使用者可借助于手册提供的器件性能指标及典型应用电路,即可正确使用这些器件。本实验将采用大规模集成电路 DAC0832 实现 D/A 转换,ADC0809 实现 A/D 转换。

1. D/A 转换器 DAC0832

DAC0832 是采用 CMOS 工艺制成的单片电流输出型 8 位数/模转换器。图 4-13-1 是 DAC0832 的逻辑框图及引脚排列。

器件的核心部分采用倒 T 型电阻网络的 8 位 D/A 转换器,如图 4-13-2 所示。它是由倒 T 型 $R-2R$ 电阻网络、模拟开关、运算放大器和参考电压 U_{REF} 四部分组成。

运放的输出电压为

$$V_{\text{O}} = \frac{V_{\text{REF}} \cdot R_{\text{f}}}{2^n R}(D_{n-1} \cdot 2^{n-1} + D_{n-2} \cdot 2^{n-2} + \cdots + D_0 \cdot 2^0)$$

由上式可见,输出电压 U_{o} 与输入的数字量成正比,这就实现了从数字量到模拟量的转换。

一个 8 位的 D/A 转换器,它有 8 个输入端,每个输入端是 8 位二进制数的一位,有一个模拟输出端,输入可有 $2^8 = 256$ 个不同的二进制组态,输出为 256 个电压之一,即输出电压不是整个电压范围内任意值,而只能是 256 个可能值。

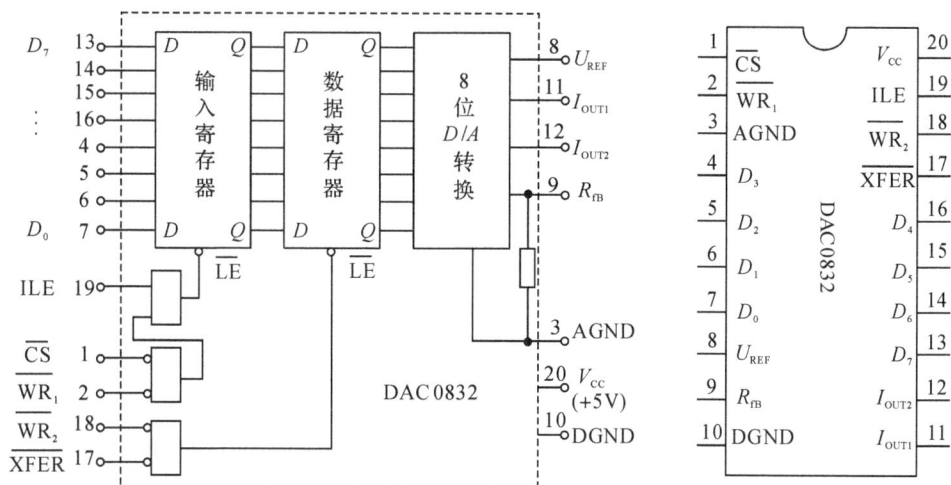

图 4-13-1 DAC0832 单片 D/A 转换器逻辑框图和引脚排列

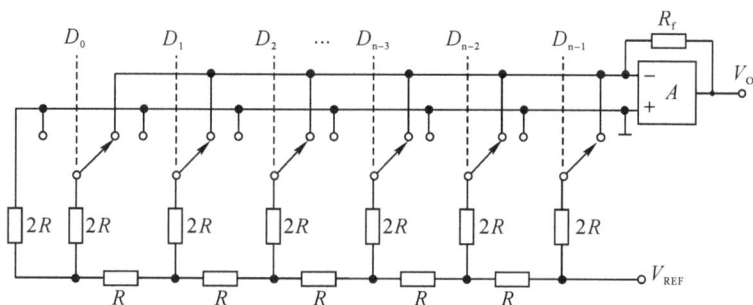

图 4-13-2 倒 T 型电阻网络 D/A 转换电路

DAC0832 的引脚功能说明如下:

D0—D7:数字信号输入端

ILE:输入寄存器允许,高电平有效

$\overline{CS}$:片选信号,低电平有效

$\overline{WR1}$:写信号 1,低电平有效

$\overline{XFER}$:传送控制信号,低电平有效

$\overline{WR2}$:写信号 2,低电平有效

I_{OUT1},I_{OUT2}:DAC 电流输出端

R_{fB}:反馈电阻,是集成在片内的外接运放的反馈电阻

U_{REF}:基准电压(-10~$+10$)V

VCC:电源电压($+5$~$+15$)V

AGND:模拟地	> 可接在一起使用
NGND:数字地	

DAC0832 输出的是电流,要转换为电压,还必须经过一个外接的运算放大器,实验线路如图 4-13-3 所示。

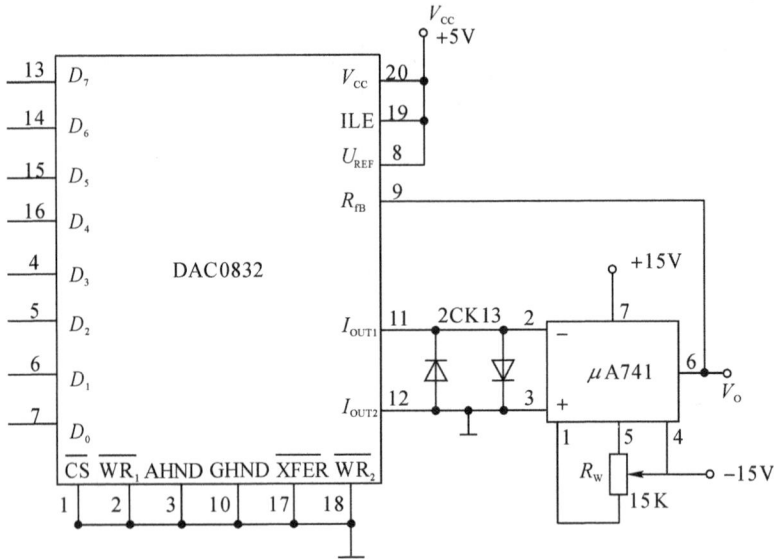

图 4-13-3　D/A 转换器实验线路

2. A/D 转换器 ADC0809

ADC0809 是采用 CMOS 工艺制成的单片 8 位 8 通道逐次渐近型模/数转换器,其逻辑框图及引脚排列如图 4-13-4 所示。

器件的核心部分是 8 位 A/D 转换器,它由比较器、逐次渐近寄存器、D/A 转换器及控制和定时 5 部分组成。

ADC0809 的引脚功能说明如下:

$IN_0 - IN_7$:8 路模拟信号输入端

A_2、A_1、A_0:地址输入端

ALE:地址锁存允许输入信号,在此脚施加正脉冲,上升沿有效,此时锁存地址码,从而选通相应的模拟信号通道,以便进行 A/D 转换。

START:启动信号输入端,应在此脚施加正脉冲,当上升沿到达时,内部逐次逼近寄存器复位,在下降沿到达后,开始 A/D 转换过程。

EOC:转换结束输出信号(转换结束标志),高电平有效。

OE:输入允许信号,高电平有效。

CLOCK(CP):时钟信号输入端,外接时钟频率一般为 640kHz。

V_{cc}:+5V 单电源供电

$U_{REF}(+)$、$U_{REF}(-)$:基准电压的正极、负极。一般 $U_{REF}(+)$ 接 +5V 电源,$U_{REF}(-)$ 接地。

$D_7 - D_0$:数字信号输出端

(1) 模拟量输入通道选择

8 路模拟开关由 A_2、A_1、A_0 三地址输入端选通 8 路模拟信号中的任何一路进行 A/D 转

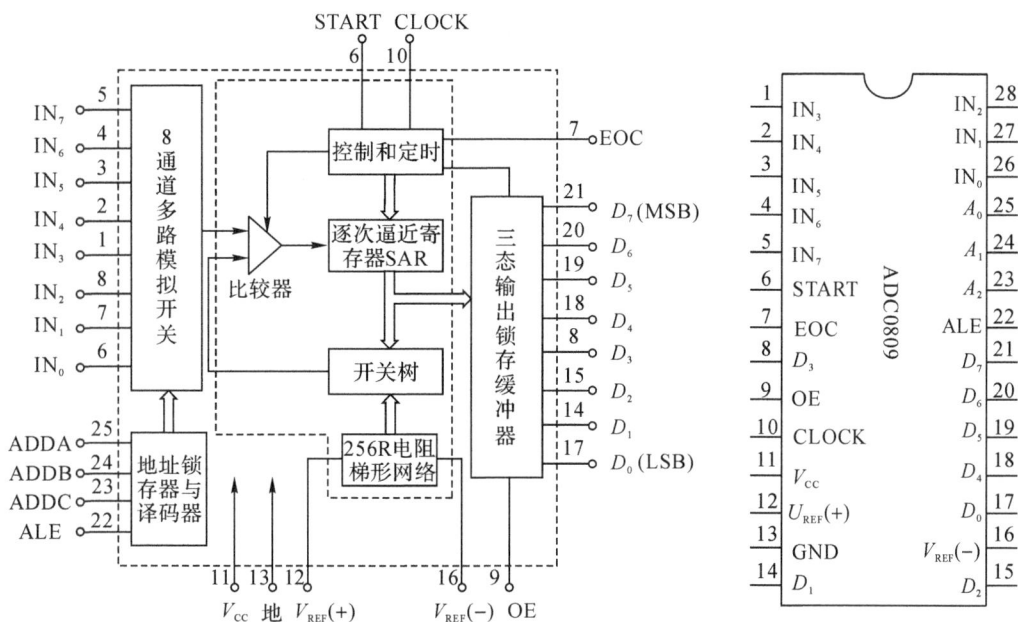

图 4-13-4　ADC0809 转换器逻辑框图及引脚排列

换,地址译码与模拟输入通道的选通关系如表 4-13-1 所示。

表 4-13-1　地址译码与模拟输入通道的选通关系

被选模拟通道	道	IN_0	IN_1	IN_2	IN_3	IN_4	IN_5	IN_6	IN_7
地　　址	A_2	0	0	0	0	1	1	1	1
	A_1	0	0	1	1	0	0	1	1
	A_0	0	1	0	1	0	1	0	1

2. D/A 转换过程

在启动端(START)加启动脉冲(正脉冲),D/A 转换即开始。如将启动端(START)与转换结束端(EOC)直接相连,转换将是连续的,在用这种转换方式时,开始应在外部加启动脉冲。

五、内容与步骤

1. D/A 转换器——DAC0832

(1) 按图 4-13-3 接线,电路接成直通方式,即 $\overline{CS}$、$\overline{WR_1}$、$\overline{WR_2}$、$\overline{XFER}$ 接地;ALE、U_{CC}、U_{REF} 接 +5V 电源;运放电源接 ±15V;$D_0 \sim D_7$ 接逻辑开关的输出插口,输出端 v_O 接直流数字电压表。

(2) 调零,令 $D_0 \sim D_7$ 全置零,调节运放的电位器使 μA741 输出为零。

(3) 按表 4-13-2 所列的输入数字信号,用数字电压表测量运放的输出电压 U_0,并将测量结果填入表中,并与理论值进行比较。

表 4-13-2

输入数字量								输出模拟量 V_0(V)
D_7	D_6	D_5	D_4	D_3	D_2	D_1	D_0	$V_{cc} = +5V$
0	0	0	0	0	0	0	0	
0	0	0	0	0	0	0	1	
0	0	0	0	0	0	1	0	
0	0	0	0	0	1	0	0	
0	0	0	0	1	0	0	0	
0	0	0	1	0	0	0	0	
0	0	1	0	0	0	0	0	
0	1	0	0	0	0	0	0	
1	0	0	0	0	0	0	0	
1	1	1	1	1	1	1	1	

2. A/D 转换器—ADC0809

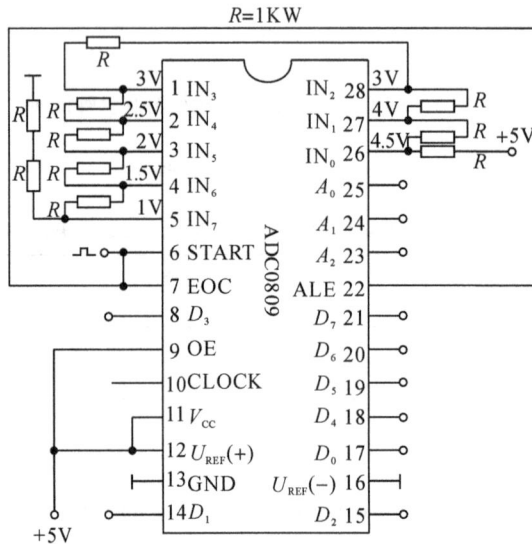

图 4-13-5　ADC0809 实验线路

(1) 八路输入模拟信号 1V～4.5V,由 +5V 电源经电阻 R 分压组成;变换结果 $D_0 \sim D_7$ 接逻辑电平显示器输入插口,CP 时钟脉冲由计数脉冲源提供,取 $f=100\text{kHz}$;$A_0 \sim A_2$ 地址端接逻辑电平输出插口。

(2) 接通电源后,在启动端(START)加正单次脉冲,下降沿一到即开始 A/D 转换。

(3) 按表 4-13-3 的要求观察,记录 $IN_0 \sim IN_7$ 八路模拟信号的转换结果,并将结果换算成十进制数表示的电压值,与数字电压表实测的各路输入电压值比较,分析误差原因。

表 4-13-3 ADC0809 模数转换

被选模拟通道	输入模拟量	地 址			输出数字量								
IN	$v_i(V)$	A_2	A_1	A_0	D_7	D_6	D_5	D_4	D_3	D_2	D_1	D_0	十进制
IN_0	4.5	0	0	0									
IN_1	4.0	0	0	1									
IN_2	3.5	0	1	0									
IN_3	3.0	0	1	1									
IN_4	2.5	1	0	0									
IN_5	2.0	1	0	1									
IN_6	1.5	1	1	0									
IN_7	1.0	1	1	1									

六、注意事项

1. DAC0832 芯片 20 接电源，10 脚接地，ADC0809 芯片 11 接电源，13 脚接地。
2. 实验前必须熟悉 ADC0809、DAC0832 各引脚功能及使用方法

七、实验报告

1. 整理实验数据，分析实验结果。
2. 写出本次实验心得体会。

八、思考题

ADC0809 和 DAC0832 在单片机系统中的应用。

第五章

电子技术基础课程设计实例

实例一　集成直流稳压电源设计

一、实验目的

1. 学会选择变压器、整流二极管、滤波电容及集成稳压器来设计直流稳压电源。
2. 掌握稳压电源的主要性能参数及其测试方法。

二、设计任务

1. 设计一集成稳压电源
2. 主要技术指标要求
(1)输出电压 $U_。$
(2)输出纹波电压
(3)稳压系数

三、直流稳压电源的基本原理

1. 基本原理

直流稳压电源一般由电源变压器、整流滤波电路及稳压电路所组成,基本电路如图5-1-1所示。各部分电路的作用如下。

(1)电源变压器

电源变压器的作用是将电网 220V 的交流电压 $\dot{u}_1$ 变换成整流滤波电路所需要的交流电压 $\dot{u}_2$。变压器副边与原边的功率比为

$$P_2/P_1 = \eta \tag{5-1-1}$$

式中,η 为变压器的效率。一般小型变压器的效率如表 5-1-1 所示。

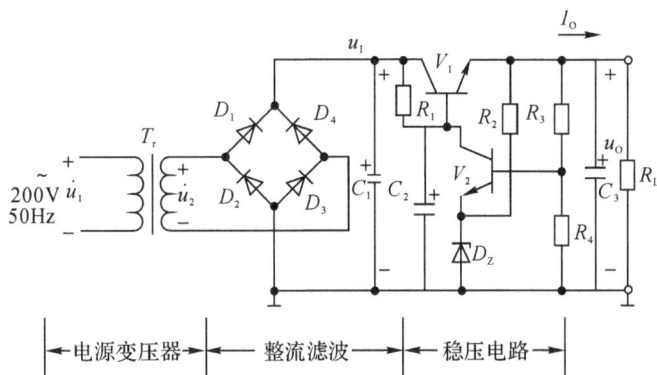

图 5-1-1　直流稳压电源基本电路

表 5-1-1　小型变压器的效率

副边功率 P_2/VA	<10	10~30	30~80	80~200
效率 η	0.6	0.7	0.8	0.85

（2）整流滤波电路

整流二极管 $D_1 \sim D_4$ 组成单相桥式整流电路,将交流电压 $\dot{U}_2$ 变成脉动的直流电压,再经滤波电容 C_1 虑除纹波,输出直流电压 U_1。U_1 与交流电压 $\dot{U}_2$ 的有效值 U_2 的关系为

$$U_1 = (1.1 \sim 1.2)U_2 \tag{5-1-2}$$

每只整流二极管承受的最大反向电压

$$U_{RM} = \sqrt{2}U_2(1+10\%) \tag{5-1-3}$$

通过每只二极管的平均电流

$$I_D = \frac{1}{2}I_R = \frac{0.45U_2}{R} \tag{5-1-4}$$

式中,R 为整流滤波电路的等效负载电阻。它为电容 C_1 提供放电回路,RC_1 放电时间常数应满足

$$RC_1 > (3 \sim 5)T/2 \tag{5-1-5}$$

式中,T 为 50Hz 交流电压的周期,即 $T = 20\text{ms}$。

（3）稳压电路

调整管 V_1 与负载电阻 R_L 相串联,组成串联式稳压电路。V_2 与稳压管 D_Z 组成采样比较放大电路,当稳压器的输出负载变化时,输出电压 U_O 应保持不变,稳压过程如下:

设输出负载电阻 R_L 变化,使 $U_O \uparrow$,则

$$U_{B2} \uparrow \longrightarrow U_{C2} \downarrow \longrightarrow I_{B1} \downarrow \longrightarrow U_{CE1} \uparrow \longrightarrow U_O \downarrow$$

2. 稳压电源的性能指标及测试方法

（1）最大输出电流　　指稳压电源正常工作时能输出的最大电流,用 I_{Omax} 表示。一般情况下的工作电流 $I_O < I_{Omax}$。稳压电路内部应有保护电路,以防止 $I_O > I_{Omax}$ 时损坏稳压器。

（2）输出电压　　指稳压电源的输出电压,用 u_O 表示。采用如图 5-1-2 所示的测试电路,

可以同时测量 U_O 与 I_{Omax}。测试过程是：输出端接负载电阻 R_L，输入端接 220V 的交流电压，数字电压表的测量值即为 U_O。再使 R_L 逐渐减小，直到 U_O 的值下降 5%，此时流经负载 R_L 的电流即为 I_{Omax}（记下 I_{Omax} 后迅速增大 R_L，以减小稳压电源的功耗）。

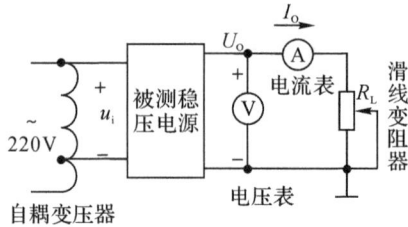

图 5-1-2 稳压电源性能指标测试电路

（3）纹波电压   指叠加在输出电压 U_O 上的交流分量，一般为 mV 级。可将其放大后，用示波器观测其峰—峰值 Δu_{Op-p}。也可以用交流毫伏表测量其有效值 Δu_O，由于纹波电压不是正弦波，所以用有效值衡量存在一定误差。

（4）稳压系数   指在负载电流 I_O、环境温度 T 不变的情况下，输入电压的相对变化引起输出电压的相对变化，即稳压系数

$$S=\frac{\Delta U_O/U_O}{\Delta U_i/U_i}\bigg|_{\substack{I_O=常数\\T=常数}} \tag{5-1-6}$$

S_u 的测量电路如图 5-1-2 所示。测试过程是：先调节自耦变压器使输入电压增加 10%，即 $U_i=242V$，测量此时对应的输出电压 U_{o1}；再调节自耦变压器使输入电压减少 10%，即 $U_i=198V$，测量这时的输出电压 U_{o2}，然后再测出 $U_i=220V$ 时对应的输出电压 U_O，则稳压系数

$$S=\frac{\Delta U_O/U_O}{\Delta U_i/U_i}=\frac{220}{242-198}\cdot\frac{U_{o1}-U_{o2}}{U_O} \tag{5-1-7}$$

（5）输出电阻   当输入电压不变时，输出电压变化量与输出电流变化量之比的绝对值

$$r_O=\left|\frac{\Delta u_O}{\Delta I_O}\right|_{\triangle u_i=0} \tag{5-1-8}$$

四、集成稳压电源设计指导

集成稳压电源设计的主要内容是根据性能指标，选择合适的电源变压器、集成稳压器、整流二极管及滤波电容。

1. 集成稳压器

常见集成稳压器有固定式三端稳压器与可调式三端稳压器，下面分别介绍其典型应用及选择原则。

固定式三端稳压器的常见产品如图 5-1-3 所示。其中，CW78×× 系列稳压器输出固定的正电压，如 7805 输出为 +5V；CW79×× 系列稳压器输出固定的负电压，如 7905 输出为 −5V。输入端接电容 C_i 可以进一步虑除纹波，输出端接电容 C_O 能改善负载的瞬态影响，使电路稳定工作。C_i、C_O 最好采用漏电流小的钽电容，如果采用电解电容，则电容量要比图中数值增加 10 倍。

可调式三端稳压器能输出连续可调的直流电压。常见产品如图 5-1-4 所示。其中,CW317 系列稳压器输出连续可调的正电压,CW337 系列稳压器输出连续可调的负电压。稳压器内部含有过流、过热保护电路。R_1 与 RP_1 组成电压输出调节电路,输出电压为:

$$U_O \approx 1.25(1 + RP_1/R_1)$$
$$(5-1-9)$$

R_1 的值为 $120\Omega \sim 240\Omega$,流经 R_1 的泻放电流为 $5mA \sim 10mA$。RP_1 为精密可调电位器。电容 C_2 与 RP_1 并联组成滤波电路,以减小输出的纹波电压。二极管 D 的作用是防止输出端与地短路时,损坏稳压器。

集成稳压器的输出电压 U_O 与稳压电源的输出电压相同。稳压器的最大允

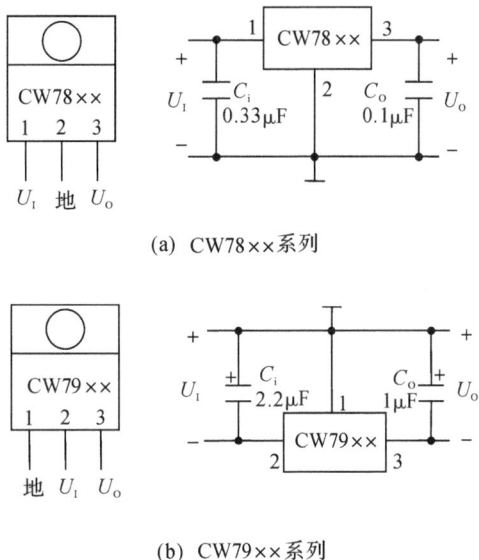

(a) CW78×× 系列

(b) CW79×× 系列

图 5-1-3 固定式三端稳压器的典型应用

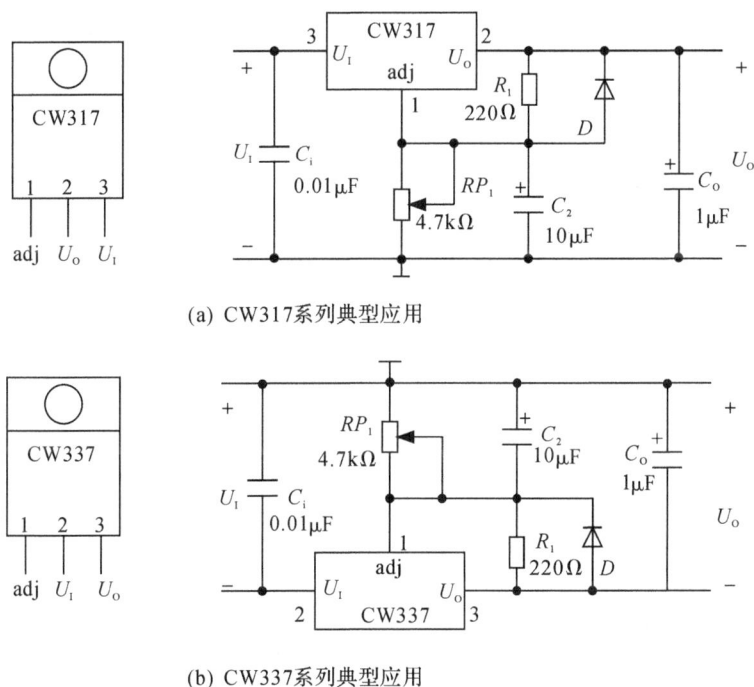

(a) CW317系列典型应用

(b) CW337系列典型应用

图 5-1-4 可调式三端稳压器的典型应用

许电流 $I_{CM} < I_{Omax}$,输入电压 U_I 的范围为

$$U_{Omax} + (U_i - U_O)_{min} \leqslant U_i \leqslant U_{Omin} + (U_I - U_O)_{max}$$
$$(5-1-10)$$

式中，$U_{O\max}$ 为最大输出电压；$U_{O\min}$ 为最小输出电压；$(U_I-U_O)_{\min}$ 为稳压器的最小输入、输出电压差；$(U_I-U_O)_{\max}$ 为稳压器的最大输入、输出电压差。

2. 电源变压器

通常根据变压器副边输出的功率 P_2 来选购（或自绕）变压器。由式 5-1-2 可得变压器副边的输出电压 U_2 与稳压器输入电压 U_1 的关系。U_2 的值不能取大，U_2 越大，稳压器的压差越大，功耗也就越大。一般取 $U_2 \geqslant U_{1\min}/1.1$，$I_2 > I_{O\max}$。

3. 整流二极管及滤波电容

整流二极管 D_2 的反向击穿电压 U_{RM} 应满足 $U_{RM} > \sqrt{2}U_2$，其额定工作电流应满足 $I_F > I_{O\max}$。

滤波电容 C 可由下式估算：

$$C = \frac{I_C t}{\Delta u_{ip-p}} \tag{5-1-11}$$

式中，Δu_{ip-p} 稳压器输入端纹波电压的峰—峰值；t 为电容 C 的放电时间，$t=T/2=0.01s$；I_C 为电容 C 的放电电流，可取 $I_C=I_{O\max}$；滤波电容 C 的耐压值应大于 $\sqrt{2}U_2$。

五、设计举例

设计一集成直流稳压电源。

● 性能指标要求

1. $U_O = +3V \sim +9V$ 连续可调，输出电流 $I_{O\max} = 800mA$。

2. $\Delta u_{Op-p} \leqslant 5mV$，$S \leqslant 3 \times 10^{-3}$。

解　（1）选集成稳压器，确定电路形式

选可调式三端稳压器 CW317，其特性参数 $U_O = 1.25V \sim 37V$，$I_{O\max} = 1.5A$，最小输入、输出压差 $(U_I-U_O)_{\min} = 3V$，最大输入、输出压差 $(U_I-U_O)_{\max} = 35V$。组成的稳压电源电路如图 5-1-5 所示。由式（5-1-9）得 $U_O = 1.25(1+RP_1/R_1)$，取 $R_1 = 240\Omega$，则 $RP_{1\min} = 336\Omega$，$RP_{1\max} = 1.49k\Omega$，故取 RP_1 为 $4.7k\Omega$ 的精密线绕可调电位器。

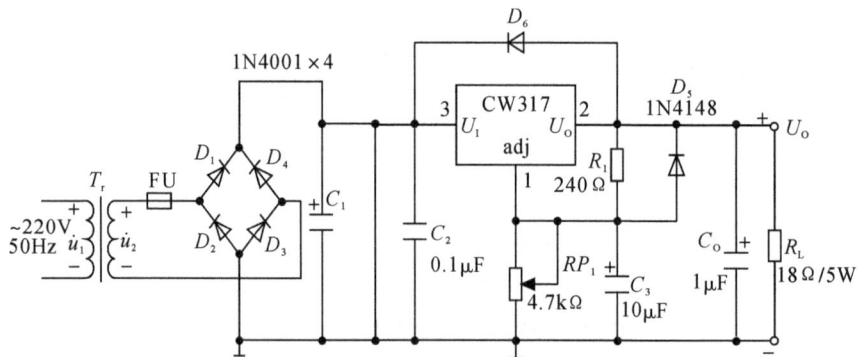

图 5-1-5　直流稳压电源实验电路

（2）选电源变压器

由式（5-1-10）可得输入电压 u_i 的范围为

$$U_{O\max}+(U_I-U_O)_{\min}\leqslant U_I\leqslant U_{O\min}+(U_I-U_O)_{\max}$$

$$9V+3V\leqslant U_I\leqslant 3V+35V$$

$$12V\leqslant U_I\leqslant 38V$$

副边电压 $u_2\geqslant u_{i\min}//1.1=12/1.1V$，取 $u_2=11V$，副边电流 $I_2>I_{O\max}=0.8A$，取 $I_2=1A$，则变压器副边输出功率 $P_2\geqslant I_2u_2=11W$。

由表 5-1-1 可得变压器的效率 $\eta=0.7$，则原边输入功率 $P_1\geqslant P_2/\eta=15.7W$。为留有余地，选功率为 18W 的电源变压器。

（3）选整流二极管及滤波电容

整流二极管 D 选 1N4001，其极限参数为 $u_{RM}\geqslant 50V$，$I_F=1A$。满足 $u_{RM}>\sqrt{2}u_2$，$I_F>I_{O\max}$ 的条件。

滤波电容 C_1 可由纹波电压 Δu_{Op-p} 和稳压系数 S 来确定。

已知，$U_O=9V$，$U_I=12V$，$\Delta u_{Op-p}=5mV$，$S=3\times10^{-3}$。则由式(5-1-6)得稳压器的输入电压的变化量

$$\Delta u_i=\frac{\Delta u_{op-p}U_I}{U_OS}=2.2V$$

由式(5-1-11)得滤波电容

$$C_1=\frac{I_Ct}{\Delta u_i}=\frac{I_{O\max}t}{\Delta u_i}\approx 3600uF$$

电容 C_1 的耐压应大于 $\sqrt{2}u_2=15.4V$。故取电容量为 4700uF/25V 的电容，如图 5-1-5 中 C_1 所示。

（4）其他措施

如果集成稳压器离滤波电容 C_1 较远时，应该在 CW317 靠近输入端处接上一只 $0.1\mu F$ 的旁路电容 C_2。接在调整端和地之间的电容 C_3，是用来旁路电位器 RP 两端的纹波电压。当 C_3 的容量为 $10\mu F$ 时，纹波抑制比可提高 20 dB，减到原来的 1/10。另一方面，由于在电路中接了电容 C_3，此时一旦输入端或输出端发生短路，C_3 中储存的电荷会通过稳压器内部的调整管和基准放大管而损坏稳压器。为了防止在这种情况下 C_3 的放电电流通过稳压器，在 R_1 两端并接一只二极管 D_5。

CW317 集成稳压器在没有容性负载的情况下可以稳定地工作。但当输出端有 500～5000pF 的容性负载时，就容易发生自激。为了抑制自激，在输出端接一只 $1\mu F$ 的钽电容或 $25\mu F$ 的铝电解电容 C_0。该电容还可以改善电源的瞬态响应。但是接上该电容以后，集成稳压器的输入端一旦发生短路，C_0 将对稳压器的输出端放电，其放电电流可能损坏稳压器，故在稳压器的输入与输出端之间，接一只保护二极管 D_6。

（5）电路安装与测试

首先应在变压器的副边接入保险丝 FU，以防电路短路损坏变压器或其他器件，其额定电流要略大于 $I_{O\max}$，选 FU 的熔断电流为 1A，CW317 要加适当大小的散热片。先装集成稳压电路，再装整流滤波电路，最后安装变压器。安装一级测试一级。对于稳压电路则主要测试集成稳压器是否能正常工作。其输入端加直流电压 $U_I\leqslant 12V$，调节 RP_1，输出电压 U_O 随之变化，说明稳压电路正常工作。整流滤波电路主要是检查整流二极管是否接反，安装前用万用表测量其正、反向电阻。接入电源变压器，整流输出电压 u_i 应为正。断开交流电源，将

整流滤波电路与稳压电路相连接,再接通电源,输出电压 u_O 为规定值,说明各级电路均正常工作,可以进行各项性能指标的测试。对图 5-1-5 所示稳压电路,测试工作在室温下进行,测试条件是 $I_O = 800mA$, $R_L = 11.25\Omega$(滑线变阻器)。

六、集成稳压器输出电流的扩展

1. 扩展固定式三端稳压器的输出电流

图 5-1-6 为扩展 CW78×× 系列与 CW79×× 集成稳压器的输出电流 I_O 的电路。图中,V_1 称为扩流功率管,应选用大功率管;V_2 与 R_2 组成限流保护电路,当输出电流过大时 V_2 导通,扩展电流 I_1 减小以保护 V_1。V_2 的导通电压由 R_2I_1 决定,应特别注意其额定功率是否满足要求,扩展后的输出电流 $I_L = I_O + I_1$。若按图中所示参数设计,则可使输出电流 I_L 达到 1.5A。

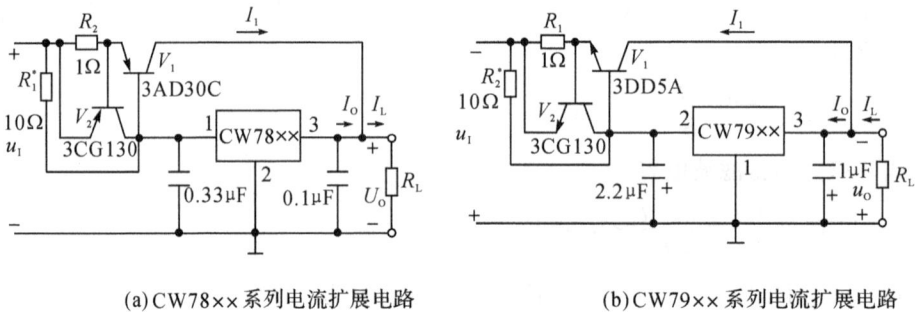

(a)CW78×× 系列电流扩展电路   (b)CW79×× 系列电流扩展电路

图 5-1-6　固定式三端稳压器输出电流扩展电路

2. 扩展可调式三端稳压器的输出电流

图 5-1-7 为扩展可调式三端稳压器的输出电流的电路。V_1 与 V_2 组成互补复合管,I_1 为输出扩展电流,R_1、R_2、R_3 是偏置电阻,图中所示参数,可使输出电流 I_L 达到 2A。

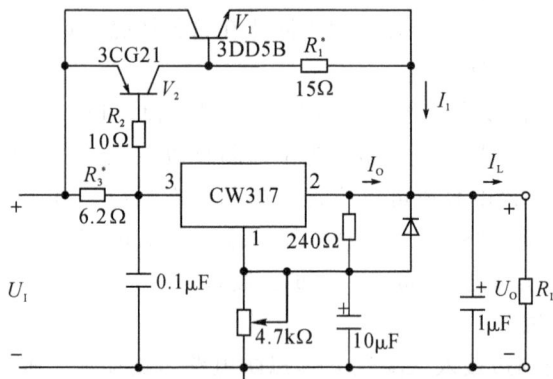

图 5-1-7　可调式三端稳压器输出电流扩展电路

实例二 函数信号发生器的设计

一、实验目的

1. 通过本课题设计,要求掌握方波—三角波—正弦波函数发生器的设计方法与调试技术。

2. 学会安装与调试由多级单元电路组成的电子线路。

二、设计任务和要求

设计课程:方波—三角波—正弦波发生器。

1. 输出波形:正弦波、方波、三角波等;

2. 频率范围:$1\,\text{Hz} \sim 10\,\text{Hz}$,$10\,\text{Hz} \sim 100\,\text{Hz}$;

3. 输出电压:方波 $U_{p-p} \leqslant 20\,\text{V}$,三角波 $U_{p-p} = 8\,\text{V}$,正弦波 $U_{p-p} > 2\,\text{V}$;

4. 波形特性:方波 $t_r < 100\,\mu\text{s}$,三角波 $\gamma_{\triangle} < 3\%$,正弦波 $\gamma_{\sim} < 5\%$。

三、函数信号发生器设计的基本原理

函数信号发生器一般是指能自动产生正弦波、三角波、方波等电压波形仪器。本课题介绍由集成运算放大器与晶体管差分放大器共同组成的方波—三角波—正弦波函数发生器的设计方法。

产生正弦波、方波、三角波的方案有多种,如先产生正弦波,然后通过整形电路将正弦波变换成方波,再由积分电路将方波变成三角波;也可先产生三角波—方波,再将三角波变成正弦波或将方波变成正弦波等等。本课题只介绍先产生方波—三角波,再将三角波变换成正弦波的电路设计方法,其电路组成如图 5-2-1 所示。

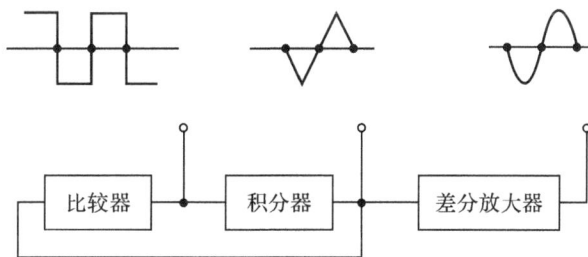

图 5-2-1 函数信号发生器组成框图

1. 方波—三角波产生电路

图 5-2-2 所示的电路能自动产生方波—三角波。电路工作原理如下:若 A 点断开,运算放大器 A_1 与 R_1、R_2 及 R_3、R_{P1} 组成电压比较器,R_1 称为平衡电阻,C_1 称为加速电容,可加速比较器的翻转。运放的反相端接地,即 $U_- = 0$,同相端接输入电压 U_{iA},比较器 A1 输出高电平等于正电源电压 $+V_{\text{CC}}$,低电平等于负电源电压 $-V_{\text{EE}}$($|-V_{\text{EE}}| = V_{\text{CC}}$),当比较器的

$U_+ = U_- = 0$ 时，比较器翻转，输出 U_{o1} 从高电平 $+V_{CC}$ 跳到低电平 $-V_{EE}$，或从低电平 $-V_{EE}$ 跳到高电平 $+V_{CC}$。设 $U_{o1} = +V_{CC}$，则：

$$U_+ = \frac{R_2}{R_2 + R_3 + RP_p}(+V_{CC}) + \frac{R_3 + RP_1}{R_2 + R_3 + RP_1}U_{iA} = 0 \tag{5-2-1}$$

将上式整理，得到比较器翻转的下门限单位 U_{iA-} 为：

$$U_{iA} = \frac{-R_2}{R_3 + RP_1}(+V_{CC}) = \frac{-R_2}{R_3 + RP_1}V_{CC} \tag{5-2-2}$$

若 $U_{o1} = -V_{EE}$，则比较器翻转的上门限电位 U_{iA+} 为：

$$U_{iA} = \frac{-R_2}{R_3 + RP_1}(-V_{CC}) = \frac{R_2}{R_3 + RP_1}V_{CC} \tag{5-2-3}$$

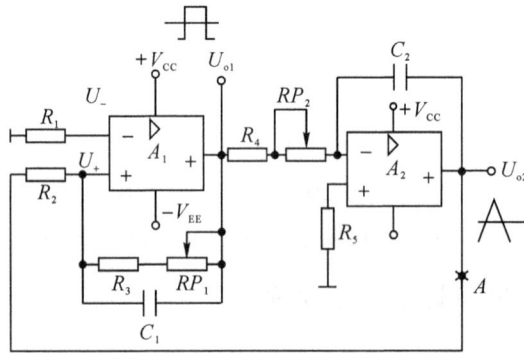

图 5-2-2　方波—三角波产生电路

比较器的门限宽度 U_H 为：

$$U_H = U_{iA+} - U_{iA-} = 2 \cdot \frac{R_2}{R_3 + RP_1}V_{CC} \tag{5-2-4}$$

比较器的电压传输特性，如图 5-2-3 所示。

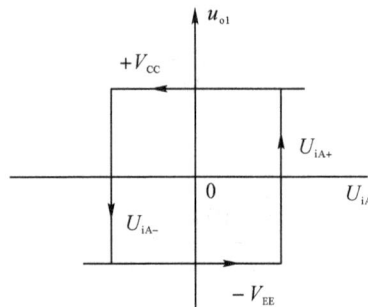

图 5-2-3　比较器电压传输特性

A 点断开后，运放 A_2 与 R_4、R_{P2}、C_2 及 R_5 组成反相积分器，其输入信号为方波 U_{o1}，则积分器的输出 U_{o2} 为：

$$U_{o2} = \frac{-1}{(R_4 + RP_2)C_2}\int U_{o1}\,dt \tag{5-2-5}$$

$U_{o1} = +V_{CC}$ 时，

$$U_{o2} = \frac{-(+V_{CC})}{(R_4 + RP_2)C_2}t = \frac{-V_{CC}}{(R_4 + RP_2)C_2}t \tag{5-2-6}$$

$U_{o1} = -V_{EE}$ 时，

$$U_{o2} = \frac{-(-V_{EE})}{(R_4 + RP_2)C_2}t = \frac{V_{CC}}{(R_4 + RP_2)C_2}t \tag{5-2-7}$$

可见积分器的输入为方波时，输出是一个上升速率与下降速率相等的三角波，其波形关系如图 5-2-4 所示。

a 点闭合，即比较器与积分器首尾相连，形成闭环电路，则自动产生方波—三角波。三角波的幅度 U_{o2m} 为：

$$U_{o2m} = \frac{R_2}{R_3 + RP_1}V_{CC} \tag{5-2-8}$$

方波—三角波的频率 f 为

$$f = \frac{R_3 + RP_1}{4R_2(R_4 + RP_2)C_2} \tag{5-2-9}$$

由式 5-2-8、式 5-2-9 可以得出以下结论：

(1)电位器 R_{P2} 在调整方波—三角波的输出频率时，不会影响输出波形的幅度。若要求输出频率范围较宽，可用 C_2 改变频率的范围，R_{P2} 实现频率微调。

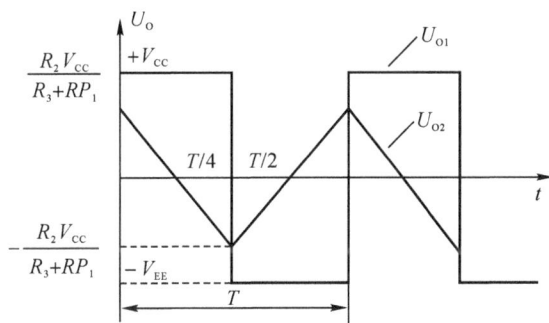

图 5-2-4　方波—三角波

(2)方波的输出幅度应等于电源电压 $+V_{CC}$。三角波的输出幅度应不超过电源电压 $+V_{CC}$。电位器 R_{P1} 可实现幅度微调，但会影响方波—三角波的频率。

2. 三角波—正弦波变换电路。

根据图 5-2-1 的组成框图，三角波—正弦波的变换电路主要由差分放大器来完成。波形变换的原理是利用差分放大器传输特性曲线的非线性。分析表明，传输特性曲线的表达式为：

$$I_{C1} = \alpha I_{E1} = \frac{\alpha I_0}{1 + e^{-U_{id}/U_T}} \tag{5-2-10}$$

$$I_{C2} = \alpha I_{E2} = \frac{\alpha I_0}{1 + e^{U_{id}/U_T}} \tag{5-2-11}$$

式中 $\alpha = I_C/I_E \approx 1$；

I_o——差分放大器的恒定电流;

U_T——温度的电压当量,当室温为 25℃时,$U_T \approx 26\text{mV}$。

如果 U_{id} 为三角波,设表达式为:

$$U_{id} = \begin{cases} \dfrac{4U_m}{T}\left(t - \dfrac{T}{4}\right) & \left(0 \leqslant t \leqslant \dfrac{T}{2}\right) \\[3mm] \dfrac{-4U_m}{T}\left(t - \dfrac{3T}{4}\right) & \left(\dfrac{T}{2} \leqslant t \leqslant T\right) \end{cases} \tag{5-2-12}$$

式中　U_m——三角波的幅度;T——三角波的周期。

将式 5-2-12 代入式 5-2-10 得

$$I_{C1}(t) = \begin{cases} \dfrac{\alpha I_0}{1 + e^{\frac{-4U_m}{U_T T}\left(t - \frac{T}{4}\right)}} & \left(0 \leqslant t \leqslant \dfrac{T}{2}\right) \\[5mm] \dfrac{\alpha I_0}{1 + e^{\frac{4U_m}{U_T T}\left(t - \frac{3T}{4}\right)}} & \left(\dfrac{T}{2} \leqslant t \leqslant T\right) \end{cases} \tag{5-2-13}$$

利用计算机对式 5-2-13 进行计算,打印输出的 $I_{c1}(t)$ 或 $I_{c2}(t)$ 曲线近似于正弦波,则差分放大器的单端输出电压 $U_{c1}(t)$、$U_{c2}(t)$ 亦近似于正弦波,从而实现了三角波—正弦波的变换,波形变换过程如图 5-2-5 所示。为使输出波形更接近正弦波,要求:

(1)传输特性曲线越对称,线性区越窄越好;

(2)三角波的幅度 U_m 应使晶体管接近饱和区或截止区。

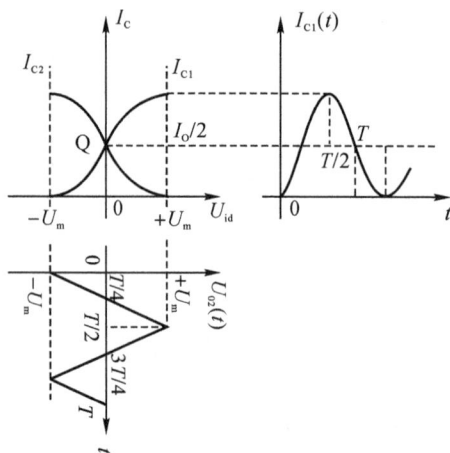

图 5-2-5　三角波—正弦波变换原理

利用差动放大器构成的三角波—正弦波变换的电路,如图 5-2-6 所示。其中 R_{P1} 调节三角波的幅度,R_{P2} 调整电路的对称性,R_{E2} 用来减少差分放大器的线性区。电 C_1、C_2、C_3 为隔直电容,C_4 为滤波电容,以虑除谐波分量,改善输出波形。

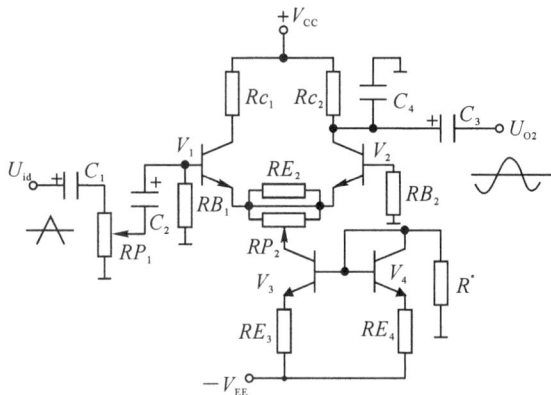

图 5-2-6　三角波—正弦波变换电路

四、函数信号发生器设计指导

1. 确定电路形成及元器件型号、参数

采用如图 5-2-7 所示电路,其中运算放大器 A_1 与 A_2 用 uA741,差分放大器采用晶体管单端输入—单端输出差分放大器电路,4 只晶体管用集成电路差分对管 BG319 或双三极管 S3DG6 等。因为方波电压的幅度接近电源电压,所以取电源电压 $+V_{CC} = +12V$,$-V_{EE} = -12V$。

2. 计算元件参数

比较器 A_1 与积分器 A_2 的元件参数计算如下。

由式 5-2-8 得

$$U_{o2m} = \frac{R_2}{R_3 + RP_1} V_{CC}$$

即

$$\frac{R_2}{R_3 + RP_1} = \frac{U_{o2m}}{V_{CC}} = \frac{4}{12} = \frac{1}{3}$$

取 $R_3 = 10k\Omega$,则 $R_3 + R_{P1} = 30k\Omega$,取 $R_3 = 20k\Omega$,R_{P1} 为 47k 的电位器。取平衡电阻 $R_1 = R_2 /\!/ (R_3 + R_{P1}) \approx 10k\Omega$。

由式 5-2-9 得

$$f = \frac{R_3 + RP_1}{4R_2(R_4 + RP_2)C_2}。$$

即 $R_4 + RP_1 = \frac{R_3 + RP_1}{4R_2 + C_2}$,当 $1Hz \leqslant f \leqslant 10Hz$ 时,取 $C_1 = 10\mu F$,$R_4 = 5.1k$,$R_{P2} = 100k$;当 $10Hz \leqslant f \leqslant 100Hz$ 时,取 $C_2 = 1\mu F$ 以实现频率波段的转换,R_4 及 R_{P2} 的取值不变。取平衡电阻 $R_5 = 10k$。

三角波—正弦波变换电路的参数选择原则是:隔直电容 C_3、C_4、C_5 要取得较大,因为输出频率很低,取 $C_3 = C_4 = C_5 = 470\mu F$,滤波电容 C_6 视输出的波形而定,若含高次谐波成分较多,C_6 一般为几十皮法至 $0.1\mu F$。$R_{E2} = 100\Omega$ 与 $R_{P4} = 100\Omega$ 相并联,以减小差分放大器的线性区。差分放大器的静态工作点可通过观测传输特性曲线,调整 R_{P4} 及电阻 $R *$ 确定。

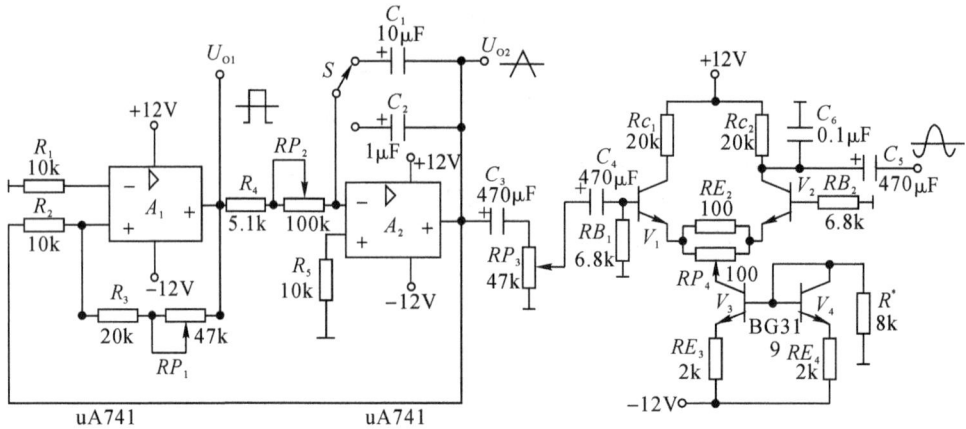

图 5-2-7　函数信号发生器原理图

五、电路安装与调试技术

图 5-2-7 所示方波—三角波—正弦波函数发生器电路是由三级单元电路组成的,在装调多级电路时,通常按照单元电路的先后顺序进行分级装调与级联。

1. 方波—三角波发生器的装调

由于比较器 A_1 与积分器 A_2 组成正反馈闭环电路,同时输出方波与三角波,这两个单元电路可以同时安装。需要注意的是,安装电位器 R_{P1} 与 R_{P2} 之前,要先将其调整到设计值($R_{P1}=10\text{k}\Omega$,$2\text{k}\Omega \leqslant R_{P2} \leqslant 70\text{k}\Omega$)。否则电路可能会不起振。只要电路接线正确,上电后,U_{o1} 的输出为方波,U_{o2} 的输出为三角波,微调 R_{P1} 使三角波的输出幅度满足设计指标要求,调节 R_{P2},则输出频率在对应波段内连续可变。

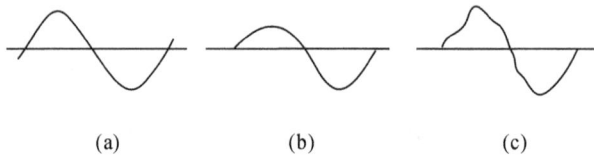

(a)　　　　　　　(b)　　　　　　　(c)

图 5-2-8　波形失真现象

2. 三角波—正弦波变换电路的装调

按照图 5-2-7 所示电路,装调三角波—正弦波变换电路。电路的调试步骤如下:

(1)经电容 C_4 输入差模信号电压 $U_{id}=50\text{mV}$,$f_i=100\text{Hz}$ 的正弦波。调节 R_{P4} 及电阻 R^*,使传输特性曲线对称。再逐渐增大 U_{id},直到传输特性曲线形状如图 5-2-5 所示,记下此时对应的 U_{id},即 U_{idm} 值。移去信号源,再将 C_4 左端接地,测量差分放大器的静态工作点 I_o、U_{C1}、U_{C2}、U_{C3}、U_{C4}。

(2)将 R_{P3} 与 C_4 连接,调节 R_{P3} 使三角波的输出幅度经 R_{P3} 后输出等于 U_{idm} 值,这时 U_{o3} 的输出波形应接近正弦波,调整 C_6 大小可以改善输出波形。如果 U_{o3} 的波形出现如图 5-2-8所示的几种正弦波失真,则应调整和修改电路参数,产生失真的原因及采取的相应措施有：

①钟形失真，如图(a)所示，传输特性曲线的线性区太宽，应减小 RE_2。

②半波圆顶或平顶失真，如图(b)所示，传输特性曲线对称性差，工作点 Q 偏上或偏下，应调整 R^*。

③非线性失真，如图(c)所示，三角波的线性度较差引起的非线性失真，主要受运放性能的影响。可在输出端加滤波网络(如 $C_6 = 0.1\mu F$)改善输出波形。

(3) 性能指标测量与误差分析

①方波输出电压 $U_{p-p} \leqslant 2V_{CC}$ 是因为运放输出级由 NPN 型与 PNP 型两种晶体管组成复合互补对称电路，输出方波时，两管轮流截止与饱和导通，由于导通时输出电阻的影响，使方波输出度小于电源电压值。

② 方波上升时间 t_r，主要受运算放大器转换速率的限制。如果输出频率较高，可接入加速电容 C_1，一般为几十皮法。用示波器或脉冲示波器测量 t_r。

实例三　多路智力竞赛抢答器设计

学校、工厂和电视台等单位常举办各种智力竞赛，经常会有抢答的环节，如果让选手通过举答题板的方法判断选手的答题权，这在某种程度上会因为主持人的主观误断造成比赛的不公平性。为解决这个问题，设计了一个低成本而又能满足需要的八路数显抢答器。

一、设计目的

1. 结合所学的数字电子技术基础进行数字电路课程设计。

2. 进一步掌握编码器、译码器及计数器等集成电路的工作原理，巩固数字电路理论知识，同时在设计过程中增强实际的动手能力。

3. 掌握抢答器的工作原理及其设计方法。

二、设计内容及要求

1. 基本功能

(1) 设计一个智力竞赛抢答器，可同时供 8 名选手或 8 个代表队参加比赛，他们的编号分别是 0、1、2、3、4、5、6、7，各用一个抢答按钮，按钮的编号与选手的编号相对应，分别是 S_0、S_1、S_2、S_3、S_4、S_5、S_6、S_7。

(2) 给节目主持人设置一个控制开关，用来控制系统的清零(编号显示数码管灭灯)和抢答的开始。

(3) 抢答器有数据锁存和显示功能。抢答开始后，若有选手按动抢答按钮，编号立即锁存，并在 LED 数码管上显示出选手的编号，同时扬声器给出音响提示。此外，要封锁输入电路，禁止其他选手抢答。优先抢答选手的编号一直保持到主持人将系统清零为止。

2. 扩展功能

(1) 抢答器具有定时抢答的功能，且一次抢答的时间可以由主持人设定(如 30s)。当节目主持人启动"开始"键后，要求定时器立即减计时，并用显示器显示，同时扬声器发出声响。

（2）参赛选手在设定的时间内抢答，抢答有效，定时器停止工作，显示器上显示选手的编号和抢答时刻的时间，并保持到主持人将系统清零为止。

（3）如果定时抢答的时间已到，却没有选手抢答时，本次抢答无效，系统短暂报警，并封锁输入电路，禁止选手超时后抢答，时间显示器上显示 00。

三、抢答器的组成框图

定时抢答器的总体框图如图 5-3-1 所示，它由主体电路和扩展电路两部分组成。主体电路完成基本的抢答功能，即开始抢答后，当选手按动抢答键时，能显示选手的编号，同时能封锁输入电路，禁止其他选手抢答。扩展电路完成定时抢答的功能。

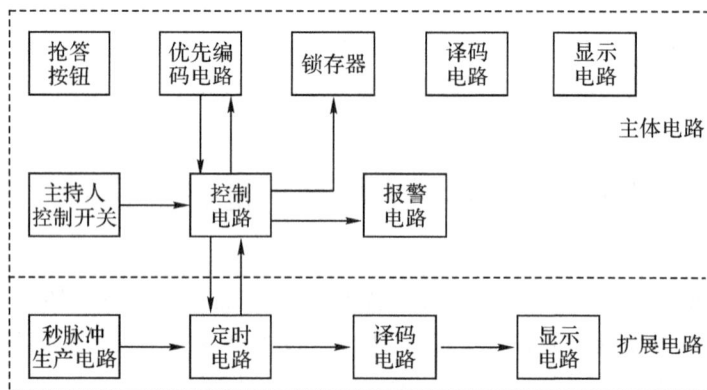

图 5-3-1　抢答器总体框图

图 5-3-1 所示的定时抢答器的工作过程是：接通电源时，节目主持人将开关置于"清除"位置，抢答器处于禁止工作状态，编号显示器灭灯，定时显示器显示设定的时间，当节目主持人宣布抢答题目后，说一声"抢答开始"，同时将控制开关拨到"开始"位置，扬声器给出声响提示，抢答器处于工作状态，定时器倒计时。当定时时间到，却没有选手抢答时，系统报警，并封锁输入电路，禁止选手超时后抢答。当选手在定时时间内按动抢答键时，抢答器要完成以下四项工作：①优先编码电路立即分辨出抢答者的编号，并由锁存器进行锁存，然后由译码显示电路显示编号；②扬声器发出短暂声响，提醒节目主持人注意；③控制电路要对输入编码电路进行封锁，避免其他选手再次进行抢答；④控制电路要使定时器停止工作，时间显示器上显示剩余的抢答时间，并保持到主持人将系统清零为止。当选手将问题回答完毕，主持人操作控制开关，使系统回复到禁止工作状态，以便进行下一轮抢答。

四、电路设计

1. 抢答电路设计

抢答电路的功能有两个：一是能分辨出选手按键的先后，并锁存优先抢答者的编号，供译码显示电路用；二是要使其他选手的按键操作无效。选用优先编码器 74LS148 和 RS 锁存器 74LS279 可以完成上述功能，其电路组成如图 5-3-2 所示。

其工作原理是：当主持人控制开关处于"清除"位置时，RS 触发器的 $\overline{R}$ 端为低电平，输

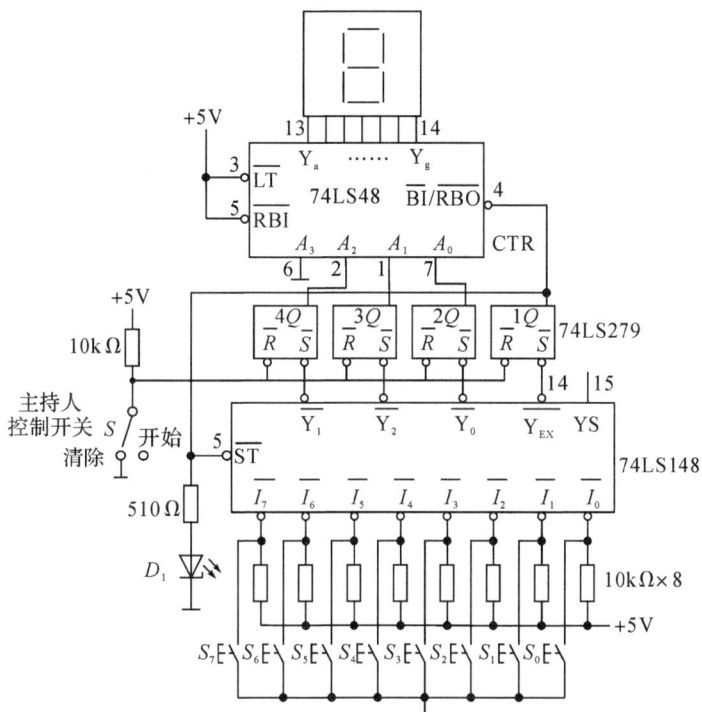

图 5-3-2　抢答电路

出端($4Q\sim 1Q$)全部为低电平。于是 74LS48 的 $\overline{BI}=0$,显示器灭灯;74LS148 的选通输入端 $\overline{ST}=0$,74LS148 处于工作状态,此时锁存电路不工作。当主持人开关拨到"开始"位置时,优先编码电路和锁存电路同时处于工作状态,即抢答器处于等待工作状态,等待输入端 $\overline{I_7}$ …$\overline{I_0}$ 输入信号,当有选手将键按下时(如按下 S5),74LS148 的输出 $\overline{Y_2}\,\overline{Y_1}\,\overline{Y_0}=010$,$\overline{Y_{EX}}=0$,经 RS 锁存器后,CTR=1,$\overline{BI}=1$,74LS279 处于工作状态,$4Q3Q2Q=101$,经 74LS48 译码后,显示器显示出"5"。此外,CTR=1,使 74LS148 的 $\overline{ST}$ 端为高电平,74LS148 处于禁止工作状态,封锁了其他按键的输入。当按下的键松开后,74LS148 的为 $\overline{Y_{EX}}$ 高电平,但由于 CTR 维持高电平不变,所以 74LS148 仍处于禁止工作状态,其他按键的输入信号不会被接收。这就保证了抢答者的优先性以及抢答电路的准确性。当优先抢答者回答完问题后,由主持人操作控制开关 S,使抢答电路复位,以便进行下一轮抢答。

2. 定时电路设计

节目主持人根据抢答题的难易程度,设定一次抢答的时间,通过预置时间电路对计数器进行预置,选用十进制同步加/减计数器 74LS192 进行设计,计数器的时钟脉冲由秒脉冲电路提供。具体电路如图 5-3-3 所示。

3. 报警电路设计

由 555 定时器和三极管构成的报警电路如图 5-3-4 所示。其中 555 构成多谐振荡器,振荡频率

$$f_\circ=\frac{1}{(R_1+2R_2)C\ln 2}\approx\frac{1.43}{(R_1+2R_2)C}$$

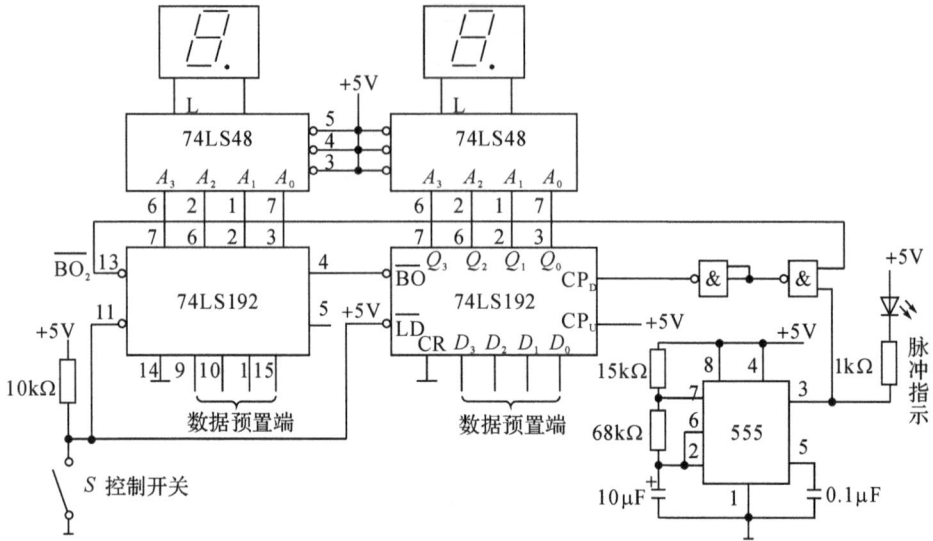

图 5-3-3 可预置时间的定时电路

其输出信号经三极管推动扬声器。PR 为控制信号,当 PR 为高电平时,多谐振荡器工作,反之,电路停振。

4. 时序控制电路设计

时序控制电路是抢答器设计的关键,它要完成以下三项功能:

① 主持人将控制开关拨到"开始"位置时,扬声器发声,抢答电路和定时电路进入正常抢答工作状态。

② 当参赛选手按动抢答键时,扬声器发声,抢答电路和定时电路停止工作。

③ 当设定的抢答时间到,无人抢答时,扬声器发声,同时抢答电路和定时电路停止工作。

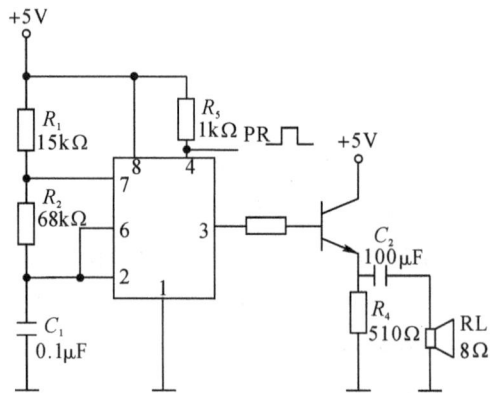

图 5-3-4 报警电路

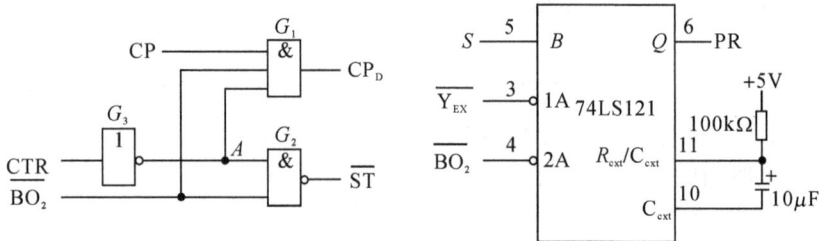

图 5-3-5 时序控制电路

根据上面的功能要求以及图 5-3-2 和图 5-3-3,设计的时序控制电路如图 5-3-5 所示。

图中，门 G_1 的作用是控制时钟信号 CP 的通行与禁止，门 G_2 的作用是控制 74LS148 的输入使能端 $\overline{ST}$。

图 5-3-5 的工作原理是：主持人控制开关从"清除"位置拨到"开始"位置，来自于图 5-3-2 中的 74LS279 的输出 $CTR=0$，经 G_3 反相，$A=1$，则从 555 输出端来的时钟信号 CP 能够加到 74LS192 的 CPD 时钟输入端，定时电路进行递减计时。同时，在定时时间未到时，来自于图 5-3-3 中 74LS192 的借位输出端 $\overline{Y_{EX}}$，门 G_2 的输出 $\overline{ST}=0$，使 74LS148 处于正常工作状态，从而实现功能①的要求。当选手在定时时间内按动抢答键时，$CTR=1$，经 G_3 反相，$A=0$，封锁 CP 信号，定时器处于保持工作状态；同时，门 G_2 的输出 $\overline{ST}=1$，74LS148 处于禁止工作状态，从而实现功能②的要求。当定时时间到时，来自 74LS192 的 $\overline{BO_2}=0$，$\overline{ST}=1$，74LS148 处于禁止工作状态，禁止选手进行抢答。同时门 G_1 处于关门状态，封锁 CP 信号，使定时电路保持 00 状态不变，从而实现功能③的要求。74LS121 用于控制报警电路及发声的时间。

5. 整机电路设计

经过以上各单元电路的设计，可以得到定时抢答器的整机电路，如图 5-3-6 所示。

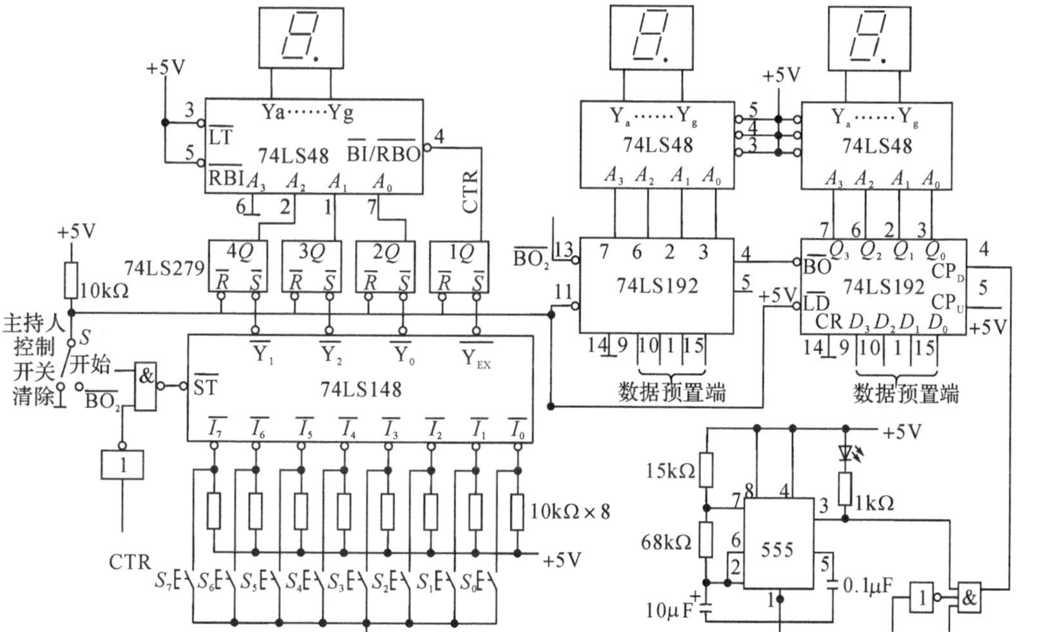

图 5-3-6　定时抢答器的整机电路

实例四　数字电压表的设计

数字电压表的基本原理,是对直流电压进行模数转换,其结果用数字直接显示出来,按其工作原理可分为积分式和比较式两大类。

一、设计目的

1. 掌握数字电压表的设计、组装与调试方法。
2. 熟悉集成电路 MC14433,MC1413,CD4511 和 MC1403 的使用方法,并掌握其工作原理。

二、设计内容和要求

1. 设计数字电压表电路。
2. 测量范围:直流电压 0V～1.999V,0V～19.99V,0V～199.9V,0V～1999V。
3. 组装调试 $3\frac{1}{2}$ 位数字电压表。
4. 画出数字电压表电路原理图,写出总结报告。
5. 选做内容:自动切换量程。

三、数字电压表的基本原理

数字电压表是将被测模拟量转换成数字量,并进行实时数字显示的数字系统。

该系统(如图 5-4-1 所示)可由 MC14433、$3\frac{1}{2}$ 位 A/D 转换器、MC14433 七路达林顿驱动器系列、CD4511BCD 到七段锁存—译码—驱动器、能隙基准电源 MC1403 和共阴极 LED 发光数码管组成。

本系统是 $3\frac{1}{2}$ 位数字电压表,$3\frac{1}{2}$ 位是指十进制数 0000～1999,所谓 3 位是指个位、十位、百位,其数字范围均为 0～9。而所谓半位是指千位数,它不能从 0 变化到 9,而只能由 0 变到 1,即二值状态,所以称为半位。

各部分的功能如下:

$3\frac{1}{2}$ 数字电压表通过位选信号 DS$_1$～DS$_4$ 进行动态扫描显示,由于 MC14433 电路的 A/D 转换结果是采用 BCD 码多路调制方法输出,只要配上一块译码器,就可以将转换结果以数字方式实现四位数字的 LED 发光数码管动态扫描显示。DS$_1$～DS$_4$ 输出多路调制选通脉冲信号,DS 选通脉冲为高电平,则表示对应的数位被选通,此时该位数据在 Q_0～Q_3 端输出。每个 DS 选通脉冲高电平宽度为 18 个时钟脉冲周期,两个相邻选通脉冲之间间隔 2 个时钟脉冲周期。DS 和 EOC 的时序关系是在 EOC 脉冲结束后,紧接着是 DS$_1$ 输出正脉冲,以下依次为 DS$_2$,DS$_3$ 和 DS$_4$。其中 DS$_1$ 对应最高位(MSD),DS$_4$ 则对应最低位(LSD)。在对应 DS$_2$,DS$_3$ 和 DS$_4$ 选通期间,Q_0～Q_3 输出千位的半位数 0 或 1 及过量程,欠量程和极性标志信号。

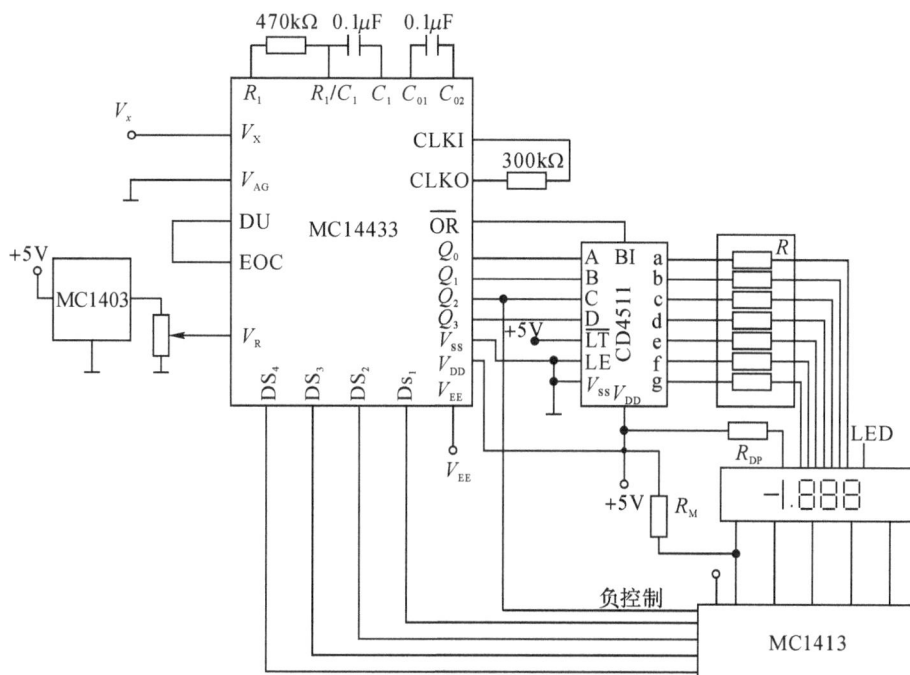

图 5-4-1　$3\frac{1}{2}$ 位数字电压表图

在位选信号 DS1 选通期间 $Q_0 \sim Q_7$ 的输出内容如下：

Q_3 表示千位数，$Q_3 =$ "0"代表千位数的数字显示为 1，$Q_3 =$ "1"代表千位数的数字显示为 0。

Q_2 表示被测电压的极性，Q_2 的电平为"1"，表示极性为正，即 $V_x > 0$，Q_2 的电平为"0"，表示极性为负，即 $V_x < 0$。显示数的负号（负电压）由 MC1413 中的一只晶体管控制，符号位的"—"阴极与千位数阴极接在一起，当输入信号 V_x 为负电压时，Q_2 端输出置"0"，Q_2 负号控制位使得驱动器不工作，通过限流电阻 RM 使显示器的"—"（即 g 段）点亮；当输入信号 V_x 为正电压时，Q_2 端输出置"1"，负号控制位使达林顿管导通，电阻 RM 接地，使"—"旁路而熄灭。

小数点显示是由正电源通过限流电阻 RDP 供电燃亮小数点。若量程不同则选通对应的小数点。

过量程是当输入电压 VX 超过规定的量程范围时，输出过量程标志信号 $\overline{OR}$。

当 $Q_3 =$ "0"，$Q_1 =$ "1"时，表示 V_x 处于过量程状态。

当 $Q_3 =$ "1"，$Q_1 =$ "1"时，表示 V_x 处于欠量程状态。

当 $\overline{OR} = 0$ 时，$|V_x| > 1999$ 则溢出。$|V_x| > VR$ 则输出低电平。

当 $\overline{OR} = 1$ 时，表示 $|V_x| < VR$。平时 $\overline{OR}$ 为高电平，表示被测量在量程内。

MC14433 的 $\overline{OR}$ 端与 $MC4511$ 的消隐端 $\overline{BI}$ 直接相连，当 V_x 超出量程范围时，则 $\overline{OR}$ 输出低电平，即 $\overline{OR} = 0 \rightarrow \overline{BI} = 0$，MC4511 译码器输出全 0，使发光数码管显示数字熄灭，而负号

和小数点依然发亮。

四、器件简介

1. A/D 转换器——MC14433

在数字仪表中，MC14433 电路是一个低功耗 $3\frac{1}{2}$ 位双积分式 A/D 转换器。MC14433 电路总框图如图 5-4-2 所示，由图 5-4-2 可知，MC14433A/D 转换器主要由模拟部分和数字部分组成。使用时只要外接两个电阻和两个电容就能执行 $3\frac{1}{2}$ 位的 A/D 转换器。

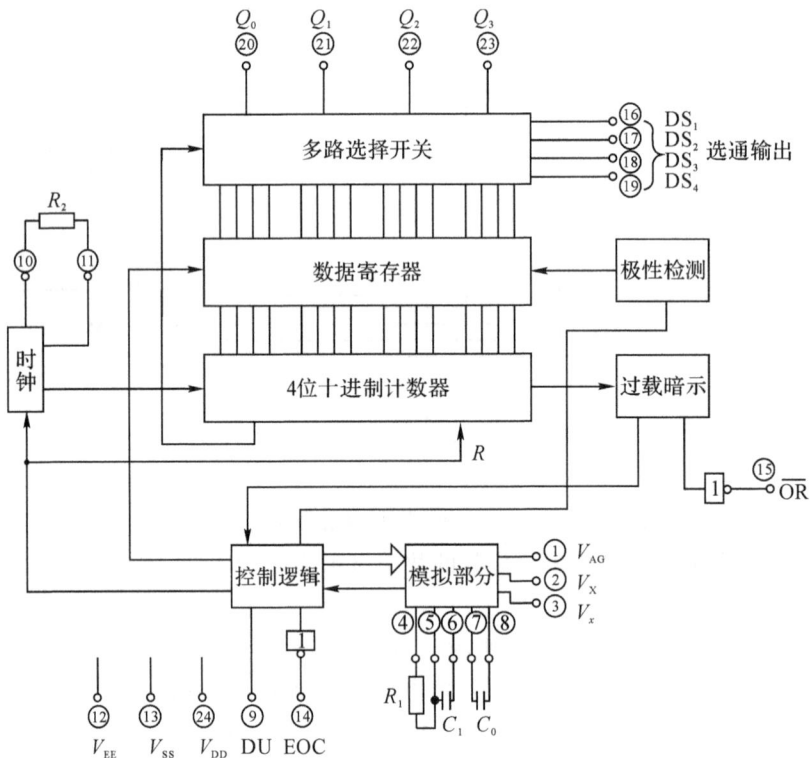

图 5-4-2　MC14433 电路总框图

(1)模拟部分：图 5-4-3 为 MC14433 内部模拟电路的工作原理示意图。其中共有 3 个运算放大器 A_1，A_2，A_3 和 10 多个电阻模拟开关，A_1 接成电压跟随器，以提高 A/D 转换器的输入阻抗，由于 A_1 采用 CMOS 电路，因此输入阻抗可达 $100\text{M}\Omega$ 以上。A_2 和外接的 R_1、C_1 构成一个积分放大器，完成 V/T 即电压—时间的转换。A_3 接成电压比较器，主要功能是完成"0"电平检出，由输入电压与零电压进行比较，根据两者的差值决定输出是 1 还是 0。比较器的输出用作内部数字控制电路的一个判别信号。电容器 C_0 为自动调零失调补偿电容。

(2)数字部分：包括图 5-4-2 中除"模拟部分"以外的部分。其中四位十进制计数器为 $3\frac{1}{2}$ 位 BCD 码计数器，对反积分时间进行计数（0～1999），并送到数据寄存器；数据寄存器

为 $3\frac{1}{2}$ 为 BCD 码计数器,在控制逻辑和实时取数信号(DU)作用下,锁定和存储 A/D 转换结果;多路选择开关,从高位到低位逐位输出多路调制 BCD 码 $Q_0 \sim Q_3$,并输出相应位的多路选通脉冲标志信号,以及过量程等功能标志信号,在对基准电压 VR 进行积分时,令 4 位计数器开始计数,完成 A/D 转换;时钟发生器,它通过外接电阻构成的反馈,并利用内部电容形成振荡,产生节拍时钟脉冲,使电路统一动作,这是一种施密特触发式正反馈 $R-C$ 多谐振荡器,一般外接电阻为 360kΩ 时,振荡频率则为 100kHz,当外接电阻为 470kΩ 时,振荡频率则为 66kHz,当外接电阻为 750kΩ 时,振荡频率则为 50kHz。若采用外时钟频率,则不要外接电阻,外部时钟频率信号从 CLKI(⑩脚)端输入,时钟脉冲 CP 信号可从 CLKO(⑪脚)获得;极性检测,显示输入电压 Vx 的正负极性;过载指示(溢出),当输入电压 Vx 超出量程范围时,输出过量标志 $\overline{OR}$。

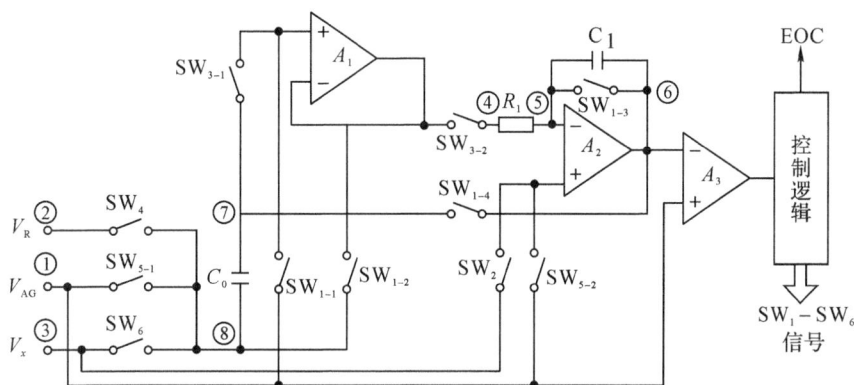

图 5-4-3　模拟电路工作原理示意图

　　MC14433A/D 转换器是双斜积分,采用电压—时间间隔(V/T)方式,通过先后对被测电压模拟量 V_x 和基准电压 VR 的两次积分,将输入的被测电压转换成与其平均值成正比的时间间隔,用计数器测出这个时间间隔内的脉冲数目,即可得到被测电压的数字值。

　　双积分过程可以由下面的式子表示:

$$V_{o1} = -\frac{1}{R_1 C_1}\int_{t_1}^{t_2} V_x dt = -\frac{V_x}{R_1 C_1}T_1$$

$$V_{o2} = -\frac{1}{R_1 C_1}\int_{t_2}^{t_3} V_R dt = -\frac{V_R}{R_1 C_1}T_x$$

　　因 $V_{o1} = V_{o2}$,故有 $V_x = \frac{T_x}{T_1}V_R$

　　式中,$T_1 = 4000T_{CP}$,T_1 是定时间,T_x 是变时间,有 $R_1 C_1$ 确定频率,若用时钟脉冲数 N 来表示时间 T_x,则被测电压就转换成了相应的脉冲数,实现了 A/D 转换。

　　如何选择积分的选择应根据实际条件而定,若时钟频率为 66kHz,C_1 一般取 $0.1\mu F$,R_1 的选取与量程有关,量程为 2V 时,取 $R_1 = 470kΩ$,量程为 200mV 时,取 $R_1 = 27kΩ$。

　　选取 R_1 和 C_1 的计算公式如下:

$$R_1 = \frac{V_{x(max)}}{C_1}\frac{T}{\Delta V_C}$$

式中,ΔV_C 为积分电容上充电电压幅度

$$\Delta V_C = V_{DD} - V_{X(\max)} - \Delta V$$

$$\Delta V = 5\text{V}$$

$$T = 4000 \times \frac{1}{f_{CLK}}$$

例如,假定 $C_1 = 0.1\mu\text{F}$,$V_{DD} = 5\text{V}$,$f_{CLK} = 66\text{kHz}$。当 $V_{X(\max)} = 2\text{V}$ 时,代入公式可得 R_1 $= 480\text{k}\Omega$,取 $R1 = 470\text{k}\Omega$。$3\frac{1}{2}$ A/D 转换器设计了自动调零线路,其中缓冲器和积分

器采用模拟调零方式,而比较器采用数字调零方式。在自动调零时,把缓冲器和积分器的失调电压存放在一个失调补偿电容 C_0 上,而比较器的失调电压用数字形式存放在内部的寄存器中,A/D 转换系统自动扣除电容上和寄存器中的失调电压,就可得到精确的转换结果。

A/D 转换器周期约需 16000 个时钟脉冲数,若时钟频率为 48kHz,则每秒可转换 4 次。

MC14433 采用 24 引线双列直插式封装,外引脚排列如图 5-4-4 所示,个引脚端功能说明如下:

①端:V_{AG},模拟地,是高阻输入端,作为输入被测电压 V_X 和基准电压 V_R 的参考点地。

②端:V_R,基准电压端,是外接基准电压输入端,若此端加一个大于 5 个时钟周期的负脉冲(V_{EE} 电平),则系统复位到转换周期的起点。

③端:V_X,是被测电压输入端。

④端:R_1,外接积分电阻端。

⑤端:$R_1/C1$,外接积分元件电阻和电容的接点。

⑥端:C_1,外接积分电容端,积分波形由该端输出。

⑦和⑧端:C_{01} 和 C_{02},外接失调补偿电容端。推荐该两端外接失调补偿电容 C_0 取 $0.1\mu\text{F}$。

⑨端:DU,实时输出控制端,主要控制转换结果的输出,若在比积分放电周期即阶段 5 开始前,在 DU 端输入一正脉冲,则该周期转换结果将被送入输出锁存器并经多路开关输出,否则输出端继续输出锁存器中原来的转换结果,若该端通过一电阻和 EOC 短接,则每次转换的结果都将被输出。

⑩端:CLK_1,时钟信号输入端。

⑪端:CLK_0,时钟信号输出端。

⑫端:V_{EE},负电源端,是整个电路的电源最负端,主要作为模拟电路部分的负电源,该端典型电流约为 0.8mA,所有输出驱动器的电流不流过该端,而是流向 V_{SS} 端.

⑬端:负电源。

⑭端:EOC,转换周期结束标志输出端,每一个 A/D 转换周期结束,EOC 端输出一正脉冲,其脉冲宽度为时钟信号周期的 1/2。

⑮端:$\overline{OR}$,过量程标志输出端,当 $|V_X| > V_R$ 时,$\overline{OR}$ 输出低电平,正常量程内 $\overline{OR}$ 为高

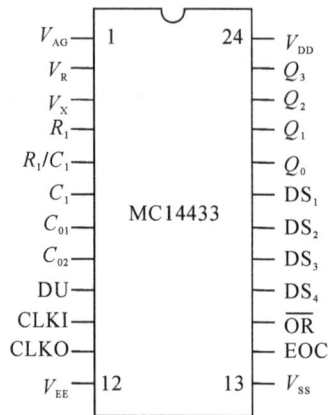

图 5-4-4　MC14433 顶视图

电平。

⑯~⑲端：对应为 $DS_4 \sim DS_1$，分别是多路调制选通脉冲信号个位、十位、百位和千位输出端。当 DS 端输出高电平时，表示此刻 $Q_0 \sim Q_3$ 输出的 BCD 代码是该对应位上的数据。

⑳~㉓端：对应为 $Q_0 \sim Q_3$，分别是 A/D 转换结果数据输出 BCD 代码的最低位(LSB)、次低位、次高位、和最高位。

㉔端：V_{DD}，整个电路的正电源端。

（3）七段锁存－译码－驱动器 CD4511

CD4511 是专用于将二－十进制代码(BCD)转换成七段显示信号的专用标准译码器，它有 4 位闪锁，七段译码电路和驱动器 3 部分组成，如图 5-4-5 所示。

a) 四位闪锁(LATCH)：它的功能是将输入的 A、B、C 和 D 代码寄存起来，该电路具有锁存功能，在锁存允许端 LE 端(即 LATCH ENABLE)控制下起闪锁电路的作用。

当 LE＝"1"时，闪锁器处于锁存状态，4 位闪锁封锁输入，此时它的输出为前一次 LE＝"0"时输入的 BCD 码；

当 LE＝"0"时，闪锁器处于选通状态，输出即为输入的代码。

由此可见，利用 LE 端的控制作用可以将某一时刻的输入 BCD 代码寄存下来，使输出不再随输入变化。

b) 七段译码电路：将来自 4 位闪锁输出的 BCD 代码译成七段显示码输出，MC4511 中的七段译码器有两个控制端：

①$\overline{LT}$(LAMPTEST)灯测试端。当 $\overline{LT}$＝"0"时，七段显示译码器输出全"1"，发光数码管各段全亮显示；当 $\overline{LT}$＝"1"时，译码器输出状态由 $\overline{BI}$ 端控制。

②$\overline{BI}$(BLANKING)消隐端。当 $\overline{BI}$＝"0"时，控制译码器为全"0"输出，发光数码管各段熄灭。$\overline{BI}$＝"1"时，译码器正常输出，发光数码管正常显示。

上述两个控制端配合使用，可使译码器完成显示上的一些特殊功能。

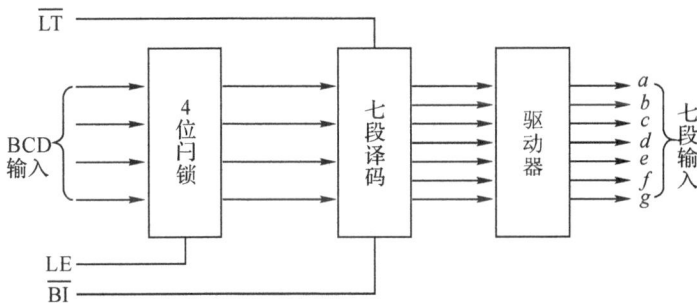

图 5-4-5　CD4511 功能图　　　　　　　　　图 5-4-6

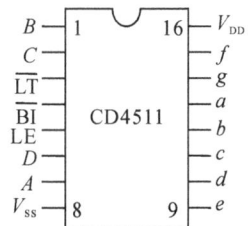

c) 驱动器：利用内部设置的 NPN 管构成的射极输出器，加强驱动能力，使译码器输出驱动电流可达 20mA。

CD4511 电源电压 V_{DD} 范围为 5V~15V。它可与 NMOS 电路或 TTL 电路兼容工作。

CD4511 采用 16 引脚双列直插式封装(见图 5-4-6)。其真值表见表 5-4-1。

使用 CD4511 时应注意输出端不允许短路，应用时电路输出端需外接限流电阻。

表 5-4-1　CD4511 真值表

输入							输出							
LE	$\overline{BI}$	$\overline{LT}$	D	C	B	A	a	b	c	d	e	f	g	显示
×	×	0	×	×	×	×	1	1	1	1	1	1	1	8
×	0	1	×	×	×	×	0	0	0	0	0	0	0	暗
0	1	1	0	0	0	0	1	1	1	1	1	1	0	0
0	1	1	0	0	0	1	0	1	1	0	0	0	0	1
0	1	1	0	0	1	0	1	1	0	1	1	0	1	2
0	1	1	0	0	1	1	1	1	1	1	0	0	1	3
0	1	1	0	1	0	0	0	1	1	0	0	1	1	4
0	1	1	0	1	0	1	1	0	1	1	0	1	1	5
0	1	1	0	1	1	0	0	0	1	1	1	1	1	6
0	1	1	0	1	1	1	1	1	1	0	0	0	0	7
0	1	1	1	0	0	0	1	1	1	1	1	1	1	8
0	1	1	1	0	0	1	1	1	1	0	0	1	1	9
0	1	1	1	0	1	0	0	0	0	0	0	0	0	暗
0	1	1	1	0	1	1	0	0	0	0	0	0	0	暗
0	1	1	1	1	0	0	0	0	0	0	0	0	0	暗
0	1	1	1	1	0	1	0	0	0	0	0	0	0	暗
0	1	1	1	1	1	0	0	0	0	0	0	0	0	暗
0	1	1	1	1	1	1	0	0	0	0	0	0	0	暗
1	1	1	×	×	×	×	取决于原来 LE＝0 时的 BCD 码							

（4）七路达林顿驱动器阵列 MC1413

MC1413 采用 NPN 达林顿复合晶体管的结构,因此具有很高的电流增益和很高的输入阻抗,可直接接受 MOS 或 CMOS 集成电路的输出信号,并把电压信号转换成足够大的电流信号驱动各种负载。该电路内含有 7 个集电极开路反相器(也称 OC 门)。MC14433 电路结构和引脚如图 5-4-7 所示,它采用 16 引脚的双列直插式封装。每一驱动器输出端均接有一释放电感负载能量的抑制二极管。

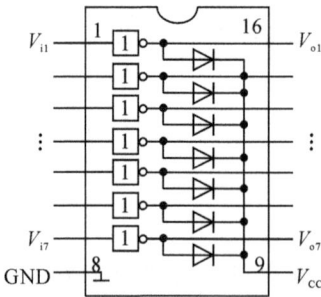

图 5-4-7　MC1413 引脚和电路结构图

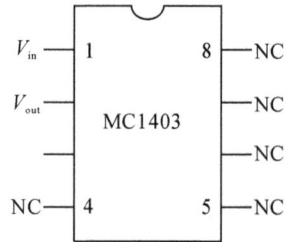

图 5-4-8　MC1403 顶视图

（5）高精度低漂移能隙基准电源 MC1403

MC1403 的输出电压 V_o 的温度系数为零,即输出电压与温度无关。该电路的特点是:

①温度系数小;②噪声小;③输入电压范围大,稳定性好,当输入电压从+4.5V变化到+15V时,输出电压值变化量 $\Delta V_O < 3mV$;④输出电压值准确度较高, V_O 值在 2.475~2.525V以内;⑤压差小,适用于低压电源;⑥负载能力小,该电源最大输出电流为10mA。MC1403用8条引线双列直插标准封装,如图 5-4-8 所示。

五、调试要点

1. 加电源电压。 $V_{DD} = +5V$, $V_{EE} = -5V$。

2. 用示波器观察 MC14433 的 11 脚 f_{CLK} 时钟频率。调整电阻 R_2,使 $f_{CLK} = 66kHz$。

(1)采用稳压电源,调整其输出电压为 1.999V 或 199mV,以此作为模拟量输入信号 V_X,此值需用标准数字电压表监视,然后调整基准电压 V_R 的电位器,使 LED 显示量为 1.999V 或 199mV 时,此时将电位器值固定好。

(2)观察 MC14433 第 6 脚处的积分波形。调整电阻 R_1 的值使 V_X 为 1.999V 或 199mV 时,积分器输出既不饱和,又能得到最大不失真的摆幅。

(3)检查自动调零功能。当 MC14433 的端子 V_X 与 V_{AG} 短路或 V_X 端没有信号输入时,LED 显示器应显示 0000。

(4)检查超量程溢出功能。调节 V_X 值,当 V_X 为 2V(或 $|V_X| > V_R$),观察 LED 发光数码管有否闪烁显示告警作用,此时 $\overline{OR}$ 应为低电平。

(5)检查自动极性转换功能。将 +1.999V 和 -1.999V 先后加到 V_X 端,两次读数之差为翻转误差,根据 MOTOROLA 公司规定,正负极性转换时允许个位有 ±1 个字的误差。

(6)测试线性度误差。将输入信号 V_X 从 0V 增大到 1.999V,输出几个采样值,其 V_X 值用标准数字电压表监视,然后与 LED 显示数值相比较,其最大偏差为线性误差。

(7)将信号电压 V_X 极性变反,重复步骤(8)。

(8) 当 MC14433 的第 9 脚与第 4 脚直接相连时,观察 EOC 信号有否? 当 DU 端置"0"时,观察 LED 显示数字是否锁存。

(9)调试分压器,检查各量程是否准确。

六、供参考选择的元器件

1. MC14433 　　　1 片

2. CD4511 　　　1 片

3. MC1413 　　　1 片

4. MC1403 　　　1 片

5. CD4051 　　　1 片

6. 74LS194 　　　1 片

7. LM324 　　　1 片

8. 七段显示器　　4 片

9. 电阻、电容、导线等

参 考 题 目

题目一　三极管 β 值数显式测量电路设计

设计任务和要求：

(1) 可测量 NPN 硅三极管的直流电流放大系数 β 值(设 $\beta<200$)。测试条件如下：

① $I_B=10\mu A$，允许误差为 $\pm2\%$。

② $14V\leqslant V_{CE}\leqslant16V$，且对于不同 β 值的三极管，V_{CE} 的值基本不变。

(2) 该测量电路制作好后，在测试过程中不需要进行手动调节，便可自动满足上述测试条件。

(3) 用二只 LED 数码管和一只发光二极管构成数字显示器。发光二极管用来显示最高位，它的亮状态和暗状态分别代表"1"和"0"，二只数码管分别用来显示拾位和个位，即数字显示器可显示不超过 199 的正整数和零。

(4) 测量电路应设有 E、B 和 C 三个插孔。当被测管插入插孔后，打开电源，显示器应自动显示出被测三极管的 β 值，响应时间不超过两秒钟。

题目二　功率放大器的设计

设计任务：

设计一个音响系统放大器。具体要求如下：

(1) 负载阻抗　　$R_L=4\Omega$；

(2) 额定功率　　$P_O=10W$；

(3) 带宽　　　　$BW\geqslant50Hz\sim15kHz$；

(4) 失真度　　　$\gamma<1\%$；

(5) 音调控制　　低音(100Hz)$\pm12dB$；

　　　　　　　　高音(10kHz)$\pm12dB$；

(7) 输入灵敏度　话筒输入端$\leqslant5mV$；

　　　　　　　　调谐器输入端$\leqslant100mV$；

(8) 输入阻抗　　$R_i\geqslant500k\Omega$；

(9) 整机效率　　$\eta\geqslant50\%$；

题目三　电子音乐门铃的设计

设计一个可以演奏乐曲的红外线遥控电子门铃，其原理框图如图所示：

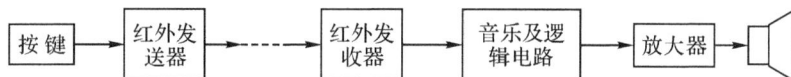

设计要求：

（1）按一下按键,电子音乐门铃奏响三遍主旋律乐曲；

（2）用不同的音乐来区别家人和客人；

（3）乐曲的音阶限于 12 个音阶内,C 调 2/4、4/4 拍、节拍频率 1Hz,C 调音阶频率表如下：

音　阶	频率（Hz）	音　阶	频率（Hz）	音　阶	频率（Hz）
$\dot{7}$	1661.22	7	830.61	7	415.31
$\dot{6}$	1479.98	6	739.99	$\dot{6}$	370
$\dot{5}$	1318.52	5	659.33	$\dot{5}$	329.63
$\dot{4}$	1174.66	4	587.33	$\dot{4}$	293.67
$\dot{3}$	1108.73	3	554.37	$\dot{3}$	277.19
$\dot{2}$	987.76	2	493.88	$\dot{2}$	246.94
$\dot{1}$	880	1	440	$\dot{1}$	220

（4）作用距离不小于 2m；

（5）放大器输出功率 $P_O = 1W$；

（6）节拍频率在 0.5Hz～1Hz 范围内可调；

题目四　晶体管电流放大系数 β 自动检测分选仪设计

1. 功能要求：

选用低频小功率 NPN 管,测量直流电流放大系数；

（1）β 值的分档要求:50～80,80～120,120～180,180～270,270～400,对应的分档号分别用 1、2、3、4、5 表示,并用数码管显示；

（2）对应的色标分别是绿、蓝、紫、灰、白；

（3）β 值不在上述范围内的三极管,由数码管显示 0 来表示；

2. β 值自动分选仪参考原理框图

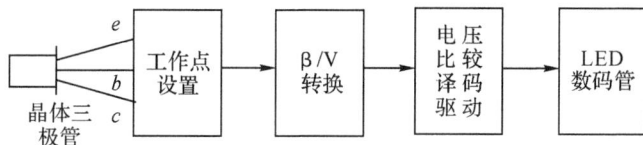

题目五　多功能锯齿波发生器的设计

1. 功能与主要技术指标

（1）在控制开关的作用下，能实现单周期扫描、间歇扫描、连续扫描和停止扫描控制功能；

（3）具有输出幅度调节、直流偏置调节和扫描周期调节功能；

（3）输出电压幅度在±10V 的范围内可调，线性度优于 0.01%；

（4）要求主要选用集成运放实现；

2. 总体方案设计提示

锯齿波可用积分器和模拟电压比较器实现，要实现对电路的工作方式控制可以通过电子开关，也可以用手动控制。电路的总体方案框图如下：

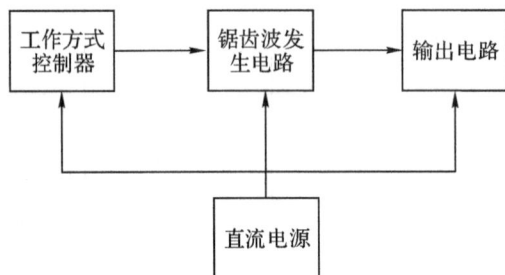

题目六　交通灯控制电路设计

一、设计目的

（1）掌握交通灯控制电路的设计、组装与调试方法。

（2）掌握由同步十进制计数器构成任意进制的方法。

（3）加深对显示译码电路的理解。

二、设计内容

（1）设计秒信号脉冲产生器。

（2）分别设计 30 秒计数器和 20 秒计数器。

（3）设计 BCD 码译码和显示电路。

（4）设计信号灯的控制电路。

三、设计要求

（1）要求主干道车道和支干道车道两条交叉道路上的车辆交替运行，主干道每次通行时间设为 30 秒,支干道每次运行时间为 20 秒,时间设置可修改。

（2）在绿灯转为红灯时,要求黄灯先亮 5 秒钟,才能变换运行车道。

（3）黄灯亮时,要求每秒闪亮一次。

（4）东西方向、南北方向车道除了有红、黄、绿灯指示外,每一种灯亮的时间都用显示器进行显示(采用计时的方法)。

题目七　可预置的定时显示报警系统

一、设计目的

（1）掌握可预置的定时显示报警系统的设计、组装与调试方法。

（2）了解定时显示报警系统的应用场合。

二、设计内容和要求

（1）设计一个可预置 30 秒的显示报警系统。要求预置 30 秒减到 0 秒报警(也可预置 0 秒,计数到 30 秒时报警);每隔 5 秒显示一次时间(即 30 秒,25 秒,……,5 秒,0 秒时显示);系统能准确地预置和清零。

（2）设置外部操作开关,控制计数器的直接清零、启动和停止功能。

（3）在直接清零时,要求数码显示器灭灯。

（4）计时器为 30 秒递减计时,计时间隔为 1 秒。

（5）计时器递减计时到零时,数码显示器不能灭灯,同时发出光电报警信号。

题目八　出租汽车里程计价表

一、设计目的

（1）掌握出租车汽车里程计价表的设计、组装与调试方法。

（2）掌握同步十进制系数乘法计数器芯片 74167 的工作原理。

（3）进一步加深对计数,寄存器,译码及显示电路的理解。

二、设计内容和要求

（1）设计秒信号,0,1 分信号脉冲发生器。

（2）选用十进制系数乘法器。

（3）设计四级 BCD 码计数、译码和显示器。

（4）选用产生行驶里程信号的干簧继电器作为脉冲产生电路。

（5）根据乘法器输入系数 a、b、c、d 设计拨盘开关(按键电路),它用来改变里程单价。

题目九　电子锁及门铃电路设计

一、设计目的

(1) 掌握电子锁及门铃电路的设计、组装；
(2) 加深理解常用电路的调试方法。

二、设计内容及要求

(1) 设计一个电子锁，其密码为 8 位二进制代码，开锁指令为串行输入码。
(2) 开锁输入码与密码一致时，锁被打开。
(3) 当开锁输入码与密码不一致时，则报警。报警时间持续 15 秒，停 3 秒后再重复出现。
(4) 报警器可以兼作门铃使用，门铃时间为 10 秒。
(5) 设置一个系统复位开关，所有的时间数据用数码管显示出来。

题目十　盲人报时钟

一、设计目的

(1) 掌握盲人报时钟的设计、组装和调试方法。
(2) 掌握声响模块的设计。

二、设计内容及要求

(3) 具有时、分、秒计时功能(小时 1～12)，要求用数码管显示。
(4) 具有手动校时，校分功能。
(5) 设有报时、报分开关。当按报时开关时，能以声响数目告诉盲人。当按报分开关时，同样能以声响数目告诉盲人，但每响一下代表十分钟(报时与报分的声响的频率应不同)。

三、工作原理

本设计是一个显示时间的系统，所以三个计数器分别为 60、60、12 进制。用拨码开关不同的组合分别控制调时、调分、正常计时三种不同的状态。在调时、调分的过程中计数器间的 CP 脉冲被屏蔽掉，由单步脉冲代替 CP 输入；相反正常计时的时候，单步脉冲被屏蔽掉。报时电路中，用减法计数器就可以实现报时的功能。其框图如下图所示。

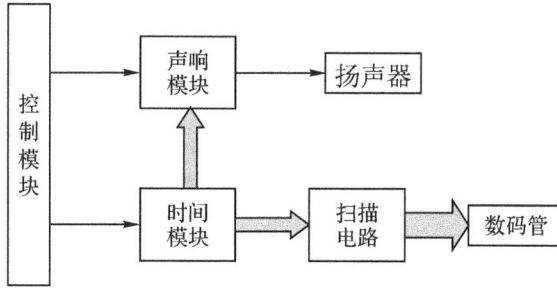

第六章

PSpice 仿真软件

6.1 概　述

一、Spice 与 PSpice

通用电路仿真程序 Spice 是 Simulation Program with Integrated Circuit Emphasis 的缩写,该程序最早是由美国加州大学伯克利分校于 70 年代推出,是主要用于集成电路的电路分析程序。此后,其版本不断更新,功能也不断完善,成为大规模电子系统计算机辅助分析与设计不可缺少的仿真软件,在世界各个国家广泛应用。美国于 1988 年将 Spice 定为美国国家工业标准。

随着工程领域个人电脑的快速发展,Spice 软件在世界范围的应用更加广泛,美国 MicroSim 公司于 1984 年在伯克利分校 Spice 的基础上,推出了能在 PC 机上运行的 Spice 软件,即 PSpice 软件。使其不仅可以在大型机上运行,同时也可以在微型机上运行。

PSpice 除包含有 Spice 的仿真功能外,在计算的可靠性、收敛性及仿真速度等方面都有改进,并扩展了许多新功能。它增加了统计分析及电路特性的最坏情况分析,扩展了 DC 分析的全部参数扫描,提高了参数分析能力。Pspice 模拟器可以模拟被分析电路的直流特性、交流特性及瞬态特性,可以进行温度特性、噪声特性及灵敏度等特性的分析。其模型库中的各类元器件、集成电路模型多达数千种,且精度提高。目前,在众多的计算机辅助分析与设计软件中,Pspice 软件被国内外工程技术人员、专家、学者公认为是通用电路模拟程序中的优秀软件。

使用 Pspice 仿真工具可帮助用户在设计制作实际电子电路之前,先对他们进行计算机模拟,用户可以根据模拟运行的结果修改和优化设计电路,并测试电路的各种性能参数,而所有参数并不涉及任何实际元器件及测试装备。在 Pspice 环境下,用户可以完成各种各样电子电路的分析与设计。如同任何其他软件工具一样,在使用中要想得到理想的设计效果,要求我们必须具备熟练使用该软件的能力和丰富的设计经验。

二、基本组成

PSpice9.2 版是一个电路仿真分析设计的集成环境,其基本程序模块是:图形编辑程序

Capture CIS、仿真分析程序 PSpice A/D、图形后处理程序 Probe、信号源编辑程序 Stimulus Editor 和元件模型参数提取程序 Parts。

1．图形编辑程序 Capture CIS

Capture CIS 是 PSpice 软件包的主程序项,在它的菜单中可以调用其他程序项,电路仿真分析的全过程均可通过此项来完成。用户可以根据需要创建或编辑电路原理图,设置仿真分析方式和参数,然后运行仿真分析。与通过书写语句源程序的过程相比,通过创建原理图来进行仿真分析要直观、简单的多。图形文件编辑器会自动将原理图转换为网表文件以提供给模拟计算程序进行仿真。通过调用模拟计算程序 PSpice 可以对电路进行各种仿真分析。

2．仿真分析程序 PSpice A/D

PSpice A/D 可以仿真纯模拟电路、模数混合电路和纯数字电路,是软件的核心部分。它将用户输入文件的电路拓扑结构及元器件参数信息形成电路方程,求方程的数值解,其功能主要是实现对用户输入文件的模拟分析计算,可以完成输入文件中规定的各项电路特性分析。

3．图形后处理程序 Probe

Probe 程序可将 PSpice A/D 程序仿真分析的结果在屏幕或打印设备上以数据形式或数据相关的图形形式显示出来。它的输入文件是电路经 PSpice A/D 程序分析计算后所生成的以 .DAT 为后缀的数据文件。

4．信号源编辑程序 Stimulus Editor

该程序可以帮助用户快速完成模拟信号源和数字信号源的建立与修改,并能够很直观地显示这些信号源的工作波形。

5．元器件模型参数提取程序 Parts

该程序的主要功能是从器件特性中直接提取模型参数,利用厂家提供的有源器件及集成电路特性参数,采用曲线拟合等优化算法,计算并确定相应的模型参数,得到参数的最优解,建立有源器件的 PSpice 模型及集成电路的 PSpice 宏模型。PSpice 还允许用户修改库文件中已有的器件模型参数或器件方程,以重新建立器件模型。

三、主要功能分析

1．直流分析

直流分析是交流分析和瞬态分析的基础,通常用直流分析来决定瞬态的初始条件和交流分析时电路中非线性元件的小信号模型参数。包括直流特性扫描分析(DC Sweep Analysis)、静态工作点分析(Bias Point Analysis)、小信号直流传输特性分析(TF,Transfer Function Analysis)和直流灵敏度分析(DC Sensitivity Analysis)。

2．交流分析

交流分析是在正弦小信号工作条件下的一种频率分析,包括频率特性分析(AC Sweep Analysis)和噪声特性分析(Noise Analysis)。

3．瞬态分析

瞬态分析是一种非线性的时域分析方法,包括在用户指定的时间区域内进行电路的瞬态分析(Transient Analysis),以及在大信号正弦波激励情况下,对输出波形进行傅立叶分析(Fourier Analysis)。

4. 参数和温度分析

包括参数扫描分析(Parametric Analysis)和温度分析(Temperature Analysis)。

5. 统计分析

包括蒙托卡罗分析(MC,Monte Carlo Analysis)和最坏情况分析(Worst Case Analysis)。

6. 逻辑模拟

包括逻辑模拟(Digital Simulation)、数/模混合模拟(Mixed A/D Simulation)和最坏情况时序分析(Worst—Case timing Analysis)。

四、仿真分析步骤

1. 通过电路图编辑程序(Capture CIS)输入编辑电路图。
2. 在电路图编辑程序中设置电路的分析方式和参数。
3. 运行电路仿真分析程序(PSpice A/D 程序)。
4. 运行图形后处理程序(Probe 程序))查看输出图形或查看电路输出文件。

6.2 仿真实例分析

6.2.1 二极管钳位电路的仿真分析

本节通过对一个二极管箝位电路的创建、仿真和仿真结果分析来学习 PSpice 软件的使用方法,掌握 PSpice 软件分析电子电路的基本过程。

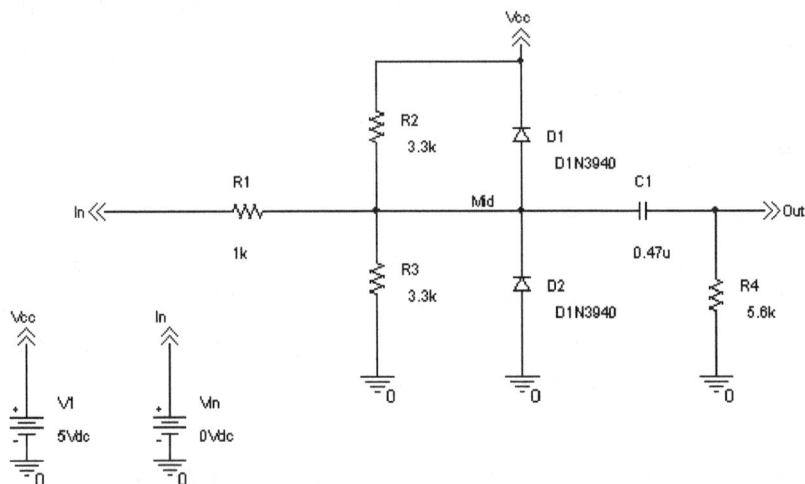

图 6-2-1 二极管嵌位电路

一、创建电路

1. 创建一个新的 PSpice 项目

（1）在 Windows 开始里选择 Orcad 程序文件夹，选择 Capture CIS 启动 Capture。

（2）在 File 的下拉菜单里指向 New 并选择 Project。

（3）选择 Analog or Mixed A/D。

（4）在 Name 文本框里输入项目名称 CLIPPER。

（5）使用 Browse 按钮选择存储项目文件的位置，然后点击 OK。

（6）在 Creat Pspice Project 对话框里，选择 Creat a blank project，然后点击 OK。

在 Capture 里会出现一张空的原理图和 CLIPPER 项目管理器。

2. 放置电压源

（1）在 Capture 里，切换到原理图编辑器。

（2）从 Place 菜单里选择 Part 显示 Place Part 对话框。

（3）加入你所需要的元器件的库：a）点击 Add Library 按钮；b）从 PSpice 库里选择
SOURCE. OLB 并点击 Open。

（4）在 Part 文本框里输入 VDC，并点击 OK。

（5）移动指针到原理图上的合适位置，点击放置第一个元件。

（6）移动指针再次点击放置第二个元件。

（7）右击并选择 End Mode 来结束放置元件。

3. 放置二极管

（1）从 Place 菜单里选择 Part 显示 Place Part 对话框。

（2）加入你所需要的元器件的库：a）点击 Add Library 按钮；b）从 PSpice 库里选择 DI-ODE. OLB 并点击 Open。

（3）在 Part 文本框里，输入 D1N39 并从显示的元器件列表里选择 D1N3940，然后点击 OK。

（4）按字母 R 来旋转二极管到正确的方向。

（5）点击放置第一个二极管 D1，然后点击放置第二个二极管 D2。

（6）右击并选择 End Mode 来结束放置元件。

4. 移动二极管或其他元器件相关属性的位置（如元器件编号，元器件值等）。

（1）点击某一属性，然后把它拖到一个新的位置。

5. 放置其他元器件

（1）从 Place 菜单里选择 Part 显示 Place Part 对话框。

（2）加入你所需要的元器件的库：a）点击 Add Library 按钮；b）从 PSpice 库里选择
ANALOG. . OLB 并点击 Open。

（3）根据图 4-1，按照放置二极管相似的步骤放置电阻（R）和电容（C）。

（4）在工具栏里点击 «c 放置 Place Off-Page Connector 按钮。

（5）加入你所需要的元器件的库：a）点击 Add Library 按钮；b）从 Capture 库里选择
CAPSYM. . OLB 并点击 Open。

(6) 根据图 4-1 放置 off-page connector

(7) 从工具栏里点击 GND 按钮 GND⏚ 放置地。

(8) 加入你所需要的元器件的库：a) 点击 Add Library 按钮；b) 从 PSpice 库里选择 SOURCE..OLB 并点击 Open。

(9) 根据图 4-1 从 SOURCE.OLB 里放置'0'器件。

6. 连接各个元器件

(1) 从 Place 菜单里选择 Wire 开始连接各元器件。这时指针变成十字准线。

(2) 在电路输入端的点击 off-page connector 连接点。

(3) 点击输入电阻 R1 的最近的连接点。

(4) 连接 R1 的另一端到输出电容。

(5) 把二极管连接起来并连到它们之间的线上。

(6) 继续连接各个元器件直到如图 4-1。

7. 给电路网上赋值标签

(1) 从 Place 菜单里选择 Net Alias 显示 Place Net Allias 对话框。

(2) 在 Name 文本框里输入 Mid 并点击 OK。

(3) 把这个 Net Alias 放在连接 R1、R2、R3、二极管和电容的导线上，Net Alias 的左下角必须接触这根线。

(4) 右击并选择 End Mode 退出 Net Alias 功能。

8. 赋予跨页连接器 off-page connectors 新名字

(1) 双击 off-page connector 的名字显示 Display Properties 对话框。

(2) 在对话框里输入新的名字并点击 OK。

9. 给元器件更改名字

(1) 双击第二个 VDC 显示该器件的数据表。

(2) 点击 Reference 栏下的第一个单元格，并输入新名字 Vin。

(3) 点击 Apply 来更新器件参数，然后关闭数据表。

(4) 继续更改其他元器件的名字，直到你的原理图如图 4-1 那样。

10. 改变元器件的值

(1) 双击 V1 上的电压值(0V)显示 Display Properties 对话框。

(2) 在 Value 文本框里，输入 5V，并点击 OK.

(3) 继续更改其他元器件的值，直到所有元器件的值都如图 4-1 所示。

11. 保存你的设计

(1) 从 File 菜单里选择 Save 保存该设计。

二、运行 PSpice

当执行一个仿真时，PSpice 产生一个输出文件(∗.OUT)。

1. 执行静态工作点分析

(1) 从 PSpice 菜单里选择 New Simulation Profile 显示 New Simulation 对话框。

(2) 在 Name 文本框里，输入 Bias。

（3）从 Inherit From 列表框里选择 None,然后点击 Create。Simulation Settings 对话框出现。

（4）从 Analysis type 列表里选择 Bias Point,点击 OK 关闭 Simulation Settings 对话框。

（5）从 Pspice 菜单里选项 Run。PSpice 仿真电路并计算静态工作点信息。

由于在静态工作点分析过程中,波形数据没有被计算,因此,在 Probe 窗口里你不会看到任何图形。但仿真结果可以通过两条途径看到,一是在原理图上可以看到个节点的电压值(如图 6-2-2),二是可以在仿真输出文件里看到仿真结果。

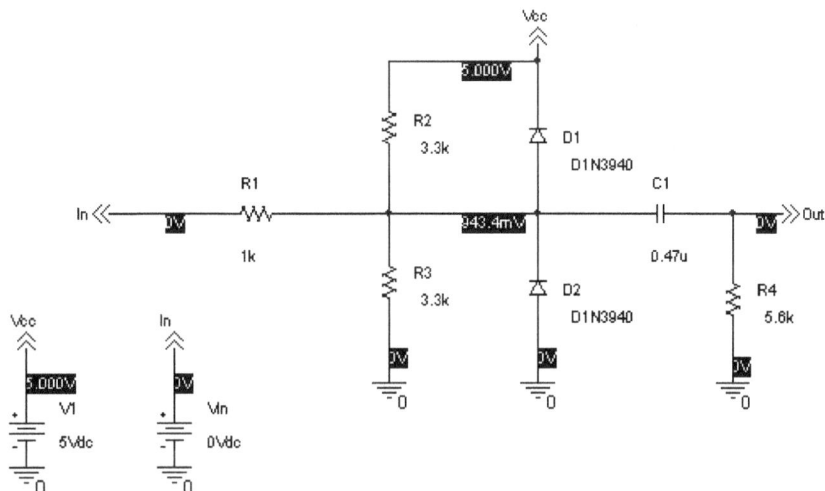

图 6-2-2　静态工作点分析

仿真输出文件就像仿真的查账索引。该文件不仅包括静态工作点计算的结果,也包括电路文件的内容。如果在执行计算时如发现网表声明或仿真命令的语法错误,PSpice 会把这些错误写在输出文件里。

在 PSpice 里的 View 菜单里,选择 Output File。图 6-2-3 是仿真输出文件里静态工作点计算的结果。

2. 直流扫描分析

通过对输入电压源执行直流分析并在 Probe 窗口里显示波形结果可以验证这个钳位电路的直流响应。本例对 Vin 执行直流扫描分析,是 Vin 的值从-10v 变化到 15v,步长是 1v。

设置和运行直流扫描分析的步骤如下:

（1）在 Capture 的 PSpice 菜单里,选择 New Simulation Profile 显示 New Simulation 对话框。

（2）在 Name 文本框里输入 DC Sweep。

（3）在 Inherit From 列表里,选择 Schematic1-Bias,然后点击 Create 显示 Simulation Settings 对话框。

（4）点击 Analysis type,从 Analysis type 列表里,选择 DC Sweep,输入的值如图 4-4 所示。

```
**** 02/04/09 18:51:49 ******** PSpice 9.2 (Mar 2000) ******** ID# 1 ********

** Profile: "SCHEMATIC1-Bias"  [ E:\projects\orcadprojects\experiments\clipper-SCHEMATIC1-Bias.sim ]


****    SMALL SIGNAL BIAS SOLUTION      TEMPERATURE =   27.000 DEG C


*************************************************************************************


 NODE  VOLTAGE    NODE  VOLTAGE    NODE  VOLTAGE    NODE  VOLTAGE

(  IN)  0.0000  (  OUT)  0.0000  (  VCC)  5.0000  (N00783)  .9434


     VOLTAGE SOURCE CURRENTS
     NAME         CURRENT

     V_V1        -1.229E-03
     V_Vin        9.434E-04

     TOTAL POWER DISSIPATION   6.15E-03  WATTS
```

图 6-2-3　仿真输出文件

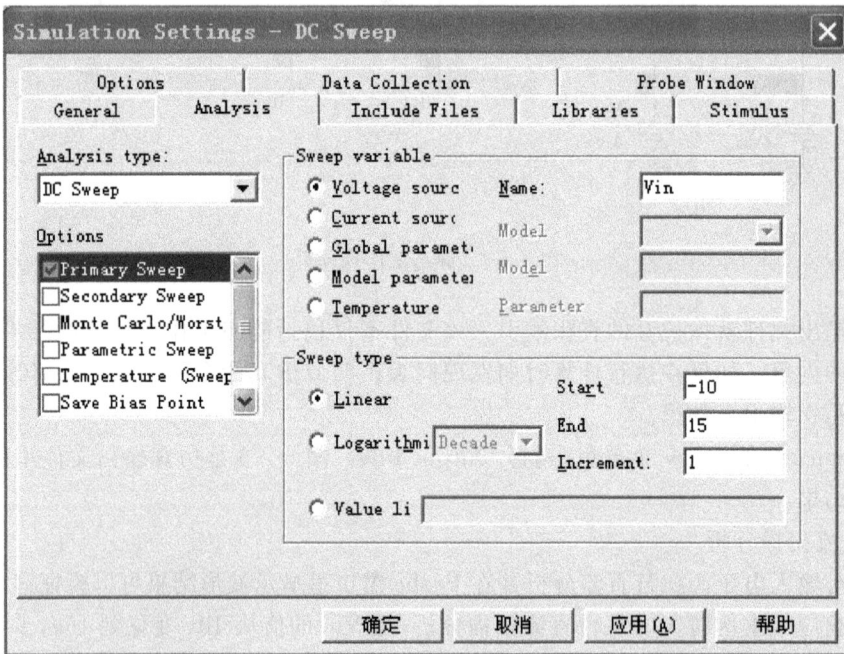

图 6-2-4　直流扫描分析设置

(5) 点击 OK 关闭 Simulation Settings 对话框。

(6) 从 File 菜单里选择 Save,再从 PSpice 菜单里选择 Run 来运行仿真分析。

仿真完成后的弹出的 Probe 窗口如图 6-2-5 所示。

要想观察某一点的电压或电流波形,在 PSpice 的 Trace 菜单里选择 Add Trace。在 Add Traces 对话框里选择 V(In)和 V(Mid)。点击 OK。也可在 Capture 的 PSpice 菜单里

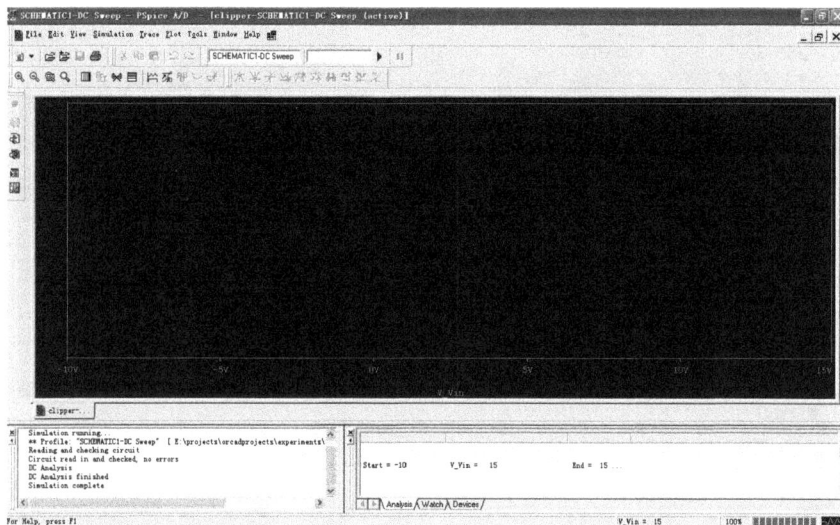

图 6-2-5　Probe 窗口

指向 Markers 并选择 Voltage Level。点击并把这个记号放置到原理图的 out 上，如图 6-2-6 所示。

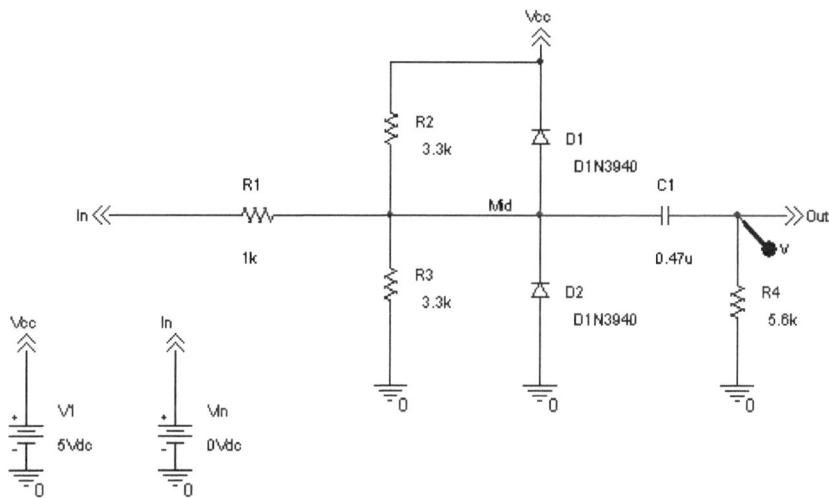

图 6-2-6　Voltager Marker 放在电路图的网标 Out 上

右击并选择 End Mode 停止放置 Markers。从 File 菜单里选择 Save。切换到 PSpice。V(Out)的波形如图 6-2-7 所示。

3. 瞬态分析

要对这个 clipper 电路进行瞬时分析，必须在电路上增加时域的电压激励源，如图 6-2-8 所示。

增加时域的电压激励源可按下列步骤进行：

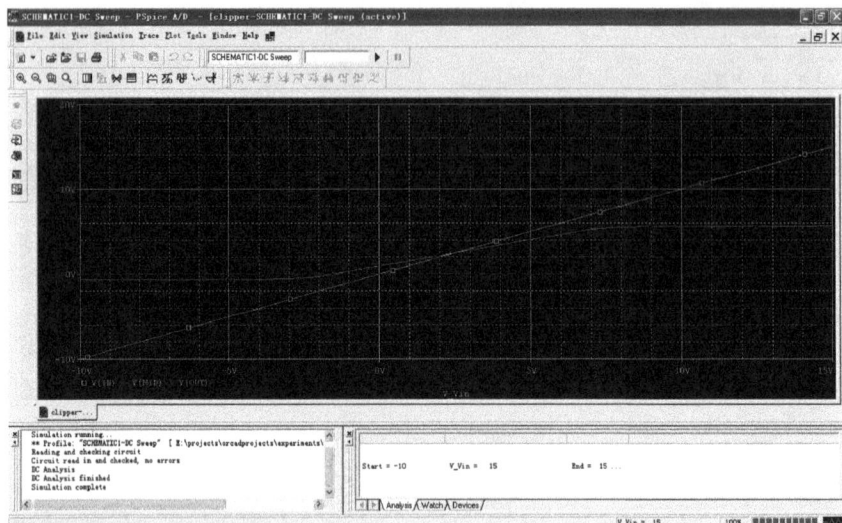

图 6-2-7　In,Mid 和 Out 三处的电压波形

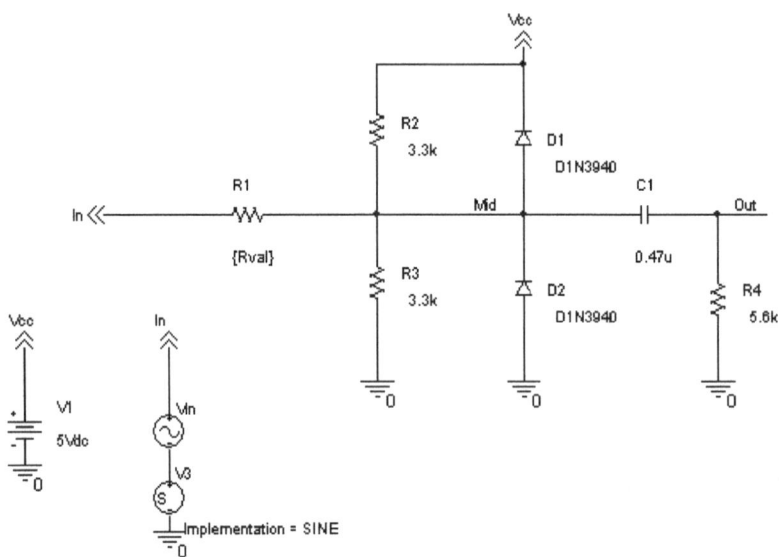

图 6-2-8　带电压激励源的二极管钳位电路

（1）从 Capture 的 Pspice 菜单里,让鼠标指向 Markers 并选择 Delete All。

（2）选择 VIN 电压源下的地,从 Edit 菜单里选择 Cut。

（3）从 PSpice 的 SOURCESTM.OLB 库里选择 VSTIM 元件并按图 4-8 放置。

（4）把地放置在 VSTIM 下面并用导线按图 6-2-8 连接好。

（5）选中 VSTIM(V3),从 Edit 菜单里选择 PSpice Stimulus,则会弹出 New Stimulus 对话框。在 Name 文本框里输入 SINE。

（6）点击 SIN(sinusoidal)，然后点击 OK。

（7）在 SIN Attributes 对话框里，设置前三个参数值，Offset Voltage＝0；Amplitude＝10；Frequency＝1kHz。点击 Apply，则 Stimulus Editor 窗口如图 6-2-9 所示。

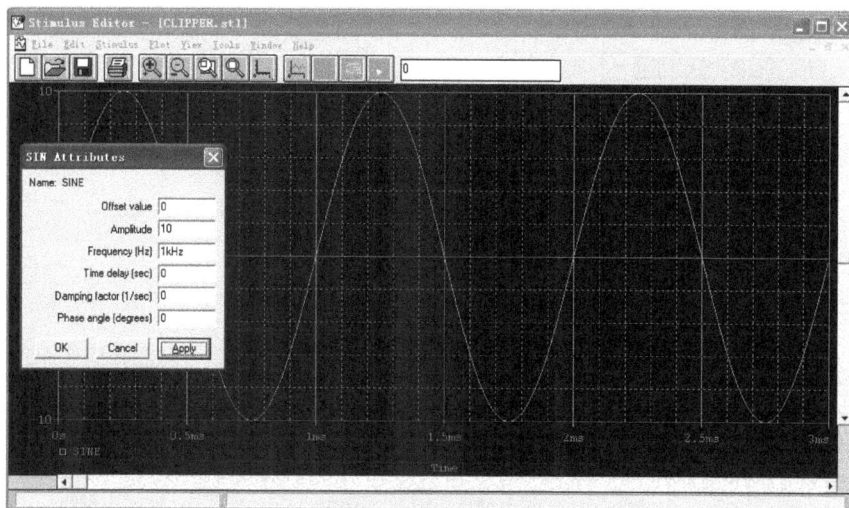

图 6-2-9　激励源编辑窗口

（8）点击 OK，从 File 菜单里选择 Save 来保存激励信息。点击 Yes 来更新原理图。

（9）从 File 菜单里选择 Exit 退出 Stimulus Editor。

设置和运行瞬态分析可按下列步骤进行：

（1）从 Capture 的 PSpice 菜单里选择 New Simulation Profile 出现 New Simulation 对话框。

（2）在 Name 文本框里输入 Transiient。

（3）从 Inherit From 列表里选择 Schematic1-DC，然后点击 Create 出现 Simulation Settings 对话框。

（4）点击 Analysis 标签，从 Analysis 列表里选择 Time Domain(Transient)并输入如图 6-2-10 所示的设置。Run to ＝ 2ms；Start saving data＝20ns。点击 OK 关闭 simulation settings 对话框。

（5）从 PSpice 菜单里选择 Run 执行分析。

显示输入正弦波和在 V(Out)的限幅波可按下列步骤进行：

（1）在 PSpice 的 Trace 菜单里选择 Add Trace 并在 Trace 列表里选择 V(In)和 V(Out)，点击 OK 显示波形。

（2）从 Tools 菜单里选择 Options 显示 Probe Options 对话框，在 Use Symbols 框里，点击 Always。

（3）点击 OK。显示的波形如图 6-2-11 所示。

4．交流扫描分析

PSpice 里的交流扫描分析是在静态工作点分析基础上的小信号频域分析。是在一定

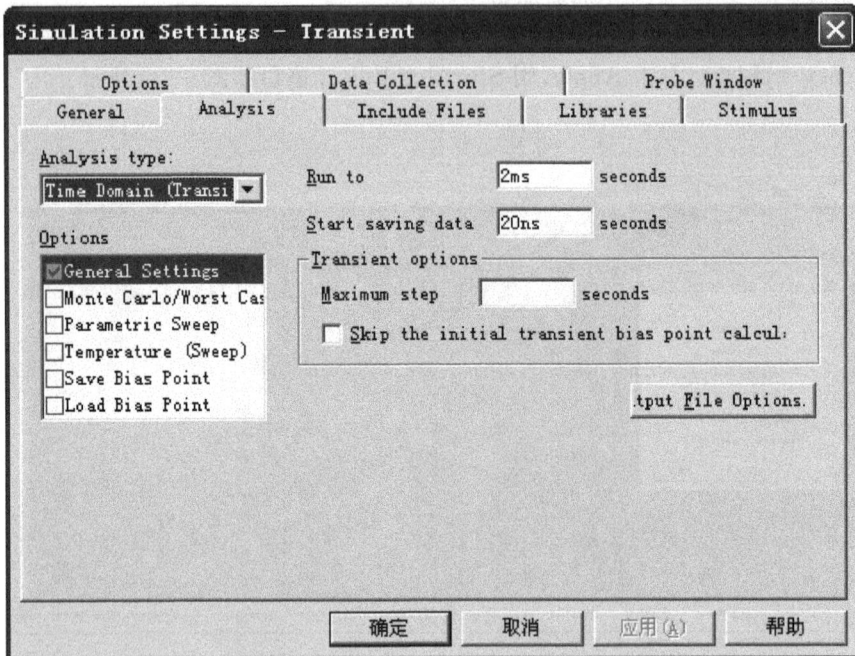

图 6-2-10 瞬时分析仿真设置

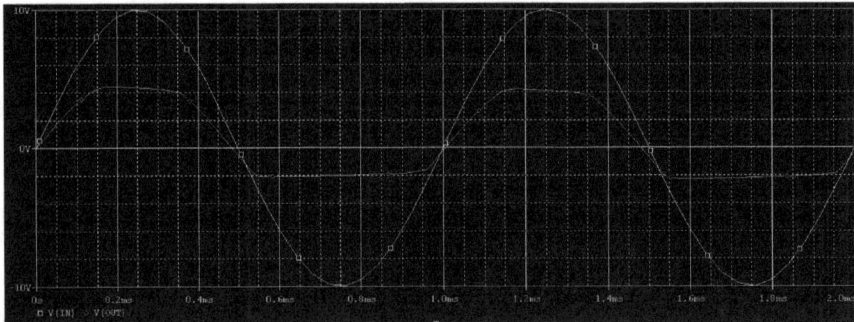

图 6-2-11 正弦输入和钳位的输出波形

频率范围内计算电路的响应。

要进行交流扫描分析必须在电路里加入 AC 电压源作为激励信号源,更改 Vin 使其包含 AC 激励信号源的步骤如下:

(1) 在 Capture 里,选中 DC 电压源 Vin 然后按 Delete 从原理图上移去这个元件。

(2) 从 Place 菜单里选择 Part,在 Part 文本框里输入 VAC(从 PSpice 库的 SOURCE. OLB)然后点击 OK。

(3) 把 AC 电压源放置在原理图,如图 6-2-12 所示,双击 VAC 元件显示元件属性列表。把 Reference 单元格改为 Vin,把 ACMAG 单元格改为 1V。

（4）点击 Apply 更新变化，然后关闭元件列表。

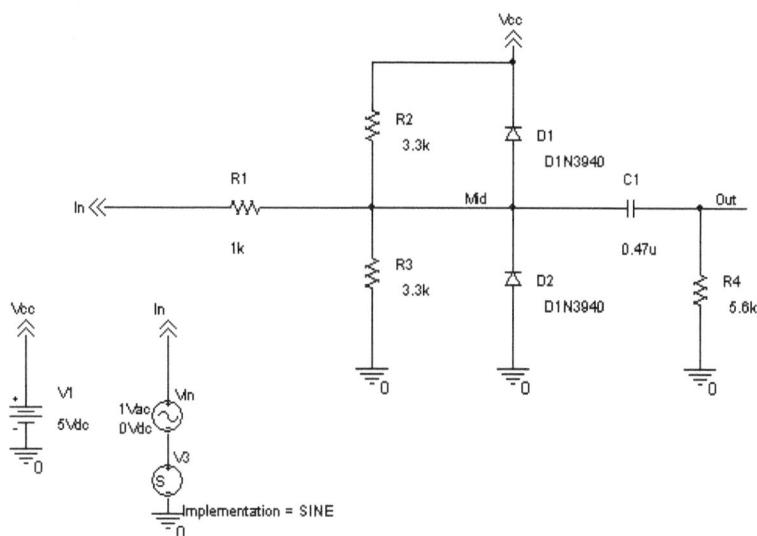

图 6-2-12　带 AC 激励源的钳位电路

设置和运行交流扫描分析的步骤如下：

（1）从 Capture 的 PSpice 菜单里选择 New Simulation Profile。

（2）在 Name 文本框里输入 AC Sweep，然后点击 create 出现 Simulation Setting 对话框。

（3）点击 Analysis 标签，从 Analysiis type 列表里选择 AC Sweep/Noise 并输入的设置如图 6-2-13 所示。

（4）点击 OK 关闭 Simulation Settings 对话框。从 PSpice 菜单里选择 Run 开始仿真。

（5）从 Capture 的 PSpice 菜单里，指针指向 Markers，指向 Advanced，然后选择 db Magnitude of Voltage。

（6）放置 Vdb 记号在 Out 网标上，然后放置另一个标识在 Mid 网标上。

（7）从 File 菜单里选择 Save 来保存这个设计。

交流扫描分析的结果如图 6-2-14 所示，在网标 Out 和 Net 的电压幅度是以对数坐标出现（20log10）。由于二极管对地的电容效应，VDB(Mid)有低通响应。输出电容和负载电阻相当于高通滤波器，因此 VDB(Out)的响应相当于带通滤波器，因为 AC 是线性分析且输入电压是 1V，输出电压就是电路的增益。

如果要显示包括相位的输出电压的波特图，可按一下步骤操作：

（1）在 Capture 的 PSpice 菜单里，鼠标指向 Markers，然后指向 Advanced，然后选择 Phase of Voltage.

（2）把 Vphase 记号放置在网标 Out 的 Vdb 符号附近，删除网标 Mid 附近的 Vdb 记号。

（3）切换到 Pspice 的 Probe 窗口，会发现增益图和相位图以同一刻度出现在同一张

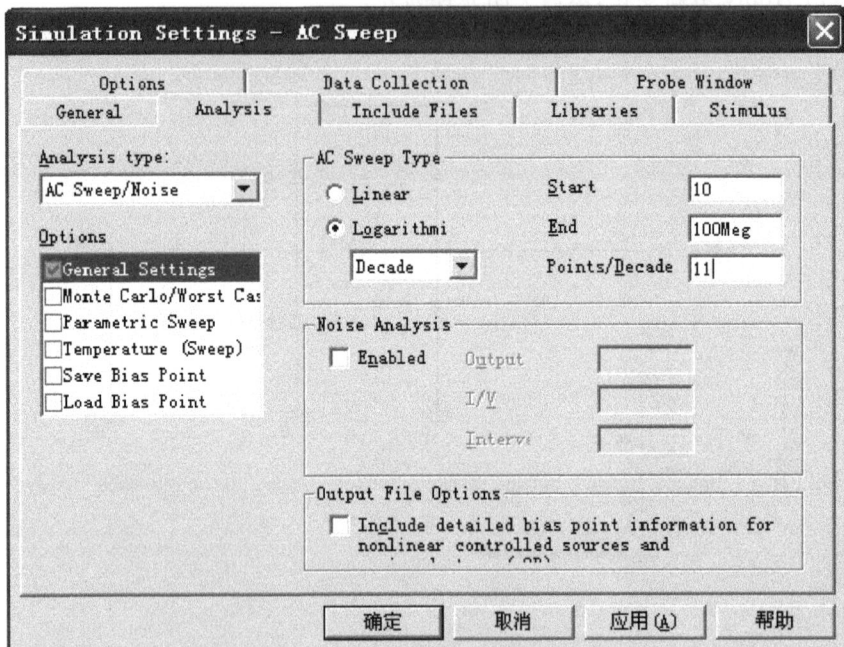

图 6-2-13

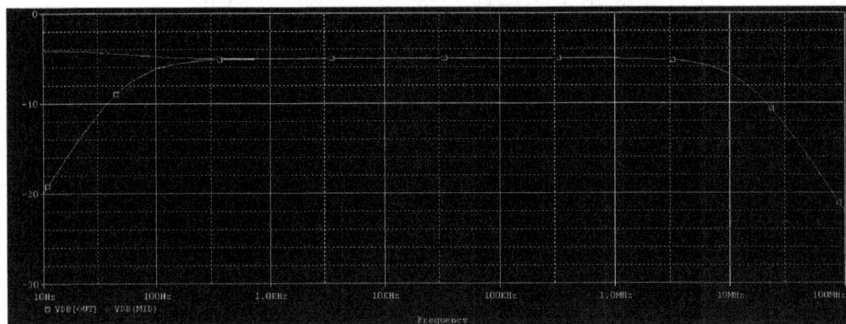

图 6-2-14

图上。

（4）点击踪迹名字 VP(Out)选择这条踪迹，从 Edit 菜单里选择 Cut，从 Plot 菜单里选择 Add Y Axis，然后从 Edit 菜单里选择 Paste。出现的波特图如图 6-2-15 所示。

5. 参数分析

参数分析是当变化某一全局参数、模型参数、元器件值或工作温度时，对某一标准分析执行多次重复计算。本例通过改变输入电阻的值来重复计算钳位电路的带宽和增益来看输入电阻对增益和带宽的影响。参数分析通过下面三个步骤来完成：

把 R1 的值改成{Rval}

（1）双击 R1 的值 1k 显示 Display Properties 对话框。

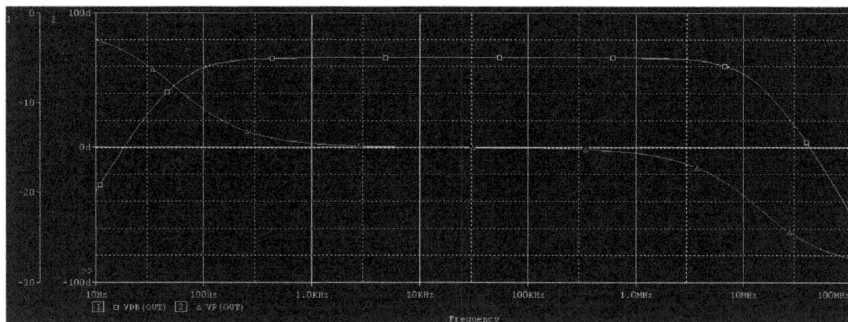

图 6-2-15

（2）在 Value 文本框里，用{Rval}代替 1k，点击 OK。

放置 PARAM 元件来声明参数 Rval

（1）从 Capture 的 Place 菜单里选择 Part，增加 PSpice 库的 SPECIAL. OLB。并在 Part 文本框里输入 PARAM，然后点击 OK。

（2）把 PARAM 元件放置在原理图的任何空的区域。

（3）双击 PARAM 元件显示 Parts 属性表，然后点击 New Column。在 Propert Name 文本框里输入 Rval（没有花括号），然后点击 OK。这样为 PARAM 创建了一个新的属性 Rval。

（4）点击 Rval 栏下面的单元格并输入 1k 作为参数扫描的初始值。当该单元格还被选中时，点击 Display，在 Display Format 框里选择 Name and Value，然后点击 OK。

（5）点击 Apply 更新对 PARAM 元件的变化，关闭元件属性表。

（6）选择 VP 记号，按 Delete 从原理图上移去这个记号。

（7）从 File 菜单里选择 Save 保存设计。

设置和运行参数分析

（1）从 Capture 的 PSpice 菜单里选择 New Simulation Profile 出现 New Simulation 对话框。

（2）在 Name 文本框里输入 Parametric。

（3）从 Inherit From 列表里选择 AC Sweep，然后点击 Create 出现 Simulation Settings 对话框。

（4）点击 Analysis 标签，在 Options 下面，选择 Parametric Sweep 并输入如图 6-2-16 所示的设置。

（5）点击 OK，从 PSpice 菜单里选择 Run 开始仿真。

（6）在 Available Sections 对话框里点击 OK。所有的 21 条踪迹都显示在 Probe 窗口里，如图 6-2-17 所示。

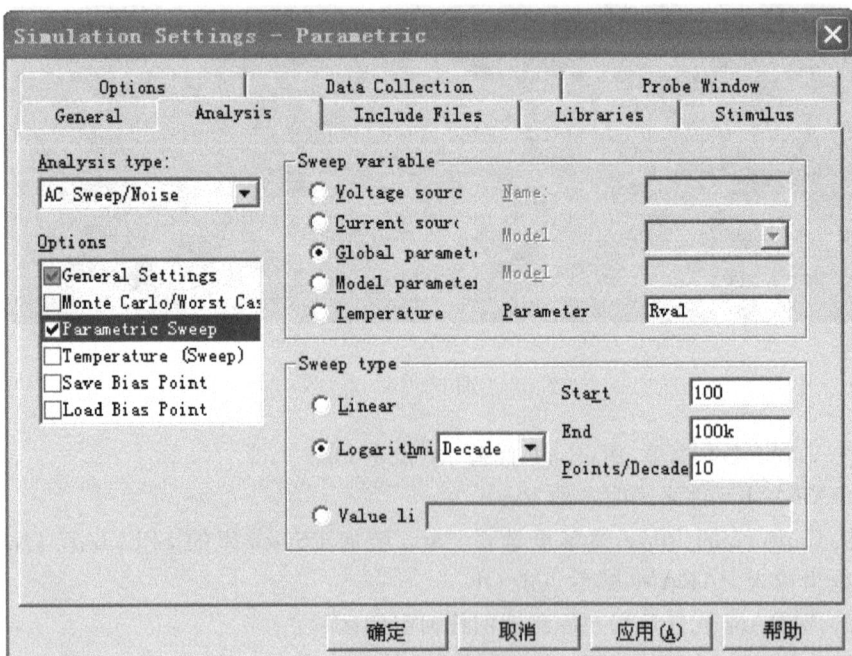

图 6-2-16

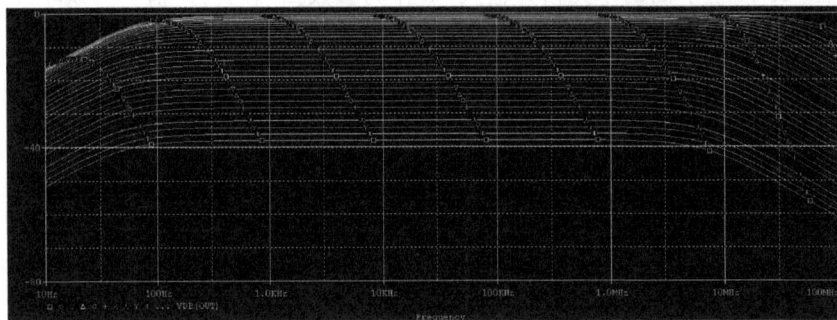

图 6-2-17

6.2.2　单级放大电路的仿真分析

本节根据第三章实验一的内容用 PSpice 来仿真,为方便起见,重画单级放大电路如图 6-2-18 所示。在用 PSpice 的仿真过程中,只给出主要的一些步骤,详细的步骤读者可以参考 6.2.1 节的步骤。

一、连接电路

在 capture 里,根据图 6-2-18 画出图 6-2-19 所示,三极管选用 pspice 库里的 biploar. olb 的 Q2N2222,电解电容选用 analog. olb 里的 C_elect,电位器 RP 先用电阻代替,在实验过程

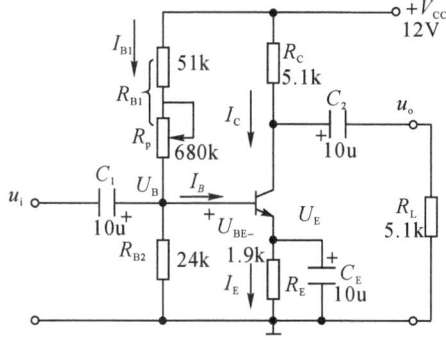

图 6-2-18 单级放大电路

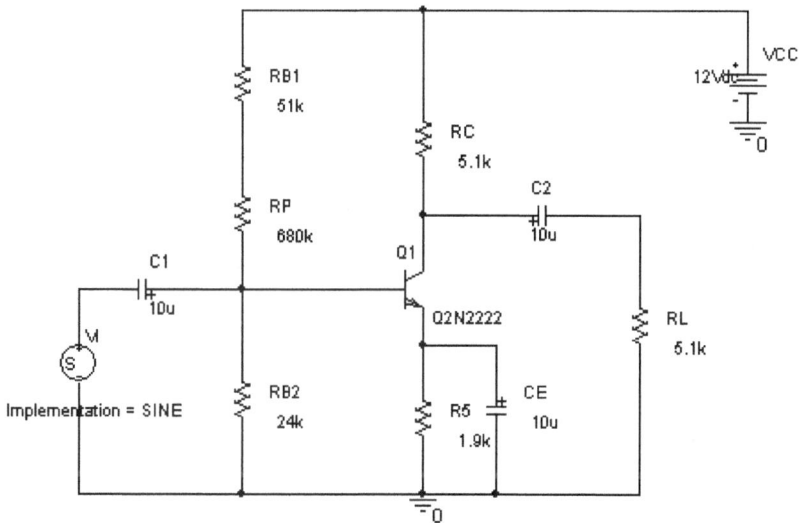

图 6-2-19 在 capture 画的单级放大电路

中要调节电位器我们用对该电阻进行参数扫描。输入激励电压的频率为 10kHz,幅度为 10mv。

二、静态调整

静态调整主要是调节 RP 的大小使三极管集电极的电压 U_c 为电源电压的 V_{cc} 的一半。在 PSpice 分析中需要使用直流分析,由于是改变 RP 的大小,然后看 U_c 是如何变化的,所以先必须对 RP 设置。把 RP 的值改成{Rval},从 PSpice 库的 SPECIAL.OLB 里跳出 PA-RAM 放在原理图的空位置上,双击 PARAM 元件展开属性表,点击 New Column,在 Name 一栏里输入 Rval(没有花括号),在 value 一栏里输入 10k 作为初始值。点击 Apply 更新原理图,然后关闭属性对话框。在 VC 上放上 Voltage Marker。如图 6-2-20 所示。

直流扫描分析的设置如图 6-2-21 所示。

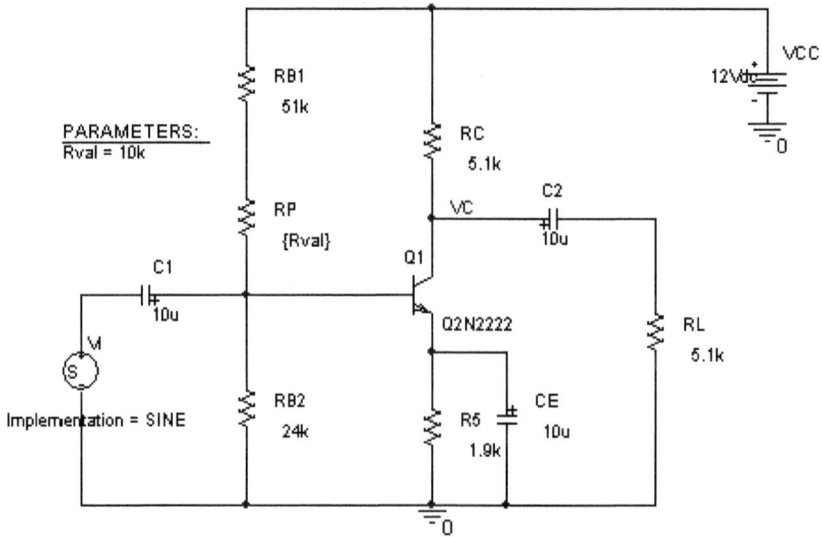

图 6-2-20 更改 RP 的值为 Rval

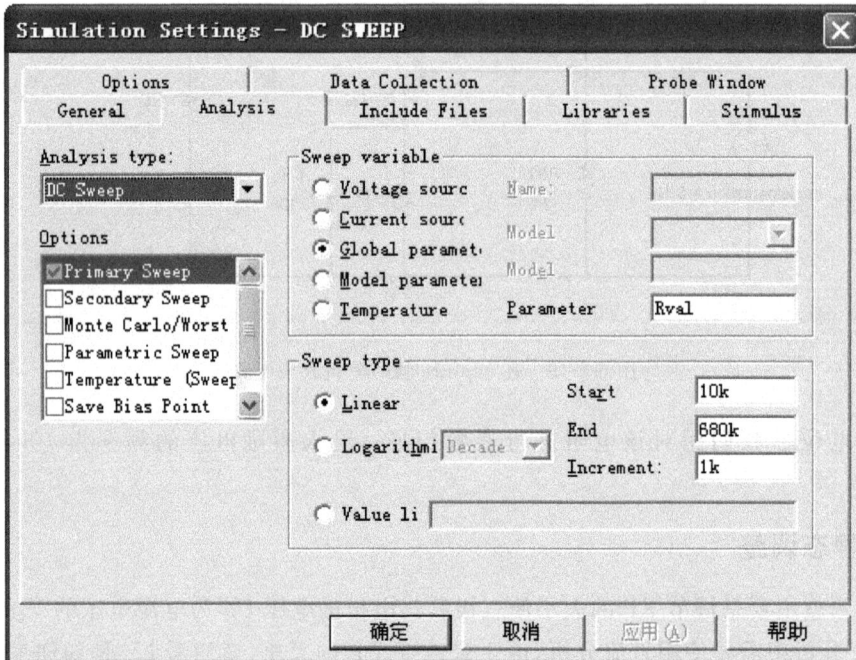

图 6-2-21 直流扫描分析设置

点击 Run 图标 ▶ ,则在 Probe 窗口里会显示如图 6-2-22 的波形。

从图 6-2-23 可以看出,如果要让 U_c 的值在 6V 左右,则 RP 的值需调整在 20k 左右,在原理图上,把{Rval}改为 20k,删除元件 PARAM。设置静态工作点分析,得到电路中各点

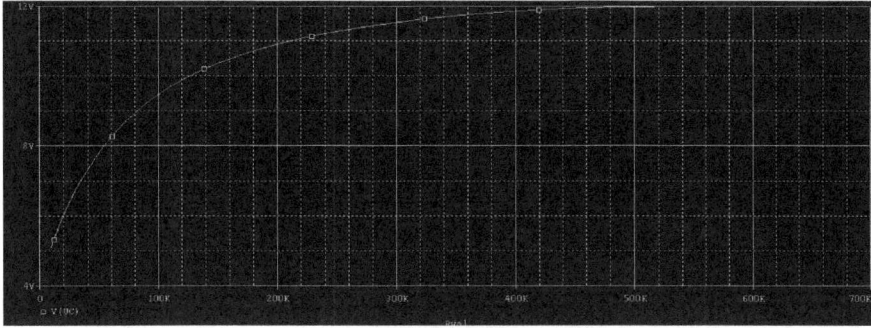

图 6-2-22 U_c 随 R_P 的变化曲线

的静态电压如图 6-2-23 所示。

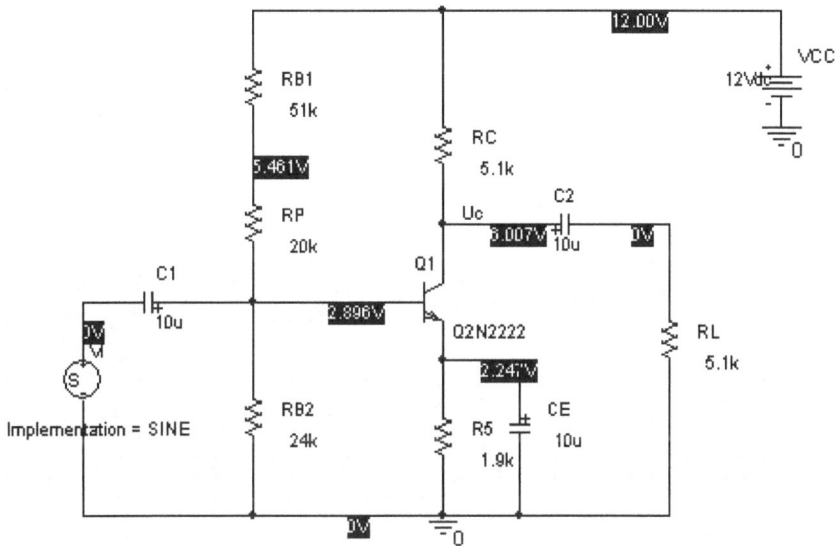

图 6-2-23 调整后的静态工作点

三、放大倍数的测量

放大倍数的测量在 PSpice 分析中采用瞬态分析,在瞬态分析设置的 Run to 一栏里输入 $300\mu s$,运行后在 Probe 窗口里得到的波形如图 6-2-24 所示。

从波形图上可以算出电压的放大倍数,更改 RL 的值可以得到不同幅度大小的波形。然后可以把从仿真实验得到的放大倍数与理论计算作比较。

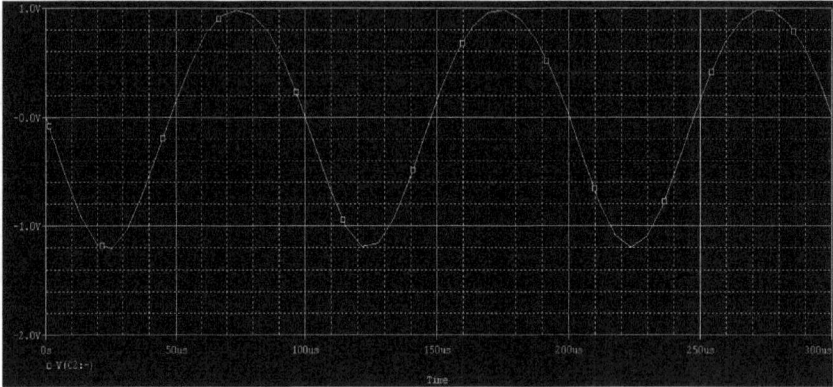

图 6-2-24　单级放大电路的输出波形

四、测量幅频特性曲线

在 PSpice 中测量幅频特性曲线用交流扫描分析。在进行交流扫描分析之前,需在电路里加入交流激励源,删除输入电压源,在 PSpice 库的 SOURCE. OLB 找到 VAC 取代原来输入信号。交流扫描分析的设置如 6.2.1 节交流扫描分析所示。分析的结果如图 6-2-25 所示。

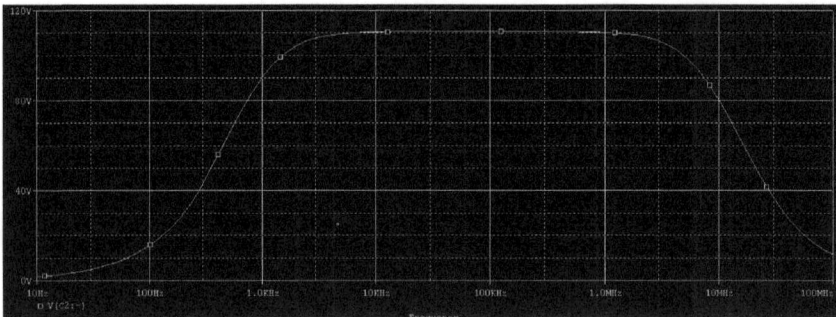

图 6-2-25　单级放大电路的幅频特性

6.2.3　译码器的仿真分析

本节根据第四章实验五的内容用 PSpice 来仿真,仿真的内容包括显示译码器 74LS47 的功能测试和用 74LS138 构成组合逻辑电路。本节只给出主要的一些步骤,详细的步骤读者可以参考 6.2.1 的步骤。

一、74LS47 逻辑功能测试

在一张空的 Capture 原理图里,选择 PSpice 库里的 74LS. OLB 并选择 74LS47。74LS47 是一个共阳极七段显示译码器,我们先来对其进行灯测试。从原理图右边工具栏里

点击 ⁿᴴᴿ，从弹出的对话框里选择＄D_LO 并把它接在 74LS47 的 3 脚（即 LT 端），其他的输入端悬空。由于 74LS47 的输出是集电极开路门，所以要使该电路正常工作，必须在输出端接上上拉电阻。画好电路图后可以对其进行仿真，仿真类型选择瞬时分析，然后运行仿真。结果如图 6-2-26 所示。

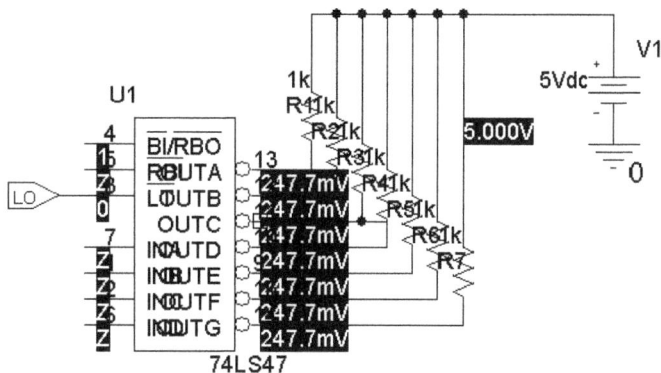

图 6-2-26　74LS47 灯测试功能仿真

从仿真结果的输出值可以看出，当测试端 LT 是低电平时，所有的输出都是低电平，对于接共阳数码管的显示译码器来说，这时所有灯会亮。

灯测试仿真后可以对其进行正常的译码测试，如对 BCD 码 0011 的测试，这时 BI 端、RBI 端和 LT 端都接高电平，BCD 码的输入为 0011，运行仿真后的图形如图 6-2-27 所示。

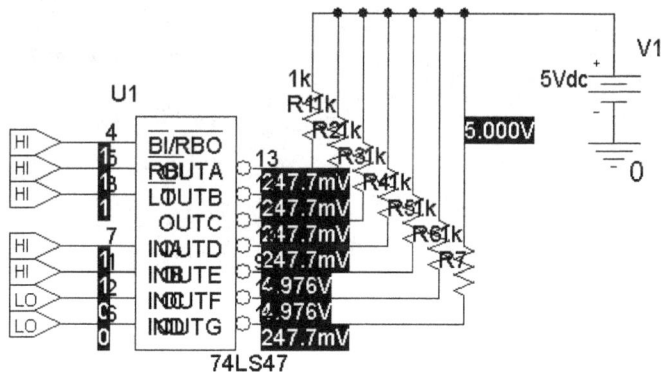

图 6-2-27　74LS47 对 0011 的译码测试仿真

对 74LS47 的其他 BCD 码的仿真及其他功能的仿真可以按照相似的方法连接线路即可。这里不再详述。由于 74LS447 的输出是集电极开路门，所以以上两个电路的仿真其实是模数的混合仿真。所以电路的输出值并不是用高低电平来表示，而是用电压的大小来表示。下面的例子是纯数字电路。大家会看到，这时的输出就用高低电平来表示。

二、用 74LS138 构成组合逻辑电路

在 Capture 里重新建立一个新的项目,用到的器件是 74ls.olb 里的 74LS138 和 74LS20。对于输入信号的使能信号,我们使用固定的电平信号,高电平采用 $D_HI(点击右边工具栏的 $ \frac{PWR}{\circ} $),低电平采用 $D_LO。其他三个输入信号我们使用 SOURCESTM.olb 里的 DigStim1。对于这个输入信号我们必须对其设置。右击这个元件,从选项里选择 Edit PSpice Stimulus。弹出的对话框如图 6-2-28 所示。在 Name 一栏里输入名字(如 A),选择数字信号下的 Clock 一栏,点击 OK 后,然后再对该信号设置频率(如 1kHz)。用相似的方法对其他两个输入信号设置(频率分别为 500Hz 和 250Hz)。三个输入信号的激励波形如图 6-2-29 所示。

对电路图的各个元器件连线并在相应的位置上加上网标后,Capture 里的原理图如图 6-2-30 所示。

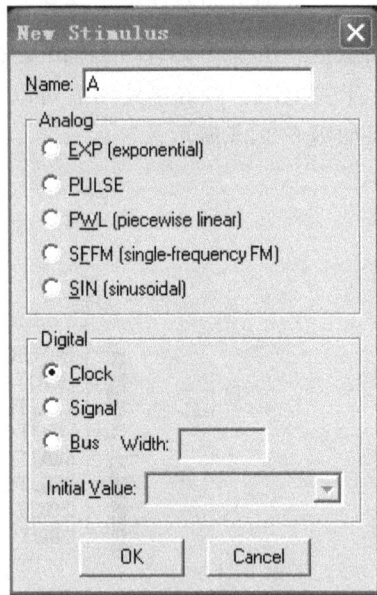

图 6-2-28 激励信号设置

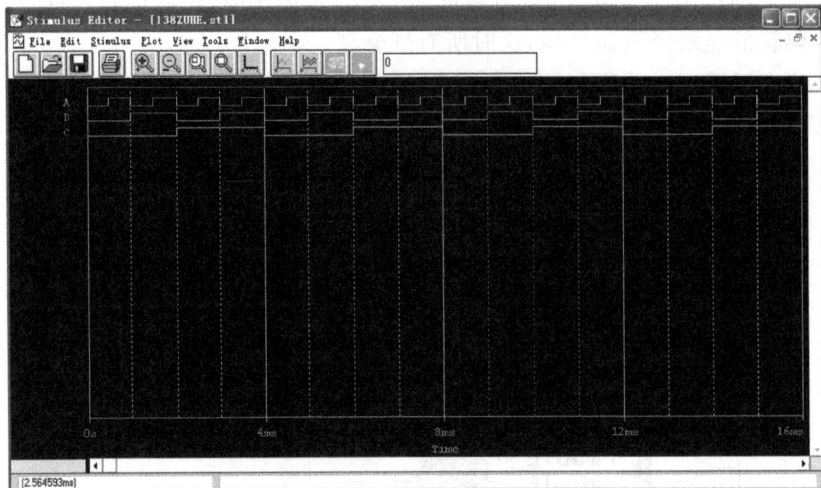

图 6-2-29 激励信号的波形

仿真类型选取瞬时仿真,在 Run to 一栏里输入 5ms。在 Probe 窗口里的波形如图 6-2-31 所示。

从输出的波形图上可以验证译码器的功能和验证组合逻辑电路的设计是否正确。

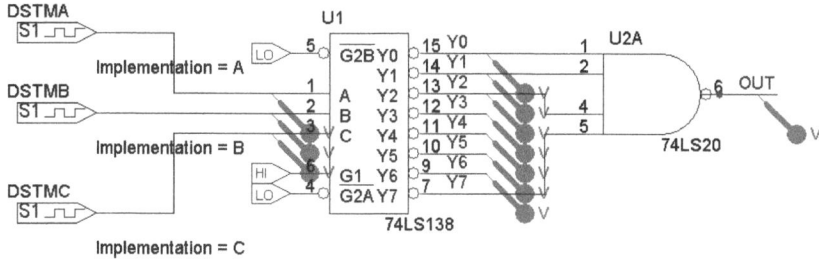

图 6-2-30 带激励信号的原理图

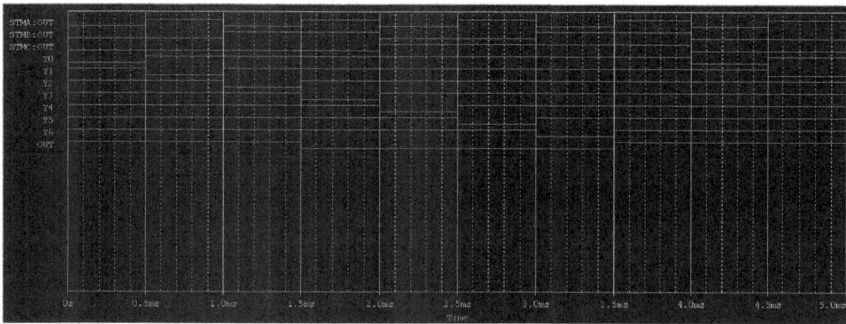

图 6-2-31 输出波形图

1. YB4320/20A/40/60 双踪示波器

一、主要技术指标

1-1 垂直系统

	YB4320/20A	YB4340	YB4360	备　注
CH1 和 CH2 的灵敏度	5mv/div～5V/div,按 1－2－5 步进,共 10 档（量程）（1mV/div～1V/div 在×5MAG）			
精度	×1：±5%、×5：10% 0℃～40℃			垂直钮放在校正处
可微调的垂直灵敏度	大于所标明的灵敏度值的 2.5 倍			
频带宽度 ×5 扩展	DC：DC ～20MHz AC：10Hz～20MHz	DC：DC～40MHz AC：10Hz～40MHz	DC：DC～60MHz AC：10Hz～60MHz	
	DC：DC～7MHz AC：10Hz～7MHz	DC：DC～7MHz AC：10Hz～7MHz	DC：DC～7MHz AC：10Hz～7MHz	
上升时间	17.5ns	8.8ns	6ns	
输入阻抗	1MΩ±2% 25pF ±3 pF			
最大输入电压	300V（DC＋AC 峰值）			
输入耦合系统	AC—GND—DC			
工作系统	CH1:仅通道 1 工作 CH2:仅通道 2 工作 ADD:CH1 和 CH2 的总加 双踪:同时显示通道 1 和通道 2			
转换	仅通道 2 的信号可转换			
上冲	≤5%			

1-2 水平系统

	YB4320/20A	YB4340	YB4360	备　注
扫描方式	×1、×5；×1、×5 交替		×1、×10；×1、×10 交替	
扫描时间	0.1us～0.2s/div ±3% 按 1－2－5 进,共 20 档			
扫描扩展	20ns/div～40ms/div		10ns/div～20ms/div	
交替扩展扫描	至多四踪			
光迹分挡微调	≤1.5div			

1-3 触发系统

	YB4320			YB4340			YB4360		
触发方式	自动,正常,TV-V,TV-H									
触发信号源	INT,CH2,电源,外									
极性	+,−									
耦合系统	AC 耦合									
灵敏度										

频率	内		外	频率	内		外	频率	内		外
常态	10Hz−20MHz		2div	300mV	10Hz−40MHz		2div	800mV	10Hz−60MHz	2div	200mV
自动	20Hz−20MHz		2div	300mV	20Hz−40MHz		2div	800mV	20Hz−60MHz	2div	200mV
锁定	50Hz−15MHz		2div	300mV	50Hz−20MHz		2div	800mV	50Hz−30MHz	3div	300mV

TV 同步	内	≤1div
	外	≤1V_{p-p}

YB4320A 有交替触发,触发幅度≤3div,触发频率为 50Hz～20MHz。

1-4 X-Y 工作方式

	YB4320/20A	YB4340	YB4360	备 注
工作方式	在 X−Y 工作方中,CH1 即 X 轴 CH2 即 Y 轴			
灵敏度	和 Y 轴一样			
输入阻抗	1MΩ ±2%∥25pF±3 pF			
X 轴带宽	DC～500kHz			
相位差	≤3°(DC～50kHz)			

1-5 Z 轴

	YB4320/20A	YB4340	YB4360	备 注
输入阻抗	33KΩ			
最大输入电压	30V(DC＋AC 峰值),最大 AC 1 kHz			
带宽	DC～2 MHz			
输入信号	±5V(反向增加亮度)			

1-6 校准

	YB4320/20A	YB4340	YB4360	备 注
频率	1 kHz±2%			
输出电平	0.5V(±2%)			
占空比	≥48:52			

1-7 CH1 输出

	YB4320A	备 注
输出电压	最小 20mv/div	
输出阻抗	约 50Ω	
带 宽	50Hz～5MHz(−3dB)	

1-8　电源

	YB4320/20A	YB4340	YB4360	备　注
电源	AC：220V±10%			
频率	50 Hz±5%			
功耗	35W	35W	40W	

1-9　示波管

	YB4320/20A	YB4340	YB4360	备　注
型号	15SJ118Y41	A2288	A2288	
加速电压	−1.9kV	12kV	12kV	
有效屏幕	8div(垂直方向)×10div(水平方向)			

二、面板控制键作用说明

1. 主机电源

(38)交流电源插座,该插座下端装有保险丝。

检查电压选择器上标明的额定电压,并使用相应的保险丝。该电源插座用于连接交流电源线。

(1)电源开关(POWER)

将电源开关按键弹出即为"关"位置,将电源线接入,按电源开关,以接通电源。

(2)电源指示灯

电源接通时指示灯亮。

(3)亮度旋钮(INTENSITY)

顺时针方向旋转旋钮,亮度增强。

接通电源之前将该旋钮逆时针方向旋转到底。

(4)聚焦旋钮(FOCUS)

用亮度控制钮将亮度调节至合适的标准,然后调节聚焦控制钮直至轨迹达到最清晰的程度,虽然调节亮度时聚焦可自动调节,但聚焦有时也会轻微变化。如果出现这种情况,需重新调节聚焦。

(5)光迹旋转旋钮(TRACE ROTATION)

由于磁场的作用,当光迹在水平方向轻微倾斜时,该旋钮用于调节光迹与水平刻度线平行。

(6)刻度照用控制钮(SCALE ILLUM)

该旋钮用于调节屏幕刻度亮度。如果该旋钮顺时针方向旋转,亮度将增加。

该功能用于黑暗环境或拍照时的操作。

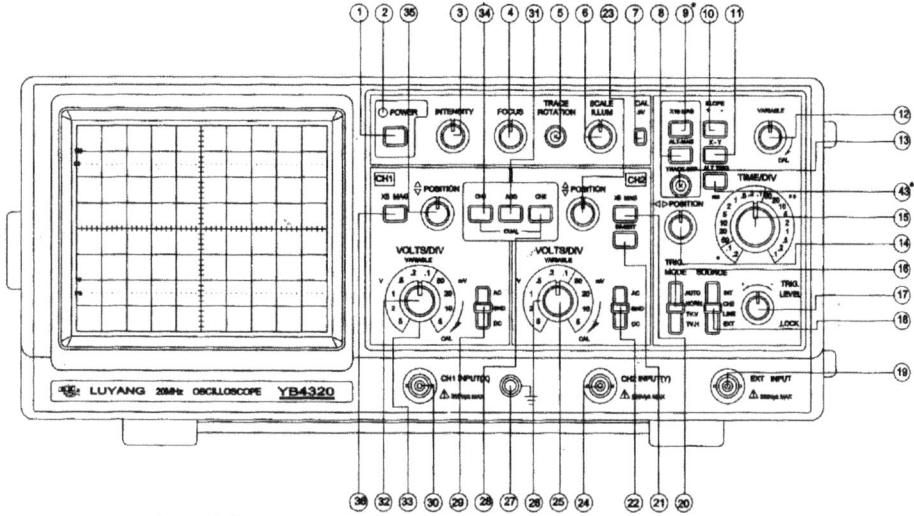

* 仅YB4320A有ALT.TRIG

YB4320/20A40/60 前面板示意图

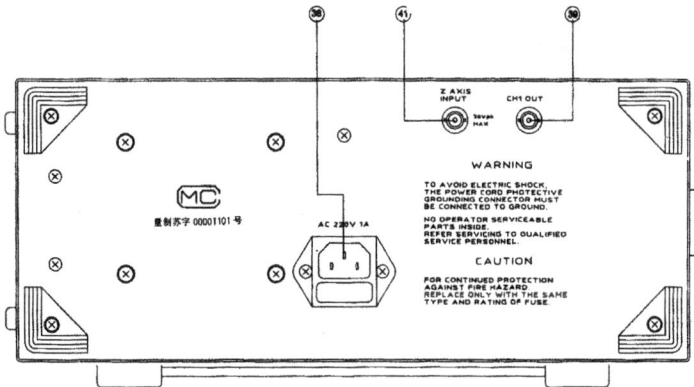

* 仅YB4320A有CH1 OUT

YB4320/20A40/60 后面板示意图

2.垂直方向部分

(30)通道 1 输入端[CH1 INPUT(X)]

该输入端用于垂直方向的输入。在 X-Y 方式时输入端的信号成为 X 轴信号。

(24)通道 2 输入端[CH2 INPUT(Y)]

和通道 1 一样,但在 X-Y 方式时输入端的信号仍为 Y 轴信号。

(22)、(29)交流—接地—直流 耦合选择开关(AC-GND-DC)

选择垂直放大器的耦合方式

交流(AC):垂直输入端由电容器来耦合。

接地(GND):放大器的输入端接地。

直流(DC):垂直放大器输入端与信号直接耦合。

(26)、(33)衰减器开关(VOLT/DIV)

用于选择垂直偏转灵敏度的调节。

如果使用的是 10∶1 的探头,计算时将幅度×10

(25)、(32)垂直微调旋钮(VARIBLE)

垂直微调用于连续改变电压偏转灵敏度。此旋钮在正常情况下应位于顺时针方向旋到底的位置。将旋钮逆时针方向旋到底,垂直方向的灵敏度下降到2.5倍以上。

(20)、(36)CH1×5 扩展、CH2×5 扩展(CH1×5MAG、CH2×5MAG)

按下×5 扩展按键,垂直方向的信号扩大 5 倍,最高灵敏度变为 1mV/div。

(23)、(35)垂直移位(POSITION)

调节光迹在屏幕中的垂直位置。

垂直方式工作按钮:(VERTICAL MODE)

选择垂直方向的工作方式

(34)通道 1 选择(CH1):屏幕上仅显示 CH1 的信号。

(28)通道 2 选择(CH2):屏幕上仅显示 CH2 的信号。

(34)、(28)双踪选择(DUAL):同时按下 CH1 和 CH2 按钮,屏幕上会出现双踪并自动以断续或交替方式同时显示 CH1 和 CH2 上信号。

(31)叠加(ADD):显示 CH1 和 CH2 输入电压的代数和。

(21)CH2 极性开关(INVERT):按此开关时 CH2 显示反相电压值

3.水平方向部分

(15)扫描时间因数选择开关(TIME/DIV)

共 20 档在 0.1us/div~0.2s/div 范围选择扫描速率。

(11)X－Y 控制键

如 X－Y 工作方式时,垂直偏转信号接入 CH2 输入端,水平偏转信号接入 CH1 输入端。

(23)通道 2 垂直移位键(POSITION),控制通道 2 在屏幕中垂直位置,当工作在 X－Y 方式时,该键用于 Y 方向的移位。

(12)扫描微调控制键(VARIBLE)

此旋钮以顺时针方向旋转到底时处于校准位置,扫描由 Time/div 开关指示。

该旋钮逆时针方向旋转到底,扫描减慢 2.5 倍以上。

正常工作时,该旋钮位于校准位置。

(14)水平移位(POSITION)

用于调节轨迹在水平方向移动。

顺时针方向旋转该旋钮向右移动光迹,逆时针方向旋转向左移动光迹。

(9)扩展控制键(MAG×5)、(MAG×10,仅 YB4360)。

按下去时,扫描因数×5 扩展或×10 扩展。扫描时间是 Time/div 开关指示数值的 1/5 或 1/10。

例如:×5 扩展时,$100\mu s$/Div 为 $20\mu s$/Div。

部分波形的扩展:将波形的尖端移到水平尺寸的中心,按下×5 或×10 扩展按钮,波形将扩展 5 倍或 10 倍。

(8)ALT 扩展按钮(ALT－MAG)

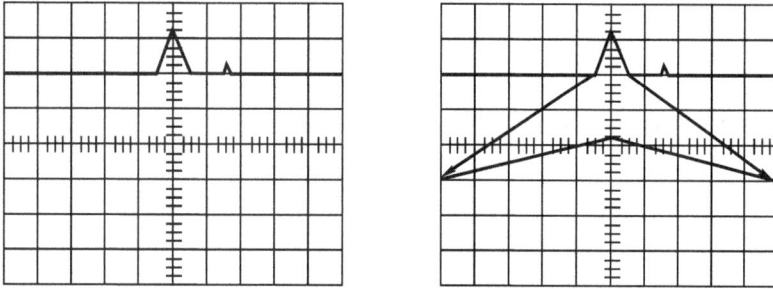

ALT. MAG(×10)

按下此键,扫描因数×1;×5 或×10 同时显示。此时要把放大部分移到屏幕中心,按下 ALT-MAG 键。

扩展以后的光迹可由光迹分离控制键(13)移位距×1 光迹 1.5div 或更远的地方。

同时使用垂直双踪方式和水平 ALT-MAG 在屏幕上同时显示四条光迹。

4. 触发(TRIG)

(18)触发源选择开关(SOURCE)

选择触发信号源

内触发(INT):CH1 或 CH2 上的输入信号是触发信号。

通道 2 触发(CH2):CH2 上的输入信号是触发信号。

电源触发(LINE):电源频率成为触发信号。

外触发(EXT):触发输入上的触发信号是外部信号,用于特殊信号的触发。

(43)交替触发(ALT TRIG)

在双踪交替显示时,触发信号交替来自于两个 Y 通道,此方式可用于同时观察两路不相关信号。

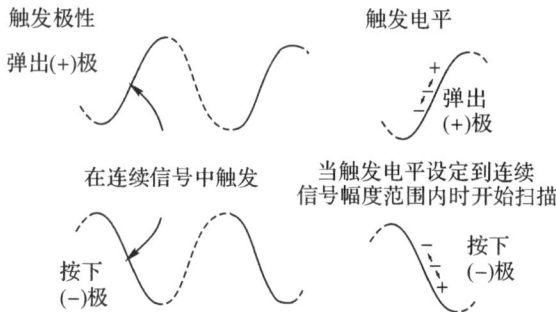

(19)外触发输入插座(EXT INPUT)

用于外部触发信号的输入。

(17)触发电平旋钮(TRIG LEVEL)

用于调节被测信号在某一电平触发同步。

(10)触发极性按钮(SLOPE)

触发极性选择。用于选择信号的上升沿和下降沿触发。

(16)触发方式选择(TRIG MODE)

自动(AUTO):在自动扫描方式时扫描电路自动进行扫描。

在没有信号输入或输入信号没有被触发同步时,屏幕上仍然可以显示扫描基线。

常态(NORM):有触发信号才能扫描,否则屏幕上无扫描线显示。

当输入信号的频率低于20Hz时,请用常态触发方式。

TV-H:用于观察电视信号中行信号波形。

TV-V:用于观察电视信号中场信号波形。

(注意):仅在触发信号为负同步信号时,TV-V 和 TV-H 同步。

(41)Z 轴输入连接器(后面板)(Z AXIS INPUT)

Z 轴输入端。加入正信号时,辉度降低;加入负信号时,辉度增加。常态下的 $5V_{p-p}$ 的信号就能产生明显的调辉。

(39)通道 1 输出(CH1 OUT)

通道 1 信号输出连接器,可用于频率计数器输入信号。

(7)校准信号(CAL)

电压幅度为 $0.5V_{p-p}$ 频率为 1kHz 的方波信号。

(27)接地柱⊥

这是一个接地端。

三、基本操作方法

打开电源开关前先检查输入的电压,将电源线插入后面板上的交流插孔,如下表所示设定各个控制键:

电源(POWER)	电源开关键弹出
亮度(INTENSITY)	顺时针方向旋转
聚焦(FOCUS)	中间
AC-GND-DC	接地(GND)
垂直移位(POSITION)	中间(×5)扩展键弹出
垂直工作方式(MODE)	CH1
触发方式(TRIG MODE)	自动(AUTO)
触发源(SOURCE)	内(INT)
触发电平(TRIG LEVEL)	中间
Time/Div	0.5ms/Div
水平位置	×1,(×5MAG)(×10MAG)ALT,MAG 均弹出

所有的控制键如上设定后,打开电源,当亮度旋钮顺时针方向旋转时,轨迹就会在大约

十五秒钟后出现。调节聚焦旋钮直到轨迹最清晰。如果电源打开后却不用示波器时,将亮度旋钮逆时针方向旋转以减弱亮度。

注:一般情况下,将下列微调控制钮设定到"校准"位置。

V/Div　VAR:顺时针方向旋转到底,以便读取电压选择旋钮指示的 V/Div 上的数值。

Time/Div　VAR:顺时针方向旋转到底,以便读取扫描选择旋钮指示的 Time/Div 上的数值。

改变 CH1 移位旋钮,将扫描线设定到屏幕的中间。

如果光迹在水平方向略微倾斜,调节前面板上的光迹旋钮与水平刻度线相平行。

一般检查

(1)屏幕上显示信号波形

如果选择通道 1,设定如下控制键:

垂直方式开关……………………CH1

触发方式开关……………………AUTO

触发源开关………………………INT

完成这些设定之后,高于 20Hz 的频率的大多数重复信号可通过调节触发电平旋钮进行同步。由于触发方式为自动,即使没有信号,屏幕上也会出现光迹。如果 AC—⊥—DC 开关设定为 DC 时,直流电压即可显示。

如果 CH1 上有低于 20Hz 的信号,必须作下列改变:

触发方式开关………………常态(NORM)

调节触发电平控制键以同步信号。

如果使用 CH2 输入,设定下列开关:

Y 轴方式开关…………………CH2

触发源开关……………………CH2

所有其他的设定和步骤均与 CH1 上显示的波形一致。

(2)需要观察两个波形时:

将垂直工作方式设定为双踪(DUAL),这时可以很方便地显示两个波形,如果改变了 Time/Div 范围,系统会自动选择(ALT)或(CHOP)。

如果要测量相位差,带有超前相位的信号应该是触发信号。

(3)显示 X-Y 图形:

当按下 X-Y 开关时,示波器 CH1 为 X 轴输入,CH2 为 Y 轴输入,垂直方式×5 扩展开关断开(弹出状态)。

(4)叠加的使用:

当垂直工作方式开关设定为 ADD(叠加),可显示两个波形的代数和。

2. YB1600 系列函数信号发生器

一、主要技术指标

1.1 电压输出（VOLTAGE OUT）

型 号	YB1631	YB1634	YB1635	YB1638	YB1639	YB1639A	YB1640
频率范围	0.1Hz～1MHz	0.2Hz～2MHz		0.3Hz～3MHz		同 YB1634	1Hz～15MHz
频率调整率	0.1～1						
输出波形	正弦波、方波、三角波、单次波、斜波、TTL方波、直流电平、调频波(仅 YB1639A、YB1640 具有扫频输出)						
输出阻抗	50Ω						
输出信号类型	单频、调频					单频、调频、扫频	
扫频类型						线性	
扫频速率						10ms～5s	
调频电压范围	0～10V						
调频频率	0.2Hz～100Hz						
输出电压幅度	≥20Vp－p(开路)　　≥10V_{p-p}(50Ω)						

型　号	YB1631	YB1634	YB1635	YB1638	YB1639	YB1639A	YB1640
正弦波失真度	≤2% 0.1Hz～100kHz	≤2% 0.2Hz～200kHz		≤2% 0.3Hz～300kHz		同 YB1634	≤2%
频率响应	0.1Hz～100kHz ±0.4dB 100kHz～1MHz ±1.5dB	0.2Hz～200kHz ±0.4dB 200kHz～2MHz ±1.5dB		0.3Hz～300kHz ±0.4dB 300kHz～3MHz ±1.5dB			±1.5dB
三角波线性	0.1Hz～100kHz ≤1% 100kHz～1MHz ≤5%	0.2Hz～100kHz ≤1% 100kHz～2MHz ≤5%		0.3Hz～100kHz ≤1% 100kHz～2MHz ≤5%			1Hz～100kHz ≤1% 100kHz～2MHz ≤5%
对称度	20%～80%						
直流偏置	10V ～ －10V(开路)　　5V ～ －5V(50Ω)						
方波上升时间	≤150ns	≤100ns		≤80ns		≤100ns	≤15ns
衰减精度	≤±3%						
对称度对频率影响	±20%						

1.2 TTL 输出

型号	YB1631	YB1634	YB1635	YB1638	YB1639	YB1639A	YB1640
输出幅度	≥+3V						
输出阻抗	600Ω						

1.3 功率输出

型　号	YB1631	YB1634	YB1639
频率范围	0.1Hz～10kHz	0.2Hz～20kHz	0.3Hz～30kHz
输出波形	同电压输出		
正弦波失真	≤2%		
三角波线性	≤1%		
正弦波平坦度	±dB		
输出电压幅度	$50V_{p-p}$		
输出电流	$1A_{p-p}$		
电平偏置	±25V		
输出特性	纯电阻性		
过载保护指示	约 $1.3A_{p-p}$		

1.4 频率计数

型　号	YB1631	YB1634	YB1635	YB1638	YB1639	YB1639A	YB1640
测量精度	±1%(±1个字)						
时基频率	10MHz						
闸门时间	10s　1s　0.1s　0.01s						
测频范围	0.1Hz～10MHz					0.1Hz～15MHz	

二、面板操作键作用说明

1. 电源开关(POWER)

将电源开关按键弹出即为"关"位置,将电源线接入,按电源开关,以接通电源。

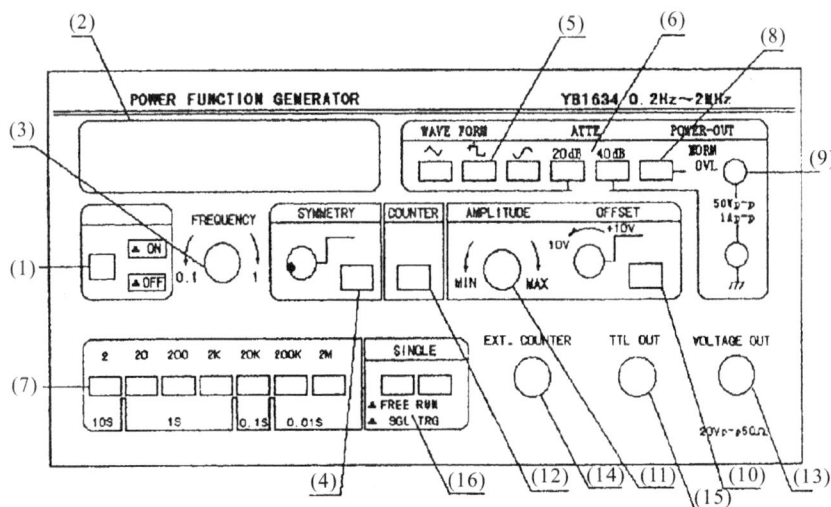

2. LED 显示窗口:此窗口指示输出信号的频率,当"外测"开关按入,显示外测信号的

频率。

3. 频率调节旋钮（FREQUENCY）：调节此旋钮改变输出信号频率，顺时针旋转，频率增大，逆时针旋转，频率减小。

4. 对称性（SYMMETRY）：对称性开关，对称性调节旋钮，将对称性开关按入，对称性指示灯亮，调节对称性旋钮，可改变波形的对称性。

5. 波形选择关（WAVE FORM）：按入对应波形的某一键，可选择需要的波形，三只键都未按入，无信号输出，此时为直流电平。

6. 衰减开关（ATTE）：电压输出衰减开关，二档开关组合为 20dB、40dB、60dB，YB1640 为 0dB、20dB、40dB。

7. 频率范围选择开关（兼频率计数闸门开关）：根据需要的频率，按下其中一键。

8. 功率输出开关（POWER OUT）：按下此键，功率指示灯变绿绝，如果该指示灯由绿色变为红色，则说明输出短路或过载（YB1635、YB1638 无此开关）。YB1639A、YB1640 中此开关为扫频/外调频（scan）选择开关，此开关按入，电压输出端输出的是扫频信号，此开关弹出，如 VCF 输入端有输入信号，则电压输出端输出调频信号。

9. 功率输出端：为电路负载提供功率输出，负载应为纯电阻，如是感性或容性负载。请串入 10W/50Ω 左右电阻（最大幅度输出时），如果是 $40V_{p-p}$，可选择 40Ω 左右的电阻等。根据幅度的大小取对应的电阻（YB1635、YB1638、YB1639A、YB1640 无功率输出）YB1639A、YB1640 中对应功率输出"＋"端的是扫频速率调节旋钮（RATE），顺时针调节 RATE 旋钮，加快扫频速率，逆时针调节 RATE 旋钮，减慢扫频速率。对应功率输出"－"端为扫频宽度调节旋钮（WIDTH）顺时针调节 WIDTH 旋钮，使扫频宽度加宽，逆时针使扫频宽度变窄。

10. 直流偏置（OFFSET）：按入直流偏置开关，直流偏置指示灯亮，此时调节直流偏置调节旋钮，可改变直流电平。

11. 幅度调节旋钮（AMPLITUDE）：顺时针调节此旋钮，增大"电压输出"、"功率输出"的输出幅度。逆时针调节此旋钮可减小"电压输出"、"功率输出"的输出幅度。

12. 外测开关（COUNTER）：此开关按入 LED 显示窗显示外测信号频率，外测信号由 EXT. COUNTER 输入插座输入。

13. 电压输出端口（VOLTAGE OUT）：电压输出由此端口输出。

14. EXT. COUNTER：外测量信号输入端口。

15. TTL OUT 端口：由此端口出 TTL 信号。

16. 单次开关（SINGLE）：当"SGL"开关按入，单次指示灯亮，仪器处于单次状态，每按一次"TRIG"键，电压输出端口输出一个单次波形。（YB1640 无此开关）

三、基本操作方法

打开电源开关之前，首先检查输入的电压，将电源线插入后面板上的交流插孔，如下表所示设定各个控制键：

电源（POWER）	电源开关键弹出
波形开关（WAVEFORM）	任意按入一键
功率开关（POWER OUT）	功率开关键弹出（scan 键弹出 YB1639A）
衰减开关（ATTE）	弹出
外测频（COUNTER）	外测频开关弹出
直流偏置（OFFSET）	直流偏置开关弹出
单次（SINGLE）	单次开关弹出
频率选择开关	按入任意一键
对称性（SYMMETRY）	对称性开关弹出

所有的控制键如上设定后,打开电源。此时 LED 显示窗口显示本机输出信号频率。

一般检查:

1. 将电压输出信号由 VOLTAGE OUT 端口通过连接线送入示波器 Y 输入端口。

2. 三角波、方波、正弦波产生:

(1) 将 WAVE FORM 选择开关分别按正弦波、方波、三角波。此时示波器屏幕上将分别显示正弦波、方波、三角波。

(2) 改变频率选择开关,示波器显示的波形以及 LED 窗口显示的频率将发生明显变化。

(3) 旋转 FREQUENCY 旋钮最大到最小,显示频率将有 10 倍以上的变化。

(4) AMPLITUDE（幅度旋钮）顺时针旋至最大,示波器显示的波形幅度将$\geqslant 20V_{p-p}$

(5) 将 OFFSET 开关按入,顺时针旋转 OFFSET 旋钮至最大,示波器波形向上移动,逆时针旋转,示波器波形向下移动,最大变化量$\pm 10V$ 以上。注意:信号超过$\pm 10V$ 或$\pm 5V$（50Ω）时被限幅。

(6) 按下 ATTE 开关,输出波形将被衰减。

3. 单次波形产生

(1) 频率开关置 H_z 档。

(2) 波形选择开关置"方波"。

(3) 按入"SGL"开关,SIGLE 指示灯亮,示波器无波形显示,按"TRIG"开关,每按一次,示波器将显示一个完整周期的波形。

4. 斜波产生

(1) 波形开关置"三角波"。

(2)SYMMETRY 开关按入对称性指示灯亮。

(3)调节 SYMMETRY 旋钮,三角波将变成斜波。

5. 外测频率

(1) 按入 COUNTER 开关,外测指示灯亮。

(2) 将外测信号由 EXT.COUNTER 输入端输入。

(3) 选择闸门时间（频率选择开关）。

6. TTL 输出

(1) TTL OUT 端口接示波器 Y 轴输入端（DC 输入）。

(2) 操作方法相同于说明。

（3）示波器将显示方波或脉冲波，幅度＞3V_{p-p}。

7．功率输出（YB1635、1638、1639A、YB1640 无）

（1）各调节器相同于使用说明（二.2）。

（2）POWER OUT 开关按入，指示灯显示绿色。

（3）用 Q9 双夹线将功率输出端口同示波器 Y 轴输入端相连。

（4）TTL 衰减器不起作用。

（5）方波频率到 20kHz（YB1639 到 30kHz，YB1631 到 10kHz），正弦波、三角波可到 200kHz（YB1639 到 300kHz，YB1631 到 100kHz）。

（6）输出最大幅度 50V_{P-P}，电阻可按 50Ω（1W 以上功率电阻）需满足 $V_{P-P}/R<1A_{P-P}$ 如超过 1.2A_{P-P} 电路开始保护，指示灯由绿色变为红色。

（7）电平调节，波形超过±25V，波形出现限幅失真。

（8）如果是纯电抗性负载，输出接一只功率为 10W 以上的电阻，其阻值的确定近似为 $V_{P-P}/R<1A_{P-P}$，请根据实际情况而定。其原因为纯电感负载会产生功率放大输出信号的相位，导致放大器反馈不再是非曲直180°，甚至在某一频率上出现正反馈，引起放大器振荡或不稳定。

（9）本机功率放大器具有过载和短路保护，当 POWER OUT 指示灯由绿变红时，说明过载或短路，尽量不要长时间短路过载。如果功率输出要求不大，一般可串一只 50Ω/10W 电阻。

8．扫频（SCAN）（仅 YB1639A，YB1640）

（1）按入 scan 开关，此时 VOLTAGE OUT 端口输出的信号为扫频信号。

（2）调节 RATE（速率）旋钮，可改变扫频速率，顺时针调节，增大扫频速率，逆时针调节，减慢扫频速率。

（3）调节 WIDTH（扫频宽度）旋钮，可改变扫频宽度，顺时针调节，使扫频宽度变宽，逆时针调节，使扫频宽度变窄。

9．VCF（外调制）

由 VCF 输入端口（YB1634、1639、1639A、YB1640 此端口在后面板上）输入 0～10V 的调制信号。此时，VOLTAGE OUT 端口输出为调频信号。

3．YB2100 系列交流毫伏表

一、主要技术指标

型号	YB2172	YB2172A	YB2173
通道	单		双
表头指针	单		红色指示通道 2 的值 黑色指示通道 1 的值
刻度值	正弦波有效值 1V＝0dB 值 1mW＝0dBm 的 dBm 的值		
电压量程	12 级 1mV～300V		12 级 300μV～100V

型号	YB2172	YB2172A	YB2173
分贝量程	12 级 −60dB～ +50dB	−70dB～ +40dB	
电压误差	1kHz 为基准 满度≤±3%		
频率响应	20Hz ～200kHz ≤±3% 5Hz ～20Hz 200kHz ～2MHz ≤±10%		
输入阻抗	10MΩ	1MΩ	
输入量程	50pF		
最大输入电压 DC＋ACP−P	300V 1mV～1V 量程 500V 3V～300V 量程	300V 300μV～ 1V 量程 500V 3V～100V 量程	
输出电压	1V±10% 1kHz	0.1V±10% 1kHz	
输出电压频响	5Hz ～2MHz ±3% 参照 1kHz 无负载	5Hz ～2MHz ±3%参照 1kHz 无负载	
电源电压	～200V 50Hz		

二、面板操作键作用说明

1. 电源（POWER）开关

将电源开关按键弹出即为"关"位置,将电源线接入,
按电源开关,以接通电源。

2. 显示窗口:表头指示输入信号的幅度。对于
YB2173,黑色指针指示 CH1 输入信号幅度,红色指针指
示 CH2 输入信号幅度。

3. 零点调节:开机前,如表头指针不在机械零点处,
请用小一字起子将其调至零点,对于 YB2173,黑框内调
黑指针,红框内调红指针。

4. 量程旋钮:开机前,应将量程旋钮调至最大程处,
然后,当输入信号送至输入端后,调节量程旋钮,使表头
指针指示在表头的适当位置。

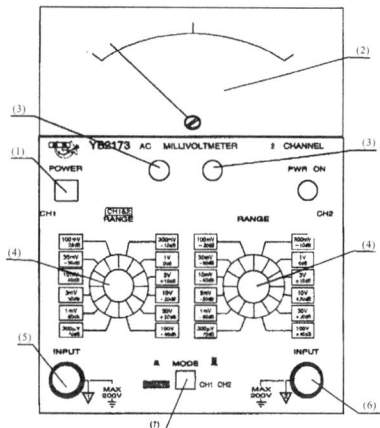

对于 YB2173,左边为 CH1 的量程旋钮,右边为
CH2 的量程旋钮。

5. 输入（INPUT）端口:输入信号由此端口输入。左边为 CH1 输入,右边为 CH2 输入。

6. 输出（OUTPUT）端口:输出信号由此端口输出。对 YB2173 输出端口在后面板上。

7. 方式开关（MODE）（仅 YB2173）:当此开关弹出时,CH1 和 CH2 的量程旋钮分别控
制 CH1 和 CH2 的量程,当此开关按入时,CH2 量程旋钮失去作用,CH1 量程旋钮同时控制
CH1、CH2 的电压量程。

8. 接地选择开关（仅 YB2173）:此开关在后面板上,当此开关拨向上方,CH1 和 CH2
不共地;当此开关拨向下方,CH1 和 CH2 共地。

三、基本操作方法

打开电源开关首先检查输入的电压,将电源线插入后面板上的交流插孔。如下表所示,

设定各个控制键：

电源(POWER)开关	电源开关键弹出
表头机械零点	调至零点
量程旋钮	设定最大量程处
方式开关(MODE)	方式开关键弹出(仅 YB2173)
接地开关	接地开关拨向下方(仅 YB2173)

所有的控制键如上设定后，打开电源。

1. 将输入信号输入端口(INPUT)送入交流毫伏表。

2. 调节量程旋钮，使表头指针位置在大于或等于满度的 1/3 处。

3. 将交流毫伏表的输出用探头送入示波器的输入端，当表针指示位于满刻度时，其输出应满足指标。

4. YB2173 将方式开关(MODE)按入，将两个交流信号分别送入交流毫伏表的两个输入端，调节 CH1 量程旋钮，两只指针分别指示两个信号的交流有效值。

5. dB 量程的使用

表头有两种刻度

(1) 1V 作 0dB 的 dB 刻度值。

(2) 0.755V 作 0 dBm(1mW600Ω)的 dBm 的刻度值。

(3) dB

"Bel"是一个表示两个功率比值的对数单位。

1 dB＝1/10Bel

dB 定义如下： $dB＝10\lg(P_2/P_1)$

如功率 P_2、P_1 的阻抗是相等的，则其比值也可以表示为：

$$dB＝20\lg(E_2/E_1)＝20\lg(I_2/I_1)$$

dB 原是作为功率的比值，然而，其他值的对数(例如电压的比值或电流的比值)，也可以称为"dB"。

例如：当一个输入电压，幅度为 300mV 其输出电压为 3V 时，其放大倍数是：

3V/300mV＝10 倍   也可以 dB 表示如下：

放大倍数＝20lg3V/300mV＝20dB

dBm 是 dB(mV)的缩写，它表示功率与 1mW 的比值，通常"dBm"暗指一个 600Ω 的阻抗所产生的功率，因此"dBm"可被认为：

1dBm＝1mW   或 0.755V 或 1.291mA

(4) 功率或电压的电平由表面读出的刻度值与量程开关所在的位置相加而定。

例：   刻度值   量程   电平

       (－1dB)＋(＋20dB)＝＋19dB

       (＋2dB)＋(＋10dB)＝＋12dB

4. WC2180 交流微伏电压表

一、主要技术指标

1. 电压测量范围:5μV—300V。

满度量程分下列十五档:30μV、100μV、300μV、1mV、3mV、10mV、30mV、100mV、300mV、1V、3V、10V、30V、100V、300V。

2. 频率范围:5Hz—1MHz。

3. 基本误差:在基准条件下,当测量频率为1kHz交流电压时,本仪器的测量误差不应超过每一量程满度值的±3%,100μV档不超过±5%,30μV档不超过±8%(基准条件:温度20±2℃,电源电压220V±5V)。

4. 频率响应误差:当以频率1kHz为基准时,在20Hz至200kHz范围内不超过±4%。自5Hz至1MHz范围内不超过±8%。

5. 输入阻抗:输入电阻不小于1MΩ,输入电容不大于50pF。

6. 允许接入的直流电压:用本仪器测量交流信号电压时,被测处直流电压不应大于160V。(如大于160V,测量时需外加相应隔直电容)

7. 噪声:300μV以上各档零点基本一致。30μV、100μV二量程调零后,指针抖动不超过1μV。

8. 放大器输出头输出电压:当电表指示满度时,放大器输出头子输出交流电压有效值约为90mV。输出电压的频率特性在20Hz—200kHz范围大不大于±1dB,在5Hz—1MHz范围内不大于±3dB。放大器输出阻抗为600Ω±20%。放大器失真系数在频率为1kHz时,小于1%(噪声引起失真除外)。

9. 温度附加误差:在温度为0℃至+40℃范围内使用时,温度每变化10℃所引起附加误差不应大于±1%,30μV档不大于±2%。

10. 本仪器在连续工作八小时内,仍应符合各项技术性能。

11. 供电方式:220V±10%(频率为45—55Hz)的交流电压,消耗电源功率小于5VA。

12. 仪器外形尺寸:100×150×210毫米。

13. 仪器的质量不大于2公斤。

二、电路说明

WC2180交流微伏表由前级放大器、Ⅰ分压器,后级前置放大器,Ⅱ分压器,后级放大器,检波滤波器,稳压电源,射极跟随器八部分组成。

方框图如图一所示:

小于等于3mV的交流电压,经前级放大器、后级前置放大器、Ⅱ分压器、后级放大器放大后,经检波滤波器整流成直流电压推动表头偏转,指示输入交流电压大小。大于等于10mV的交流电压经Ⅰ分压器、后级前置放大器、Ⅱ分压器、后级放大器放大后,经检波滤波整流成直流电压推动表头偏转,指示输入交流电压大小。射级跟随器作为放大后的交流电

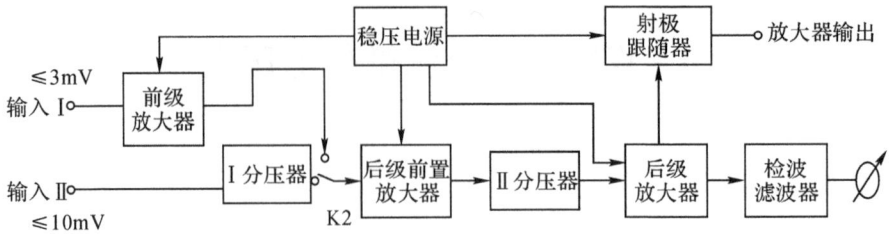

压输出级,输出阻抗约为 600Ω。稳定电源具有二级稳压,以供各电路之需要。

前级放大器、后级前置放大器的输入均有过载保护电路,对于 70V 以下的交流电压,可作长时间保护,对于 70V 以上的交流电压长时间过载会烧掉保护电阻,使用时仍须注意。

三、结构说明

此仪器是便携式仪器,取下后盖板四颗螺钉,即可打开后盖板。取下底板上四颗螺钉和侧板上二颗螺钉,可打开底板、侧板。

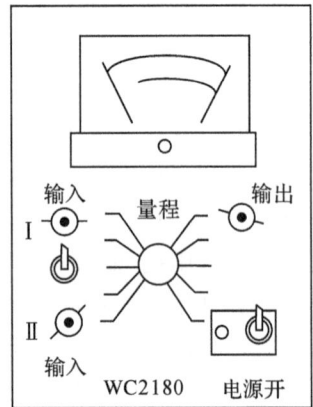

面板上的控制调节装置如图二所示

1. 输入 I 用以输入量程≥10mV 的输入测量电压。
2. 输入 II:用以输入量程≤3mV 的输入测量电压。
3. 输入 I 输入 II 转换开关:使用≥10mV 输入 I,将转换开关打向输入 I,使用≤3mV 量程输入 II,转换开关打向输入 II。
4. 量程转换开关:共十档,配以输入 I、输入 II,共分 30μV、100μV、300μV、1mV、3mV、10mV、30mV、300mV、100mV、1V、3V、10V、30V、100V、300V 十五个满度量程。
5. 放大器输出:可用示波器监看放大后的测量电压波形。
6. 调零电位器:输入端短路时,调节各档零点。
7. 电源开关和指示灯:开启电源,指示电源接通。

四、使用说明

本仪器使用电源为 220V±10% 交流市电电压,开机预热 3～5 分钟即可进行测量。如需精确测量,预热时间需大于 15 分钟。

本仪器测量对象是频率为 5Hz—1MHz,电压值 5μV－300V 交流电压。使用时根据输入测量电压大小,选择输入 I、输入 II,输入头转换开关应打向相应位置,并用量程转换开关选择适当量程,如不知测量电压大小,应先从大量程测起。测量前先将测试线二鳄鱼夹短路,用调零电位器调零,然后将鳄鱼夹夹向测量电压,即可读数测量。300μV 以上各档量程,只需其中任一档量程调零即可使用。100μV、30μV 二档需单独调零。

本仪器有输入测量电压超载保护装置,70V 以下电压可长期超载保护,70V 以上电压只能作短期超载保护,使用时须注意。

本仪器设有一放大器输出头,可用于示波器监看输入测量电压波形,当表头指示满度时,约有有效值 90mV 大小不失真交流电压输出。

5. YB1700 系列直流稳压电源

一、主要技术指标

1.1 单路稳压电源

型　号		YB1721 YB1721A/B	YB1722 YB1722A/B	YB1725 YB1725A	YB1730 YB1725A	YB1731 YB1731A	YB1760 YB1760A
输出电压		0~32V					0~60V
输出电流		0~2A	0~3A	0~5A	0~10A	0~20A	0~5A
负载效应	CV	$5 \times 10^{-4} + 1mV$					
	CC	20mA					
源效应	CV	$1 \times 10^{-4} + 0.5mV$					
	CC	$1 \times 10^{-4} + 5mA$					
纹波及噪声	CV	1mVRMS					
	CC	1mARMS					
显示精度		2.5 级/≤±1%+2 个字					
工作温度		0～ +40℃					
可靠性 MTBF		≥2000 小时					
冷却方式		自然通风冷却					

1.2 双路稳压电源

型　号		YB1711/B		YB1713		YB1717A/B		YB1720		YB1720A	
		主路	从路	主路	从路	主路	从路	主路	从路	主路	从路
输出电压		0~32V									
输出电流		0~2A				0~3A		0~5A			
负载效应	CV	$5 \times 10^{-4} + 1mV$									
	CC	20mA									
源效应	CV	$1 \times 10^{-4} + 0.5mV$									
	CC	$1 \times 10^{-4} + 5mA$									
纹波及噪声	CV	1mVRMS									
	CC	1mARMS									
输出调节分辨率	CV	20 mV									
	CC	50mA									
相互效应	CV	$5 \times 10^{-5} + 1mV$									
	CC	<0.5mA									
跟踪误差		±1%10mV									
显示精度		±1%+2 个字		2.5 级		±1%+2 个字		2.5 级		±1%+2 个字	
工作温度		0～ +40℃									

1.3　三路稳压电源

型　号		YB1718/B			YB1719		
		主路	从路	固定　输出	主路	从路	固定　输出
输出电压		0～32V		5V	0～32V		5V
输出电流		0～2A		2A	0～3A		3A
负载效应	CV	$5 \times 10^{-4}+1mV$			$5 \times 10^{-4}+1mV$		
	CC	20mA			20mA		
源效应	CV	$1 \times 10^{-4}+0.5mV$			$1 \times 10^{-4}+0.5mV$		
	CC	$1 \times 10^{-4}+5mA$			$1 \times 10^{-4}+5mA$		
纹波及噪声	CV	1mVRMS			1mVRMS		
	CC	1mARMS			1mARMS		
输出调节分辨率	CV	20 mV			20 mV		
	CC	50 mA			50 mA		
相互效应	CV	$5 \times 10^{-5}+1mV$			$5 \times 10^{-5}+1mV$		
	CC	＜0.5mA			＜0.5mA		
跟踪误差		±1%10mV			±1%10mV		
显示精度		2.5 级			2.5 级		
工作温度		0～ ＋40℃					

二、面板操作键作用说明

1. 电源开关(POWER)

将电源开关按键弹出即为"关"位置,将电源线接入,按电源开关,以接通电源。

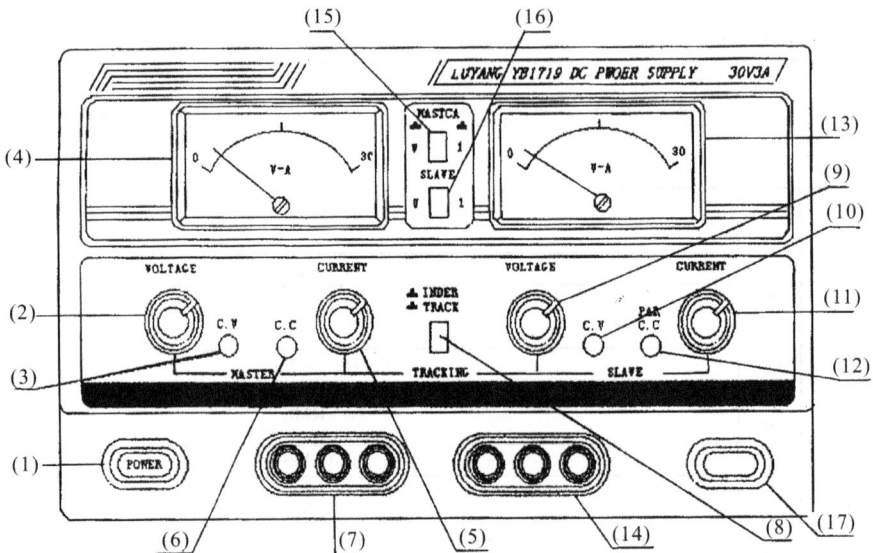

2. 电压调节旋钮(VOLTAGE)

单路直流稳压电源中,此为输出电压粗调旋钮。多路直流稳压电源中,此为主路电压调节旋钮。顺时针调节,电压由小变大,逆时针调节,电压由大变小。

3. 恒压指示灯(C. V)

当主路处于恒压状态时,C. V 指示灯亮。

4. 显示窗口

单路稳压电源中,此为电压显示器(机械表头或 LED. LCD),显示输出电压值。

多路稳压电源中,此窗口显示主路输出电压或电流。

5. 电流调节旋钮(CURRENT)

单路稳压电源中,此为输出电压细调旋钮。

多路稳压电源中,此为主路电流调节旋钮,顺时针调节,输出电流由小变大;逆时针调节,输出电流由大变小。

6. 恒流指示灯(C. C)

单路稳压电源中,无此指示灯。

多路稳压电源中,当主路处于恒流状态时,此灯亮。

7. 输出端口

单路稳压电源,此为输出端口。

多路稳压电源,此为主路输出端口。

8. 跟踪(TRACK)

单路稳压电源中,无此功能。

多路稳压电源中,当此开关按入,主路与从路的输出正端相连,为并联跟踪;调节主路电压或电流调节旋钮,从路的输出电压(或电流)跟随主路变化,主路的负端接地,从路的正端接地,为串联跟踪。

9. 电压调节旋钮(VOLTAGE)

单路电源中,此为电流粗调旋钮。

多路电源中,此为从路输出电压的调节旋钮,顺时针调节,输出电压由小变大;逆时针调节,输出电压由大变小。

10. 恒压指示灯(C. V)

单路稳压电源中,无此指示灯。

多路稳压电源中,此为从路恒压指示灯,当从路处于恒压状态时,此灯亮。

11. 电流调节旋钮(CURRENT)

单路稳压电源中,此为电流细调旋钮。

多路稳压电源中,此为从路电流调节旋钮。顺时针调节,电流由小变大;逆时针旋转,电流由大变小。

12. 恒流指示灯(C. C)

单路稳压电源中,此为恒流指示灯,当输出处于恒流状态时,此灯亮。

多路稳压电源中,此为从路恒流指示灯。

13. 显示窗口

单路稳压电源中,此为电流显示窗口。

多路稳压电源中,此为从路输出电压(或电流)指示窗口。

14．输出端口

单路稳压电源中,无此端口;多路稳压电源中,此为从路输出端口。

15．主路电压/电流开关(V/I)

单路稳压电源无此开关。

多路稳压电源中,此开关弹出,左边窗口显示为主路输出电压值;此开关按入,左边窗口显示为主路输出电流值。

16．从路电压/电流开关(V/I)

单路稳压电源无此开关。

多路稳压电源中:此开关弹出,右边窗口显示为主路输出电压值;此开关按入,右边窗口显示为主路输出电流值。

17．固定 5V 输出端口

此端口输出固定 5V 电压(仅 YB1718、YB1719 有此端口)

三、基本操作方法

打开电源开关前先检查输入的电压,将电源线插入后面板上的交流插孔,如下表所示设定各个控制键:

电源(POWER)	电源开关键弹出
电压调节旋钮(VOLTAGE)	调至中间位置
电流调节旋钮(CURRENT)	调至中间位置
电压/电流开关(V/I)	置弹出位置
跟踪开关 TRACK	置弹出位置
＋ GND －	"－"端接 GND

所有的控制键如上设定后,打开电源。

一般检查

1．调节电压调节旋钮,显示窗口显示的电压值应相应变化。顺时针调节电压调节旋钮,指示值由小变大;逆时针调节,指示值由大变小。

2．输出端口应有输出

3．电压/电流开关按入,表头指示值应为零,当输出端口接上相应的负载,表头应有指示。

顺时针调节电流调节旋钮,指示值由小变大;逆时针调节,指示值由大变小。

4．跟踪开关按入,主路负端接地,从路正端接地。此时调节主路电压调节旋钮。从路的显示窗口显示应同主路相一致。

5．固定 5V 输出端口,应有 5V 输出。

6. 500万用表

一、主要技术指标

1.仪表的测量范围及精度等级：

测 量 范 围		灵敏度	精度等级	基本误差表示法
直流电压	0～2.5～10～50～250～500V	20000Ω/V	2.5	以标度尺工作部分上量限的百分数表示之
	2500V	4000Ω/V	4.0	
交流电压	0～10～50～250～500V	4000Ω/V	4.0	
	2500V	4000Ω/V	5.0	
直流电压	0～50μA～1～10～100～500 mA		2.5	
电　　阻	0～2k～20k～200k～2M～20MΩ		2.5	以标度尺工作部分长度的百分数表示之
音频电平	－10～＋22db			

二、使用方法

1.使用之前须调整零器"S_3"使指针准确地指示在标度尺的零位上。

2.直流电压测量：将测试杆短杆分别插在插口"K_1"和"K_2"内,转换开关旋钮"S_1"至"$\underset{\sim}{V}$"位置上、开关旋钮"S_2"至所欲测量直流电压的相应量限位置上,再将测试杆长杆跨接在被测电路两端,当不能预计被测直流电压大约数值时,可将开关旋钮旋在最大量限的位置上,然后根据指示值之大约数值,再选择适当的量限位置,使指针得到最大的偏转度。

测量直流电压时,当指针向相反方向偏转,只需将测试杆的"＋"、"－"极互换即可。读数见"～"刻度。测量2500V时将测试杆短杆插在"K_1"和"K_4"插口中。

3.交流电压测量：将开关旋钮"S_1"旋至"$\underset{\sim}{V}$"位置上,开关旋钮"S_2"旋至所欲测量交流电压值相应的量限位置上,测量方法与直流电压测量相似。50伏及50以上各量限的指示值见"～"刻度,10伏量限见"$\underset{\sim}{10V}$"专用刻度。

由于整流系仪表的指示值是交流电压的平均值,仪表指示值是按正弦波形交流电压的有效值校正,对被测交流电压的波形失真应在任意瞬时值与基本正弦波上相应的瞬时值间

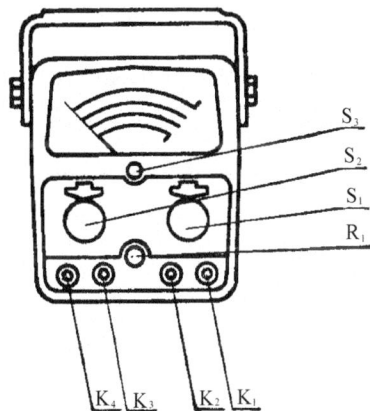

的差别不超过基本波形振幅的±2%,当被测电压为非正弦波时,例如测量铁磁饱和稳压器的输出电压,仪表的指示值将因波形失真而引起误差。

4. 直流电流测量:将开关旋钮"S_2"旋至"$\underset{\sim}{A}$"位置,开关旋钮"S_1"旋到需要测量直流电流值相应的量限位置上,然后将测试杆串接在被测电路中,就可量出被测电路中的直流电流值。指示值见"$\sim$"刻度。测量过程中仪表与电路的接触应保持良好,并应注意切勿将测试杆直接跨接在直流电压的两端,以防止仪表因过负荷而损坏。

5. 电阻测量:将开关旋钮"S_2"旋到"Ω"位置上,开关旋钮"S_1"旋到"Ω"量限内,先将两测试杆短路,使指针向满度偏转,然后调节电位器"R_1"使指针指示在欧姆标度尺"0Ω"位置上,再将测试杆分开进行测量未知电阻的阻值。指示值见"Ω"刻度。为了提高测试精度,指针所指示被测电阻之值应尽可能指示在刻度中间一段,即全刻度起始的20%～80%弧度范围内。在 $\Omega\times1$、$\times10$、$\times100$、$\times1K$ 量限所有用直流工作电源系 1.5 伏二号电池一节,$\Omega\times10K$ 量限所用直流工作电源系 9 伏层叠电池一节,它们在工作时的端电压应符合下表数值:

电池标称电压/V	工作时端电压范围/V
1.5	1.35～1.65
9.0	8.1～9.9

当短路测试杆调节电位器"R_1"不能使指针指示到欧姆零位时,表示电池电压不足,故应立刻更换新电池,以防止因电池腐蚀而影响其他零件。更换新电池时,应注意电池极性,并与电池夹保持接触良好。仪表长期搁置不用时,应将电池取出。

6. 音频电平测量:测量方法与测量交流电压相似,将测试杆插在"K_1"、"K_3"插口内,转换开关旋钮"S_1"、"S_2"分别放在"$\underset{\sim}{V}$"和相应的交流电压量限位置上。音频电平刻度系根据 0db=1mW,600Ω 输送标准而设计。标度尺指示值系从 -10～$+22$db,当被测之量大于 $+22$db 时,应在 50 $\underset{\sim}{V}$ 或 250 $\underset{\sim}{V}$ 量限进行测量,指示值应按下表所示数值进行修正:

量限	按电平刻度增加值/ db	电平的范围
50 $\underset{\sim}{V}$	14	$+4$ ～ $+36$db
250 $\underset{\simeq}{V}$	28	$+18$ ～ $+50$db

音频电平与电压、功率的关系为下式所示:
$$db=10\log_{10}P_2/P_1=20\log_{10}V_2/V_1$$
式中 P_1——在 600Ω 负荷阻抗上 0db 的标称功率=1mW

V_1——在 600Ω 负荷阻抗上消耗功率为 1mW 时的相应电压即:
$$V_1=\sqrt{P_1Z}=\sqrt{0.001\times600}=0.775V$$
P_1、V_1——被测功率和电压。

指示值见"db"刻度。

三、注意事项

为了测量时获得良好效果及防止由于使用不慎而使仪表损坏,仪表在使用时,应遵守下列事项:

1. 仪表在测试时,不能旋转开关旋钮。

2. 当被测之量不能确定其大约数值时,应将量程转换开关旋到最大限量的位置上,然后再选择适当的限量,使指针得到最大的偏转。

3. 测量直流电流时,仪表应与被测电路串联,禁止将仪表直接跨接在被测电路的电压两端,以防止仪表过负荷而损坏。

4. 测量电路中的电阻阻值时,应将被测电路的电源割断,如果电路中有电容器,应先将其放电后才能测量。切勿在电路带电情况下测量电阻。

5. 仪表在携带时或每次用毕后,最好将开关旋钮"S_2"旋在"·"位置上,使仪表内部电路呈开路状态,防止因误置开关旋钮位置进行测量而使仪表损坏。

6. 为了确保安全,测量交直流 2500 伏量限时,应将测试杆一端固定接在电路地电位上,将测试杆的另一端去接触被测高压电源,测试过程中应严格执行高压操作规程,双手必须带高压绝缘橡胶手套,地板上应铺置高压绝缘橡胶板,测试时应谨慎从事。

7. 仪表应经常保持清洁和干燥,以免影响准确度和损坏仪表。

7. UT56 数字万用表

一、主要技术指标

1. 直流电压:

量　程	分辨力	准确度
200mV	10μV	$\pm(0.05\%\text{rdg}+3\text{digits})$
2V	100μV	$\pm(0.1\%\text{rdg}+3\text{digits})$
20V	1mV	
200V	10mV	
1000V	100mV	$\pm(0.15\%\text{rdg}+5\text{digits})$

输入阻抗:所有量程为 10MΩ。

过载保护:对于 200mV 量程为 250VDC 或 AC 有效值。其余量程为 750Vrms 或 1000V$_{p-p}$峰值。

2. 交流电压:

量　程	分辨力	准确度
		40—400Hz
2V	100μV	$\pm(0.5\%\text{rdg}+10\text{digits})$
20V	1mV	$\pm(0.6\%\text{rdg}+10\text{digits})$
200V	10mV	
750V	100mV	$\pm(0.8\%\text{rdg}+15\text{digits})$

输入阻抗:所有量程为 2MΩ。

频率范围:40Hz—400Hz。

　　过载保护:对于 200mV 量程为 250VDC 或 AC 有效值。其余量程为 750Vrms 或 1000V_{p-p}峰值。

　　显　　示:平均值响应(正弦波有效值)。

3. 直流电流:

量　　程	分辨力	准确度
2mA	0.1μA	±(0.5％rdg+5digits)
20mA	1μA	
200mA	10μA	±(0.8rdg+5digits)
20A	1mA	±(2％rdg+10digits)

　　过载保护:200mA 以下为 0.3A/250V 保险丝保护,20A 无保险丝保护。

　　最大输入电流:20A(10A 以上电流测量时间应不超过 15 秒)。

　　测量电压降:满量程为 200mV。

4. 交流电流:

量　　程	分辨力	准确度
2mA	0.1μA	±(0.8％rdg+10digits)
20mA	1μA	
200mA	10μA	±(1.2％rdg+10digits)
20A	1mA	±(2.5％rdg+10digits)

　　过载保护:200mA 以下为 0.3A/250V 保险丝保护,20A 无保险丝保护。

　　最大输入电流:20A(10A 以上电流测量时间应不超过 15 秒)。

　　测量电压降:满量程为 200mV。显示:平均值响应(正弦波有效值)。

5. 电阻:

量　　程	分辨力	准确度
200Ω	0.01Ω	±(0.5％rdg+10digits)
2kΩ	0.1Ω	±(0.3％rdg+3digits)
20kΩ	1Ω	
200kΩ	10Ω	±(0.3％rdg+1digits)
2MΩ	100Ω	
20MΩ	1kΩ	±(0.5％rdg+1digits)
200MΩ	10kΩ	±(5.0(rdg-1000digits)+10digits)

　　过载保护:所有量程 250V　DC 或 AC 有效值。

　　注意!

　　(1)在 200MΩ 档,表笔短路,显示器显示 1000 个字,在测量中应从读数中减去 1000 个字。

　　(2)使用 200Ω 档时,先将表笔短接,显示表笔线的电阻值,实测中减去这一电阻值,得到的才是实际被测值。

6. 电容：

量　程	分辨力	准确度
2nF	0.1pF	
20nF	1pF	
200nF	10pF	±(4%rdg＋20digits)
2μF	0.1nF	
20μF	1nF	

测试信号为：约 400Hz 40Vrms.

7. 频率：

量　程	分辨力	准确度
20kHz	1Hz	±(1.5%rdg＋5digits)

过载保护：250Vrms

输入灵敏度：≤200Vrms，测量范围为 30Vrms 以下

8. 二极管和蜂鸣连续性测试：

量程	说明	测试条件
﹣▷⊢	显示二极管正向电压值单位为"V"	正向直流电流约 1mA 反向直流电压约 3.0V
▪)))	电阻≤50Ω 时机内蜂鸣器响，显示电阻近似值，单位为"kΩ"	开路电压约 3.0V

过载保护：所有量程 250V　DC 或 AC 有效值。

9. 晶体管 hFF 测试：

量程	说明	测试条件
hFE	可测 NPN 型或 PNP 型晶体管 hFE 参数显示范围：0－1000β	基极电流约 10μA,Vce 约 3.0V

二、使用方法

操作前注意事项：

(1)将 POWER 开关按下，检查 9V 电池，如果电池电压不足，"凸"将显示在显示器上，这时则需更换电池。

(2)测试笔插孔旁边的"!"符号，表示输入电压或电流不应超过示值，这是为了保护内部线路免受损坏。

(3)测试之前，功能开关应置于你所需要的量程。

①电源开关　　②电容测试座　　③LCD 显示器　　④数据保持开关　　⑤功能开关　　⑥晶体管测试座　　⑦输入插座

1. 直流电压测量

(1)将黑笔插入 COM 插孔,红表笔插入 V 插孔。

(2)将功能开关置于 V━━量程范围,并将测试表笔并接到待测线路上,红表笔所接端子的极性将同时显示。

注意!

(1)如果不知被测电压范围,将功能开关置于最大量程并逐渐下调。

(2)如果显示器只显示"1",表示过量程,功能开关应置于更高量程。

(3)"!"表示不要输入高于 1000V 的电压,显示更高的电压值是可能的,但有损坏内部线路的危险。

(4)当测量高电压时要格外注意避免触电。

2. 交流电压测量

(1)将黑表笔插入 COM 插孔,红表笔插入 V 插孔。将功能开关置于 V～量程范围,并将测试表笔并接到待测线路上。

注意!

(1)参看直流电压注意 1、2、4。

(2)"!"表示不要输入高于 750V 有效值的电压,显示更高的电压值是可能的,但是有损坏内部线路的危险。

3. 直流电流测量

(1)将黑表笔插入 COM 插孔,当测量最大值为 200mA 以下的电流时,红表笔插入 mA 以插孔。当测量最大值为 20A 的电流时,红表笔插入 20A 插孔。

(2)将功能开关置 A━━量程,并将测试表笔串联接入到待测回路里,电流值显示的同时,将显示红表笔的极性。

注意!

(1)如果使用前不知道被测电流范围,将功能开关置于最大的量程并逐渐下调。

(2)如果显示器只显示"1",表示过量程,功能开关应置于更高量程。

(3)"!"表示最大输入电流为 200mA,过量的电流将烧坏保险丝,应即时再更换,20A 量程无保险丝保护。

4. 交流电流的测量

(1)将黑表笔插入 COM 插孔,当测量最大值为 200mA 以下的电流时,红表笔插入 mA 插孔。当测量最大值为 20A 的电流时,红色笔插入 20A 插孔。

(2)将功能开关置于 A～量程,并将测试表笔串联接入到待测回路里。

注意!

(1)参看直流电流测量注意 1、2、3。

5. 电阻测量

(1)将黑表表笔插入 COM 插孔,红表笔插入 Ω 插孔。

(2)将功能开关置于 Ω 量程,将测试表笔并接到待测电阻上。

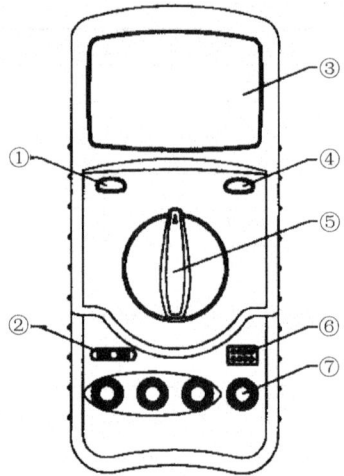

注意!

(1)如果被测电阻值超出所选择量程的最大值,将显示过量程"1",应选择更高的量程,对于大于 1MΩ 或更高的电阻,要几秒钟后读数才能稳定,对于高阻值读数这是正常的。

(2)当无输入时,例如开路情况,仪表显示为"1"。

(3)当检查线路阻抗时,被测线路必须所有电源断开,电容电荷放尽。

(4)200MΩ 短路时有 1000 个字,测量时应从读数中减去,如测 100MΩ 电阻时,显示为 110.00,1000 个字应被减去(即 111.00−10.00=100.00MΩ)

6. 电容测试

连接待测电容之前,注意每次转换量程时复零需要时间,有漂移读数存在不会影响测试精度。

注意!

(1)仪器本身虽然对电容档设置了保护,但仍须将待测电容先放电然后进行测试,以防损坏本表或引起测量误差。

(2)测量电容时,将电容插入电容测试座中。

(3)测量大电容时稳定读数需要一定的时间。

(4)单位:$1PF=10^{-6}\mu F$,$1nF=10^{-3}\mu F$。

7. 频率测量

(1)将红表笔插入 VΩ 插孔,黑表笔插入 COM 插孔。

(2)将功能开关置于 kHz 量程,并将测试笔并接到频率源上,可直接从显示器上读取频率值。

注:被测值超过 30vrms 时不保证测量精度并应注意安全,因为此时电压已属危险带电范围。

8. 二极管测试及蜂鸣器的连续性测试

(1)将黑色表笔插入 COM 插孔,红表笔插入 VΩ 插孔(红表笔极性为"＋")将功能开关置于"→ 、·)）"档,并将表笔连接到待测二极管,读数为二极管正向压降的近似值。

(2)将表笔连接到待测线路的两端,如果两端之间电阻值低于约 50Ω,内置蜂鸣器发声。

9. 晶体管 hFE 测试

(1)将功能开关置 hFE 量程。

(2)确定晶体管是 NPN 或 PNP 型,将基极、发射极和集电极分别插入面板上相应的插孔。

(3)显示器上将读出 hFE 的近似值,测试条件:$I_b=10\mu A$,Vce≈3.0V。

10. 自动电源切断使用说明

(1)仪表设有自动电源切断电路,当仪表工作时间约 30 分钟左右,电源自动切断,仪表进入睡眠状态。

(2)当仪表电源切断后若要重新开起电源,请重复按动电源开关两次。

8. QT2 图示仪

一、技术性能

QT2 型晶体管特性图示仪可根据需要测量半导体二极管、三极管的低频直流参数，最大集电极电流可达 50A，基本满足 500W 以下的半导体管的测试。

本仪器还附有高压的测试装置，可对 3kV 以下的半导体管进行击穿电压及反向漏电流测试，其测试电流最高灵敏度可达到 $0.5\mu A/$度。

本仪器所提供的基极阶梯信号还具有脉冲阶梯输出，因此可扩大测量范围及对二次击穿特性的测量。

（一）集电极扫描电源

1. 输出电压与档级　　　$0\sim10V$　　　　正或负连续可调
　　　　　　　　　　　　　$0\sim50V$　　　　正或负连续可调
　　　　　　　　　　　　　$0\sim100V$　　　正或负连续可调
　　　　　　　　　　　　　$0\sim500V$　　　正或负连续可调

2. 输出电流容量　　　　$0\sim10V$　　　　50A（脉冲阶梯工作状态时）
　　　　　　　　　　　　　　　　　　　　　20A（平均值）
　　　　　　　　　　　　　$0\sim50V$　　　　10A（平均值）
　　　　　　　　　　　　　$0\sim100V$　　　5A（平均值）
　　　　　　　　　　　　　$0\sim500V$　　　0.5A（平均值）

3. 功耗限制电阻　　　　$0\sim100k\Omega$ 按 1、2、5 进制分 20 档级，各档级电阻值误差应不大于 10%。

4. 整流方式　　　　　　全波

5. 正负极性控制方式：按 NPN，PNP 的需要与阶梯极性及位移联动控制。二极管测量装置具有下列性能及指标：

6. 输出电压　　　　　　$0\sim3kV$　　　　正向连续可调。

7. 输出电流容量　　　　最大为 5mA

8. 整流方式　　　　　　半波

9. 输出电压　　　　　　$0\sim12V$　　　　正或负连续可调或接地

10. 输出波形　　　　　直流

（二）基极阶梯信号

1. 阶梯电流范围　　$1\mu A$ 级/$\sim200mA$/级。按 1、2、5 进制分 17 档级，各档级误差应不大于 5%。

2. 阶梯电压范围　　$0.05V$ 级$\sim1V$ 级。按 1、2、5 进制分 5 档级，各档级误差应不大于 5%。

3. 串联电阻　　$0\sim1M\Omega$。按 1、2、5 进制分 20 档级，各档级电阻误差不大于 10%。

4. 阶梯波形　　分正常（100%）及脉冲二档，脉冲阶梯空度比调节范围约为 10%～40%。

5. 每族级数 0～10 级,连续可调。

6. 每秒级数 100 或 200。

7. 阶梯作用　分正常、关、单次三档级。

8. 阶梯输入　分正常、零电压、零电流三档级。

9. 阶梯极性　分正、负二档,按 NPN,PNP 的需要与集电极电压极性及位移联动控制,或正常、倒置进行单独极性选择。

(三)Y 轴偏转因数

1. 集电极电流范围(I_C)1μA/度～5A/度,按 1、2、5 进制分 21 档级,各档误差应不大于 3%。

2. 二极管电流范围(I_D)1μA～500μA/度,按 1、2、5 进制分 9 档级,各档误差应不大于 3%。

3. 集电极及二极管电流倍率×0.5,误差不大于 10%。

4. 基极电流或基极源电压(┌┘└)0.1V/度,误差不大于 3%。

5. 外接输入灵敏度 20mV/度,误差不大于 3%。输入阻抗 1MΩ。

(四)X 轴偏转因数

1. 集电极电压范围(U_C)10mV/度～50V/度。按 1、2、5 进制分 12 档级。各档误差应不大于 3%。

2. 二极管电压范围(U_D)100V/度～500V/度。按 1、2、5 进制分 3 档级。各档误差应不大于 10%。

3. 基极电压范围(U_{BE})10mV/度～1000mV/度。按 1、2、5 进制分 7 档级。各档误差应不大于 3%。

4. 基极电流或基极源电压(┌┘└)0.1V/度,误差不大于 3%。

5. 外接输入灵敏度 20mV/度,误差不大于 30%。输入阻抗 1MΩ。

(五)校准电压

本仪器输出校准电压按 Y、X 偏转因数开关不同档级进行 10 度校准,输出电压见下列附表,各档电压精度应不大于 1%。

(六)其他部分

1. 示波管	16SJ101	有效工作面 8×10cm
2. 适应电源	220V±10%	50Hz±2Hz
3. 消耗功率	约 80VA	(最大时约 300VA)
4. 预热时间	不小于 10min	
5. 工作时间	能连续工作 8h	
6. 重量	约 30kg	
7. 外型尺寸	300×408×520mm	
8. 额定使用范围	温度－10°～＋40℃	
	湿度 80%(40℃)	
9. 额定贮存范围	温度－40℃～＋55℃	
	湿度 90%(40℃)	

Y轴偏转因数开关		X轴偏转因数开关	
开关档级	标准电压输出值	开关档级	校准电压输出值
1μA/度	200mV	400mV	100mV
2μA/度	400mV	1V	200mV
5μA/度	1V	1V	500mV
10μA/度	200mV	200mV	100mV
20μA/度	400mV	100mV/度	200mV
50μA/度	1V	20mV/度	500mV
100μA/度	200mV	50mV/度	100mV
200μA/度	400mV	100mV/度	200mV
500μA/度	1V	200mV/度	500mV
1mA/度	200mV	500mV/度	100mV
2mA/度	400mV	1V/度	200mV
5mA/度	1V	2V/度	500mV
10mA/度	200mV	5V/度	100mV
20mA/度	400mV	10V/度	200mV
50mA/度	1V	20V/度	500mV
100mA/度	200mV	50V/度	1V
200mA/度	400mV	100V/度	200mV
500mA/度	1V	200V/度	
1A/度	200mV	500V/度	
2A/度		⊓	
5A/度		外接	
⊓			
外接			

二、使用方法

（一）测试前的注意事项

正确、安全地使用本仪器，并使本仪器发挥最大的效能，这与使用者的熟悉程度有关，如果使用不当不但会损坏被测管甚至会损坏仪器的内部电路，为此在使用本仪器前必须注意下列事项，以保证正确，安全地进行测试。

1. 对被测管的主要直流参数的熟悉与了解，特别要了解该被测管的集电极最大允许耗散功率 P_{cm}，集电极对其他极的最大反向击穿电压如 BV_{CEO}，BV_{CBO}，BV_{CER}，集电极最大允许电流 I_{cm} 等主要指标。

2. 在测试前首先将极性与被测管所需要的极性相同即选择 PNP 或 NPN 的开关置于规定位置，这样基本上确定了被测管的集电极电压极性，阶梯极性，以及测量象限。

3. 将集电极电压输出按至其输出电压不应超过被测管允许的集电极电压，一般情况下将峰值电压旋至零，输出电压按至合适的档极，并将功耗限制电阻置于一定的阻值，同时将 X、Y 偏转开关置于合适的档级，此档级以不超过上述几个主要直流参数为原则（实际上 X、

Y 偏转开关并不直接影响被测管,但由于所选择的位置相关过远,会不易觉察某些特性已大大超过允许值而导致被测管损坏)。

4. 对被测管进行必要的估算,以选择合适的注入阶梯电流或电压,此估算的原则以不超过被测管的集电极最大允许耗损功率。

估算方法一般取被测管 β 为 100 级/族为 10 级此时在管子的承受功率 $P_c = I_b \times 10$ 级 $\times \beta \times V_{ce}$(在发射极接地的情况下)要求 $P_c < P_{cm}$。

5. 在进行 I_{cm} 的测试时一般采用单次阶梯为宜,以免被测管的电流击穿。

6. 在进行 I_c 或 I_{cm} 测试中应根据集电极电压的实际情况,不应超过本仪器规定的最大电流。具体数据列表如下:

电压档级	10V	50V	100V	500V	3kV
允许最大电流	50A	10A	5A	0.5A	5mA

在进行 50A(10V)档级时当实际测试电流超过 20A 时以脉冲阶梯为宜。

(二)测试前的开机与调节

1. 开启电源　将电源开关向右方向按动,此时白色指示灯即发光亮,待预热十分钟后立即进行正常测试。在必须时测量进线电压以在 220V±10% 的范围内为宜。

2. 调节辉度聚焦、辅助聚焦及标尺亮度,将示波管会聚成一清晰的小光点,标尺亮度以能清晰满足测量要求为原则。

3. Y、X 移位　对 Y、X 移位旋钮置于中心位置,此时光点应根据 PNP、NPN 开关的选择处于左下方或右上方。再调节移位旋钮使其在左下方或右下方实线部分的零点。

4. 对 X、Y 校准　将 Y、X 灵敏度分别进行 10 度校准,其方法将 Y(或 X)方式开关自"⊥"至"校准"此时光点或基线应有 10 度偏转,如超过或不到时应进行增益调节($\frac{X}{Y}$ 调节)

5. 阶梯调零　阶梯调零的原理即将阶梯先在示波管上显示,然后根据放大器输入端接地所显示的位置,再调节调零电位器使其与放大器接地时重合即完成调零。

调节方法首先将 Y 偏转放大器置于基极电流或基极源电压(即"⊓")档级,X 偏转放大器置于 U_c 的任意档级,将测试选择置于"NPN",⊓ 置于"常态",阶梯幅度/级置于电压/级的任何档级,集电极电压置于任意档级使示波管显示一电压值,此时即能调零使第一根基线与 Y 偏转放大器"⊥"时重合即完成了调零步骤。

6. 电容性电流平衡　在要求较高电流灵敏度档级进行测量时,可对电容性电流进行平衡,平衡方式将 Y 偏转放大器置于较高灵敏度档级使示波管显示一电容性电流,调节电容平衡旋钮使达到最小值即可。

7. 集电极电压检查　在进行测量前应检查集电极电压的输出范围,检查时将 V_c 置于相对应档级,当发现将峰值电压顺时针方向最大时,其输出在规定值与大于 10% 之间即正常,如超过或小于上述规定请检查进线电压。(此时功耗限止电阻应等于 0。)

(三)反向击穿电压测试

本仪器可进行下列各种反向击穿电压测试,测试定义见有关半导体测试标准。测试接线请参见下表:

VCBO 集电极基极间电压（发射极开路）	
VEBO 发射极与基极间电压（集电极开路）	
VCEO 集电极与发射极间电压（基极开路）	
VCER 集电极与发射极间电压（基极与发射极间电阻连接）	
VCES 集电极与发射极间电压（基极与发射极短路）	

1. 根据被测管的极性选择 PNP、NPN 位置，当置于"PNP"位置集电极电压为（一）极性、当置于"NPN"位置电极电压（＋）极性。

2. 被测管的 CBE 按上表的连接方法进行连接。

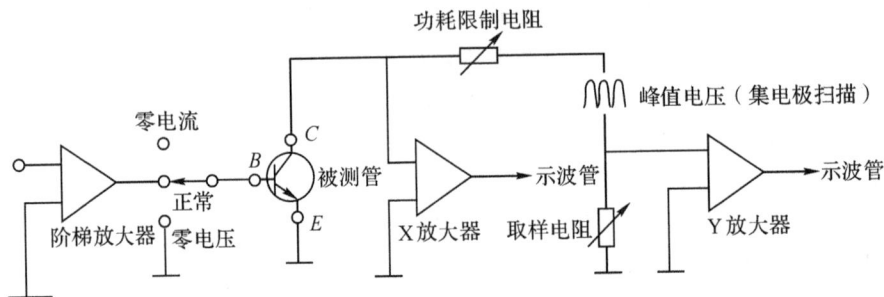

3. 零电压、零电流的阶梯输入开关按上表规定的方法进行连接。选择正确的开路（零电流）或短路（零电压）。

4. Y 偏转放大器的电流/度开关置于较灵敏档级，一般置于 $100\mu A$ 度档级。或根据要求置于要求档级。

5. X 偏转放大器的电压/度置于 U_C 合适的档级（视被测管的特性及集电极电压输出值）。

6. 将功耗限制电阻置于较大档级，一般置于 $10k\Omega\sim100k\Omega$ 之间的任意档级。

7. 根据被测管所在 A、B 位置，选择测试 A 或测试 B 的位置。

8. 集电极电压置于合适的档级，峰值电压为零，当测试时再按顺时针方向慢慢加大输出电压。

（四）各种特性曲线测试

V_{CE}—I_C 特性测试

共发射极 V_{CE}—I_C 特性（基极信号为变量），测试回路见下图。

1. 根据集电极基极的极性将测试选择开关置于 NPN（此时集电极电压，基极电压均为正）或 PNP（此时集电极电压，基极电压均为负）并将" ⌐_ "开关置于常态。如基极需要反

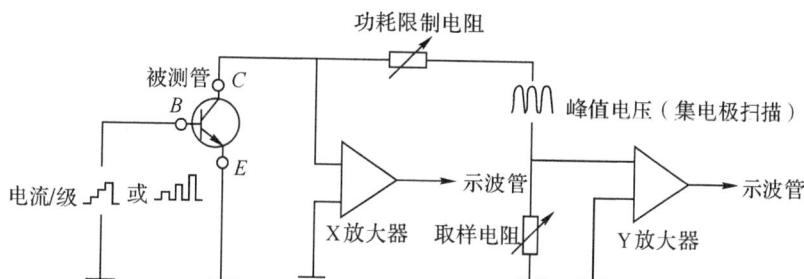

相时可置于"倒置"。

2.被测管的 CBE 按规定进行联接。

3.将 Y 电流/度置于 I_C 合适档级,X 电压/度置 U_C 合适档级。

4.测试 A 与测试 B 置于被测管连接的一边。

5.集电极电压按照要求值进行调节并使在左下方(NPN)或右上方(PNP)的零点开始。

6.选择合适的阶梯幅度/级开关置于电流/级某一档级(一般置于较小档级,再逐级加大至要求值)。

7.选择合适的功耗限制电阻,电阻值的确定可按负载线的要求或保护被测管的要求进行选择。

8.对所显示的 V_{CE}——I_C 曲线进行读数或记录。

I_B——I_C 特性测试

共发射极 I_B——I_C 特性,测试回路见下图。

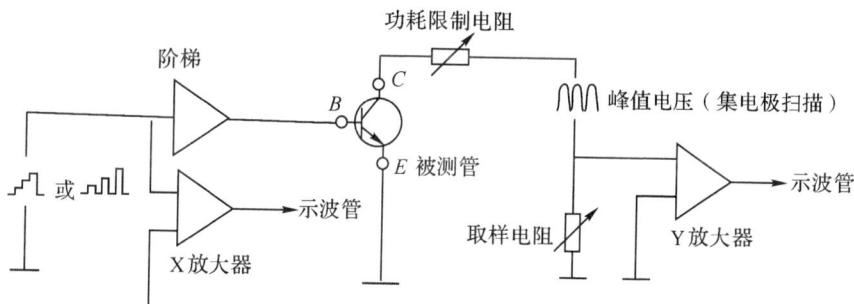

1.根据集电极,基极的极性将测试选择开关置于 NPN 或 PNP 档级,并将"⌐⌐"开关置于常态。如基极需要反相时可置于倒置。

2.被测管的 CBE 按规定进行联接。

3.将 Y 电流/度置于基极电流或源电压档级,X 电压/度置 ⌐⌐ 的档级。

4.测试 A 与测试 B 开关置于被测管连接的一边。

5.集电极电压按要求值与功耗限制电阻进行调节,必要时将 X 电压/度置于 U_C 档级进行较精确的调节。

6.将 X、Y 方式开关"⊥"调节零点位置。

7.选择合适的阶梯幅度/级开关置于某一电流档级(一般置于较小档级再逐级加大至要求值)。

8.对所显示的 I_B—I_C 曲线进行读数和记录并计算 h_{FE} 方法为

$$h_{FE} = I_C / I_B, I_B = 幅度/级 \times 级数$$

V_{BE}—I_B 特性测试

共发射极 V_{BE}—I_B 特性,测试回路见下图

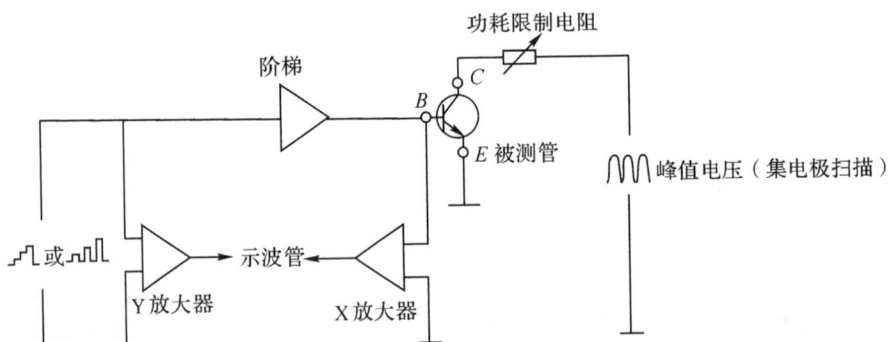

1.根据集电极基极的极性将测试选择开关置于 NPN 或 PNP 档级,并将"⌐⌐"开关置于常态。如基极需要反相时可置于"倒置"。

2.被测管的 CBE 按规定进行联接。

3.将 Y 电流/度置于基极电流或源电压档级(⌐⌐),X 电压/度置于合适的 U_{BE} 档级。

4.测试 A 与测试 B 置于被测管连接的一边。

5.集电极电压按要求值进行调节,必要时将 X 电压/度置于 U_C 档级进行较精确的调节。

6.将功耗限制电阻置于"0"。

7.将 X、Y 方式开关"⊥"调节零点位置。

8.选择合适的阶梯幅度/级开关置于某一电流档级(一般置于较小档级再逐级加大至要求值)。

9.对所显示的 V_{BE}—I_B 曲线进行读数或记录。

V_{BE}—I_C 特性测试

其发射级 V_{BE}—I_C,测试回路见下图。

1.根据集电极,基极的极性,将测试选择开关置于 NPN 或 PNP 档板并将"⌐⌐"开关置于常态。如需要反相时可置于"倒置"。

2.被测管的 CBE 按规定连接。

3.将 Y 电流/度置于合适的 I_C 档级,X 轴电压/度置于合适的 V_{BE} 档级。

4.测试 A 与测试 B 开关置于被测管连接一边。

5.集电极电压按要求进行调节,必要时将 X 电压/度置于 U_C 档级进行较精确的调节。

6.将功耗限制电阻置于"0"。

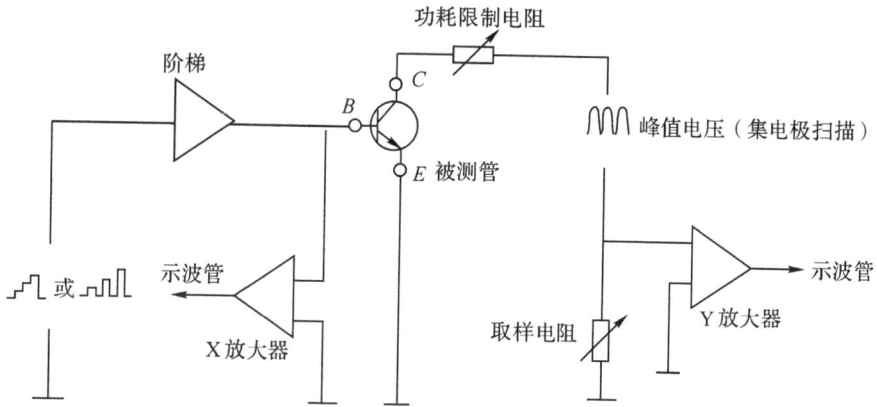

7. 将 X、Y 方式开关"⊥"调节零点位置。

8. 选择合适的阶梯幅度/级开关置于某一电流档级(一般置于较小档级,再逐级加大至要求值)。

9. 对所显示的 V_{BE}—I_C 曲线进行读数和记录。

上述只是简单地列举了共发射极电路的测试细则,在实际应用中还有共基电路的测试,请使用者根据上述实例,再按被测管的要求,适当变换控制开关进行测试。

在上述测试中一般 E 极为置于"⊥"档极,在特殊情况下也可选择＋或－的电压极性,其电压大小也可在 0～12V 之间进行。

对于稳压管、隧道管、单结晶体管以及可控硅的测试,可按照仪器所提供的电压以及显示的各种特性,进行测试,或者参考"JT—1 晶体管特性图示器原理使用维修校正"中的方法进行测试。

(五)二极管特性测试

二极管测试其主要的原理即使仪器提供一个被测管需要的正反二个方向的电压,并且通过 Y 电流/度及 X 电压/度的选择,使其在示波管上显示所要的测量值。

本仪器提供了二种测试手段,当反压＜500mV 电流 5mA 时可在上述的三极管测试中,利用 C、E 二极进行正向和反向测试,当反压＞500V 电流＜5mA 时,可在专用的二极管测试插孔中进行测试。

在＜500V 二极管测试中电压极性也由测试选择开关进行转换,当置于"NPN"档级时,其集电极插孔为正电压,置于"PNP"档极时,集电极插孔为负电压。而在 3000V 二极管测试中其极性不变,可以通过二极管的测量端的变换达到极性的转换。

现将二极管测试部分的方法介绍如下:

二极管测试原理简图如图所示:

1. 通过二极管测试盒与仪器二极管测试孔相连,在特殊情况下也可用合适的耐高压线与此插孔相连,被测管按面板所示的二极管极性与测试孔相连。

2. 将集电极输出电压琴键按至 3000V 档级,此时并将峰值电压逆时针方向旋转至零。

3. 将 Y 电流/度置于 I_D 范围内的合适档级,并将 X 电压/度置于 U_D 范围内合适档级。

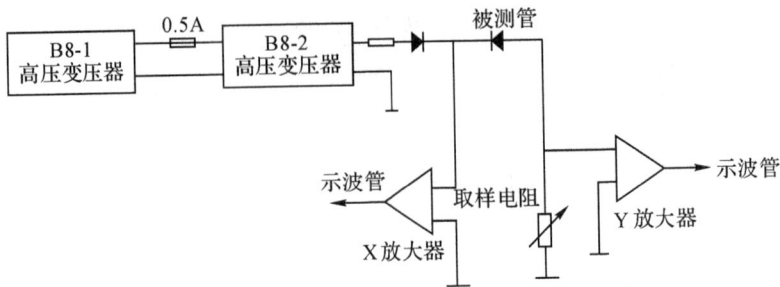

4. 按入"测试"按钮,并徐徐缓慢升高峰值电压直至要求值或二极管击穿电流超过规定值的电压时止。

5. 由于高压测试插孔中具有高压,因此在按入"测试"按钮时,切勿接触测试插孔的任一端。

(六)场效应管特性测试

场效应管的测试可根据需要对漏源电源(I_{DS}),最大漏源电流(I_{DSM})饱和漏源电流(I_{DSS})夹断电压(V_P)跨导(gM),最大电源电压(BV_{DS})等参数进行测试。测试回路见下图。

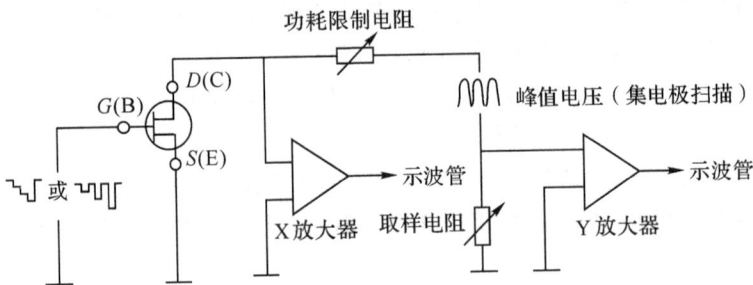

1. 根据 P 沟道或 N 沟道的具体管型分别将测试选择开关置于 PNP 或 NPN,并将"⎍"开关置于"倒置",必要时也可置于"常态"。

2. 被测管的 D 接 C,G 接 B,S 接 E。

3. 将 Y 电流/度置于 I_C 合适档级(实际为 I_{DS} 值),X 电压/度开关置于 U_C 合适档级(实际为 V_{DS} 值)。

4. 测试 A 与测试 B 置于被测管连接的一边。

5. 按照 U_{DS} 要求值调节集电极峰值电压值,并调节使在左下方(N 沟道)或右上方(P 沟道)的零点开始。

6. 选择合适的阶梯幅度/级开关置于电压/级某一档级(一般置于较小档级再逐级加大至要求值)。

7. 选择合适的功耗限制电阻,电阻值的确定可按负载线的要求或保护被测管的要求进行选择。

8. 对所显示的 V_{DS}—I_D 曲线进行读数或记录。

9.如需要显示 V_{GS}—I_D 曲线可将 X 电压/度置于"⌐⌐"档级,进行读数和记录。

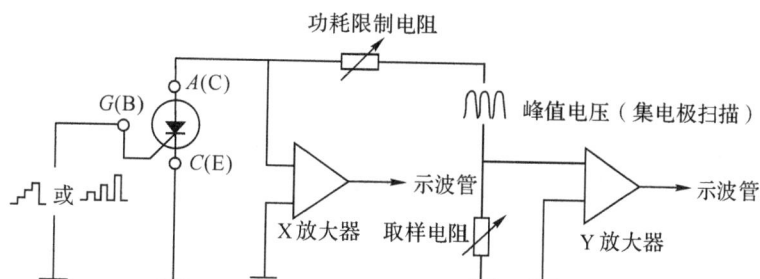

（七）可控硅整流器特性测试

可控硅整流器的测试可根据需要对正向阻断峰值电压(P_{EV}),正向漏电流(I_{PF}),反向阻断峰值电压(P_{RV})反向漏电流(I_R),控制极可触发电压(V_{GT}),控制极可触发电流(I_{GT})正向电压降(V_F)等参数进行测试。具体回路如图所示。

1.将测试选择开关置于 NPN,并将"⌐⌐"开关置于"常态"。

2.被测管的 A 接 C,G 接 B,C 接 E。

3.将 Y 电流/度开关置于 I_C 范围内的合适档级(实际为 I_F 值),X 电压/度开关置于 U_D 合适档级(实际为 V_A 值)。

4.测试 A 与测试 B 置于被测管连接的一边。

5.按照 V_{AC} 的要求值调节集电极峰值电压值,并调节使在右下方的零点开始。

6.选择合适的阶梯幅度/级开关置于电压/级某一档级(一般置于较小档级再逐级加大至达到可触发点)。

7.选择合适的功耗限制电阻,但应不使电阻为零,以免电流过大而使被测管烧坏。

8.对显示的 V_A—I_F 曲线进行读数或记录。

9.如需要显示 I_{GT}—V_{GT} 曲线可将 X 电压/度置于 V_{BE} 档级,Y 电流/度置于"⌐⌐"档级,进行读数或记录

电子线路实验学习机使用说明

本学习机可完成低频模拟电子技术课程的 20 多个实验。该学习机主板安装在铝合金箱中,含有电源,信号源,电路开发区(面包板)和电路试验区等,外配 5 块低频实验板,每块实验板均安装透明保护罩,根据不同实验内容可随意选择实验板,并方便地插接到主板试验区中。适用于开设电子技术课程的各类学校。

该学习机主板与实验板均采用独特的两用板工艺,正面贴膜,印有原理图及符号,反面为印制导线,并焊有相应元器件,需要连接部分备有自锁紧式接插件,需要测量及观察的部分另设置有测试点,使用直观,可靠,维修方便,简捷。

一、技术性能

1. 电源:

输入:AC220V 10%

输出:DCV:

① +5V～+15V、−5V～−15V 两路连续可调,最大输出电流均为 200mA。

② +12V,−12V 最大输出电流均为 200mA。

③ +5V,−5V,−8V 最大输出电流均为 100mA。

2. 信号源:

①函数发生器

- 输出波形:方波、三角波、正弦波
- 幅　　值:正弦波 :0～12V

　　　　　　　方　　波:0～24V

　　　　　　　三角波:0～24V

- 频率范围:分四档 2Hz～20Hz、20Hz～200Hz、200Hz～2kHz、2kHz～20kHz

②直流信号源:双路−0.5V～+0.5V,−5V～+5V 两档连续可调。

3. 电路实验板:十块。

　　　　　　1 号板～5 号板:可完成低频模拟电子线路实验。

　　　　　　6 号板～10 号板:可完成高频电路实验

4. 线路开发区:进口面包板 2 块

二、使用方法

1. 将标有 220V 的电源线插入市电插座,接通开关,电源指示灯亮。

2. 连接线:实验箱面板上的插孔是自锁式插孔,连线插头可叠插使用,插入时向下针旋转即可锁紧,松紧时向上反向旋转即可拔出,注意:不能直拉导线。

3. 实验前先阅读实验指导书,在断开电源的状态下按实验线路接好连接线,检查无误后再接通主电源。

4. 根据实验板线路要求接入相应电源时必须注意电源极性。

5. 搭接线路时不要通电,以防误操作损坏器件。

三、维护及故障排除

1. 维护

(1) 防止撞击跌落。

(2) 用完后拔下电源插头并盖好机箱,防止灰尘、杂物进入机箱。

(3) 做完实验后要将面板上插件及连线全部整理好。

2. 故障排除

(1) 电源无输出:实验箱电源初级接有 0.5A 熔断管。当输出短路或过载时有可能烧断,更换熔断管时,必须保证同规格。

(2) 信号源异常(无输出等),检查实验板接线或更换相应元器件。

注意:打开实验板时必须拔出电源插头。

四、实验内容

1. 单级放大电路　　　　　　　　　（见图 1）
2. 两级放大电路　　　　　　　　　（见图 1）
3. 负反馈放大电路　　　　　　　　（见图 1）
4. 射极跟随器　　　　　　　　　　（见图 1）
5. 差动放大电路　　　　　　　　　（见图 2）
6. 比例求和运算电路　　　　　　　（见图 3）
7. 积分与微分电路　　　　　　　　（见图 3）
8. 波形发生器　　　　　　　　　　（见图 3）
9. 有源滤波器　　　　　　　　　　（见图 3）
10. 电压比较器　　　　　　　　　（见图 3）
11. 集成电路 RC 正弦波振荡器　　（见图 3）
12. 集成功率放大电路　　　　　　（见图 4）
13. 整流滤波与并联稳压电路　　　（见图 5）
14. 串联稳压电路　　　　　　　　（见图 5）
15. 集成稳压器　　　　　　　　　（见图 5）
16. RC 正弦波振荡器　　　　　　（见图 1）
17. LC 振荡器及选频放大器　　　（见图 1）

18. 电流/电压转换器　　　　　　　（见图3）

19. 电压/频率转换电路　　　　　　（见图3）

20. 互补对称功率放大器　　　　　（见图4）

21. 波形变换电路　　　　　　　　（见图3）

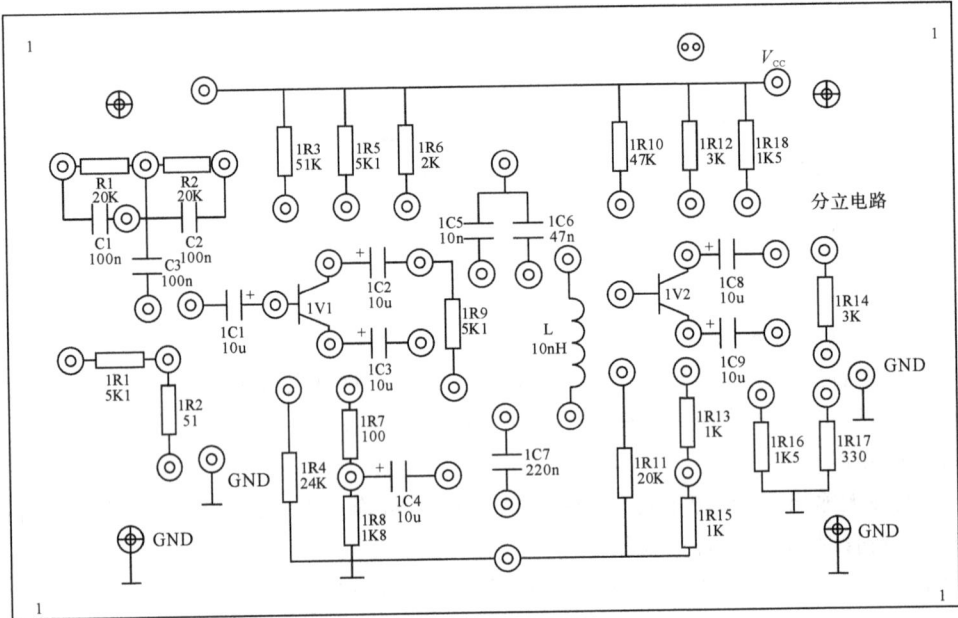

图1　实验板1

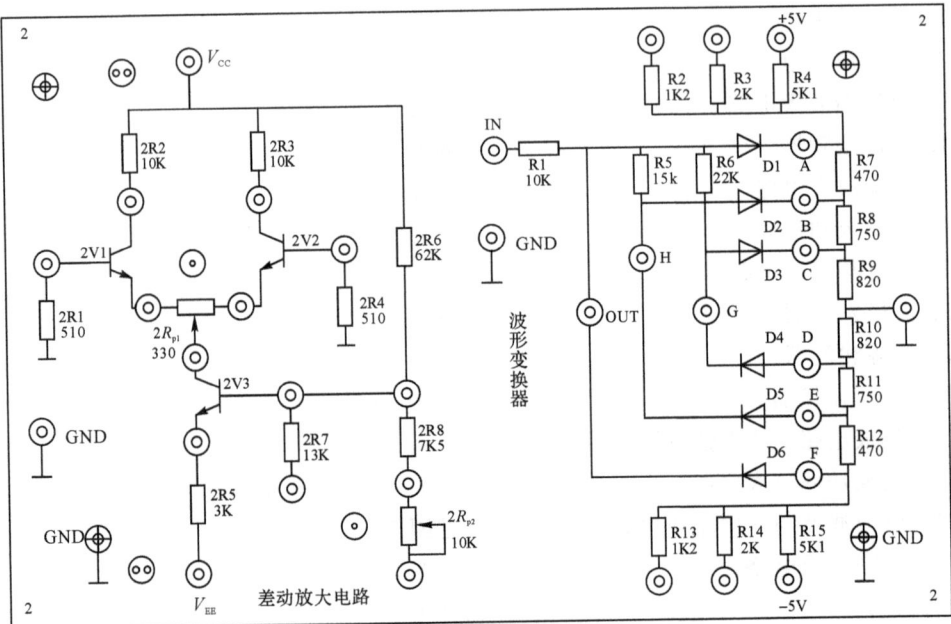

图2　实验板2

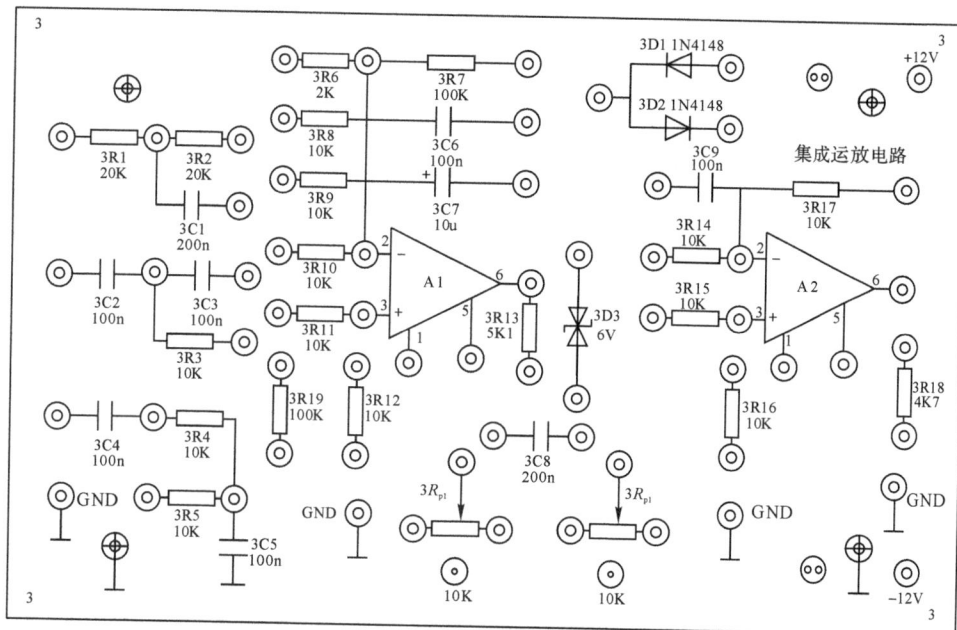

图 3 实验板 3

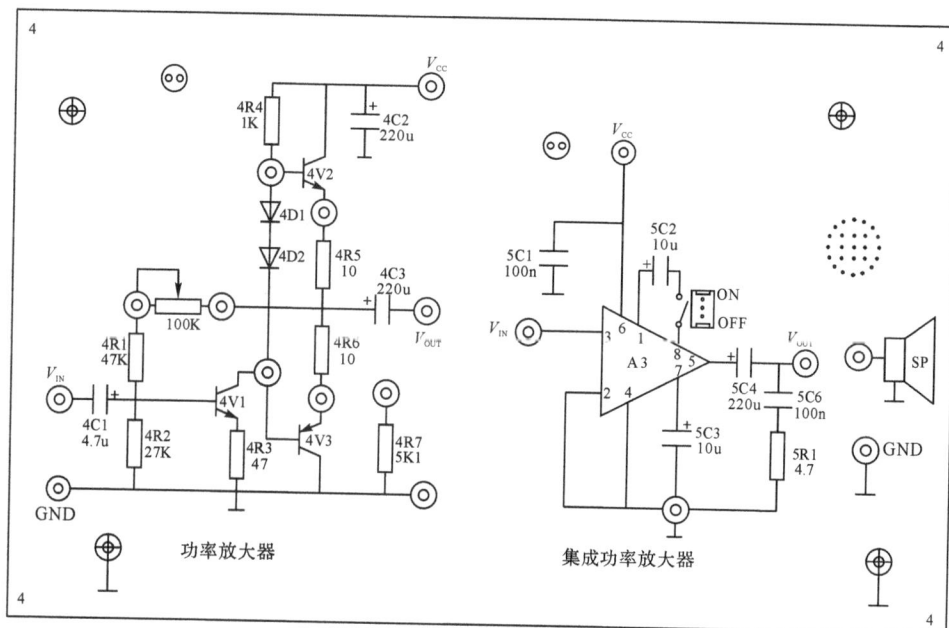

图 4 实验板 4

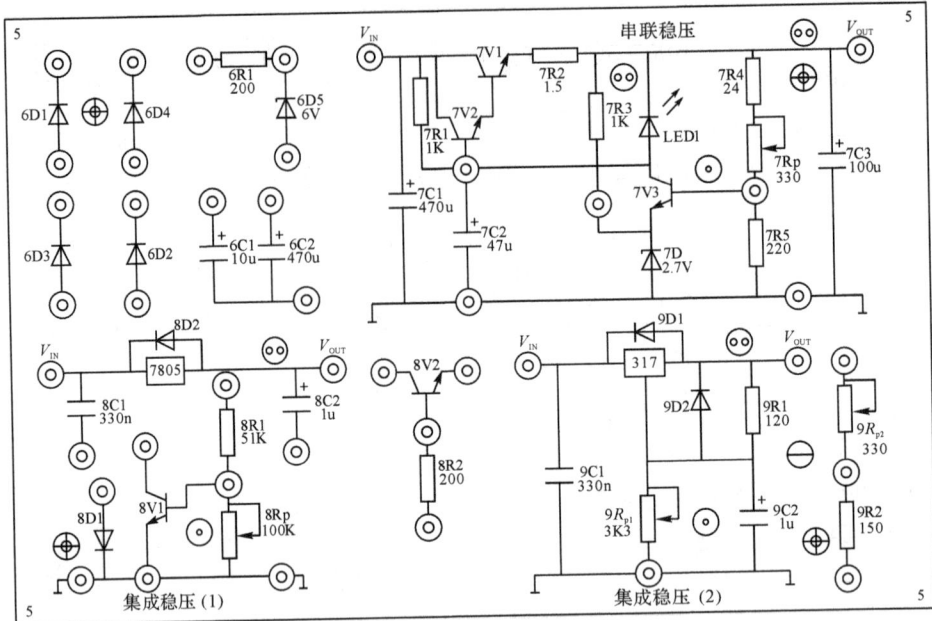

图 5　实验板 5

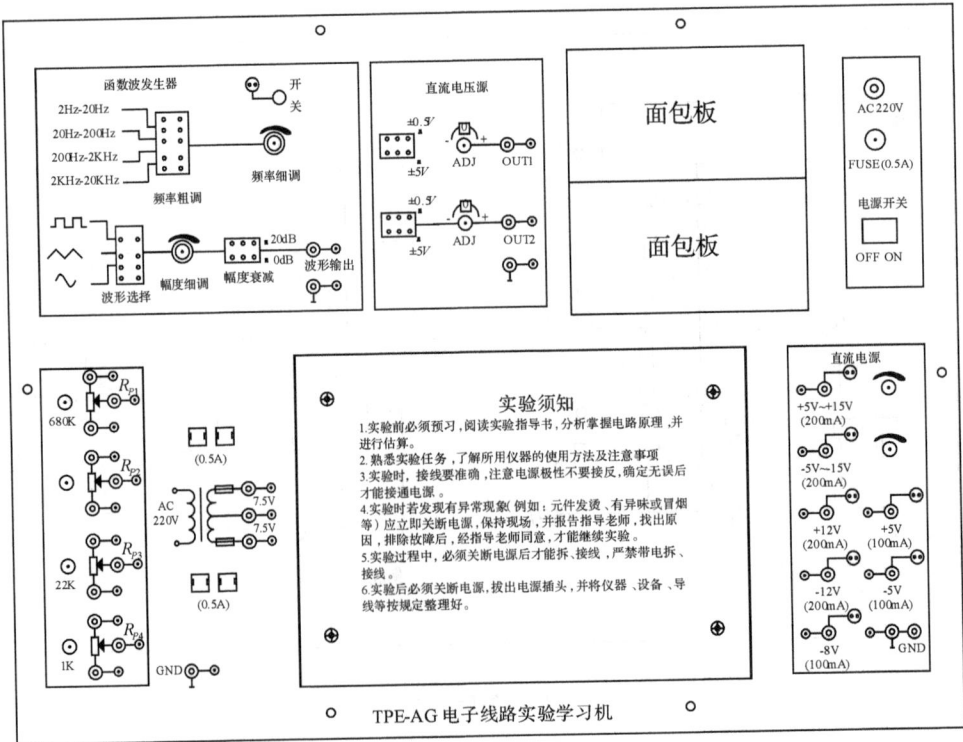

图 6　实验板 11

部分集成电路引脚排列

一、**74LS** 系列

74LS00四2输入与非门

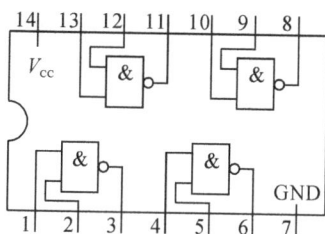

74LS86四2输入异或门

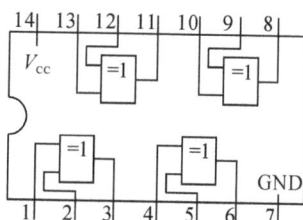

74LS03四2输入OC与非门

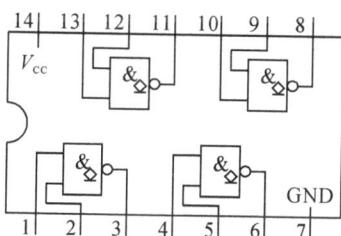

74LS04六反相器

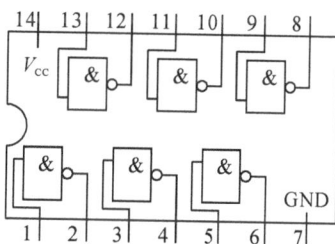

74LS08四2输入与门

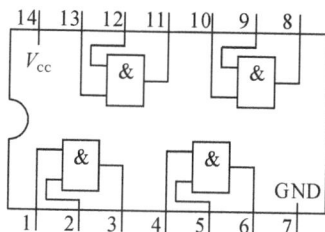

74LS20双4输入与非门

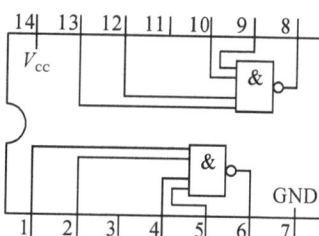

74LS32四2输入或门

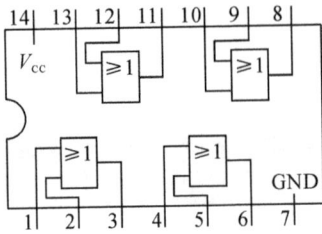

74LS54

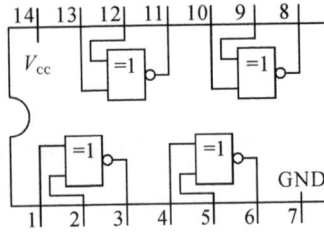

74LS74

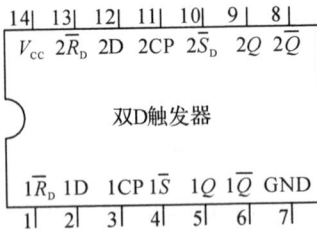

双D触发器

74LS02

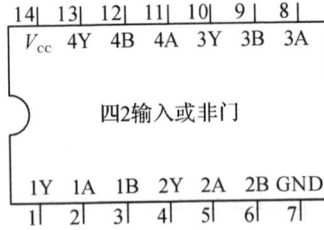

四2输入或非门

74LS90

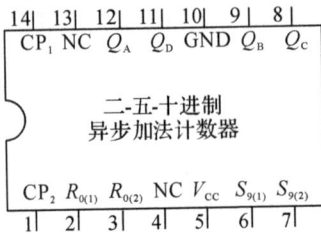

二-五-十进制
异步加法计数器

74LS112

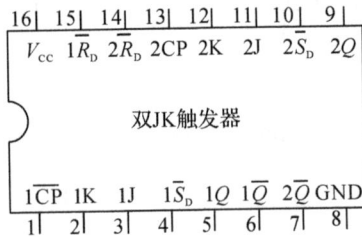

双JK触发器

74LS125

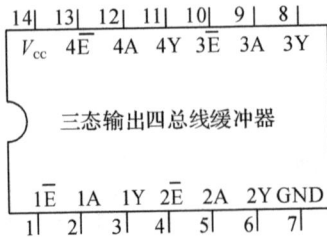

三态输出四总线缓冲器

74LS138

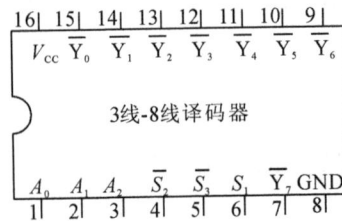

3线-8线译码器

74LS151

八选一数据选择器

74LS153

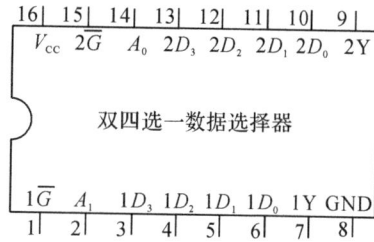

双四选一数据选择器

74LS175

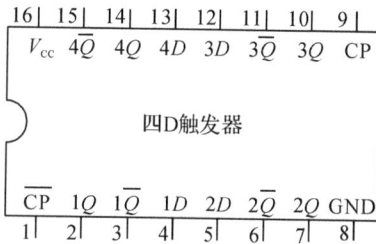

四D触发器

74LS192

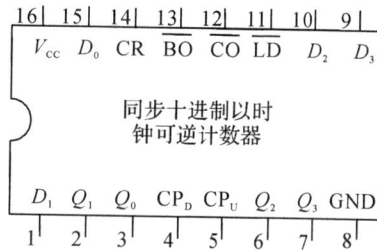

同步十进制以时钟可逆计数器

74LS193

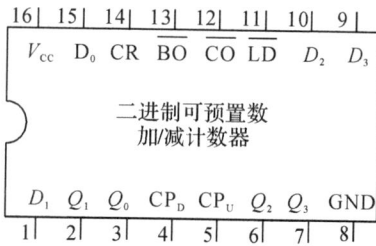

二进制可预置数加/减计数器

74LS194

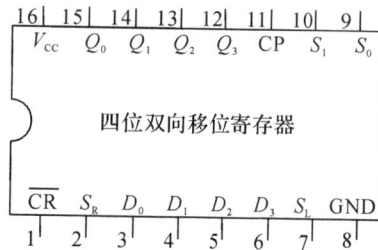

四位双向移位寄存器

DAC0832

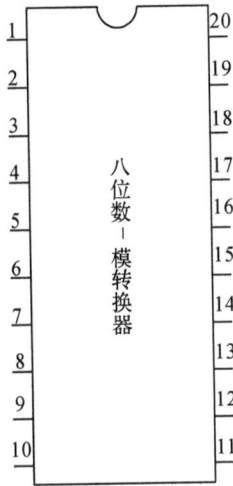

ADC0809

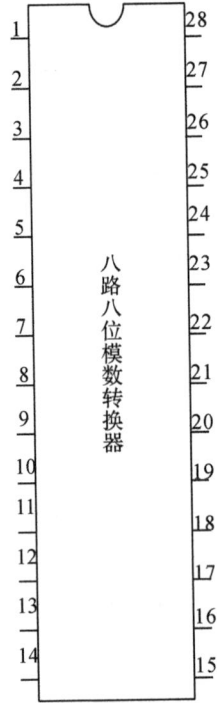

运算放大器

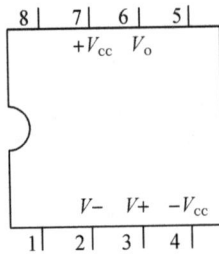

555时基电路

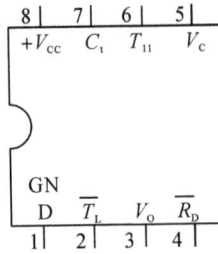

74LS161

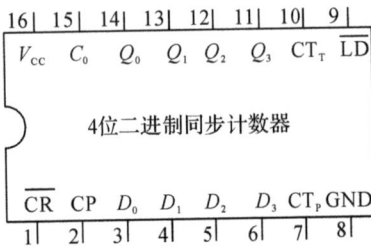

74LS148

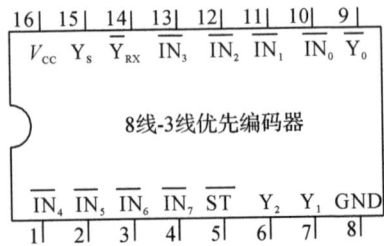

74LS30

14 13 12 11 10 9 8

V_{cc}　　H　G　　　　Y

8输入与非门

A　B　C　D　E　F　GND

1　2　3　4　5　6　7

74LS244

20 19 18 17 16 15 14 13 12 11

V_{cc} $\overline{EN}_a$ 1Y 8A 2Y 7A 3Y 6A 4Y 5A

八缓冲器/线驱动器/线接收器

$\overline{EN}_A$ 1A 8Y 2A 7Y 3A 6Y 4A 5Y GND

1　2　3　4　5　6　7　8　9　10

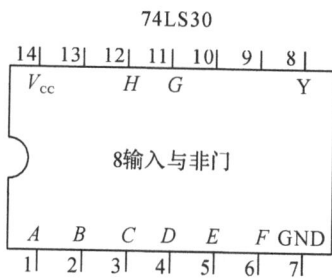

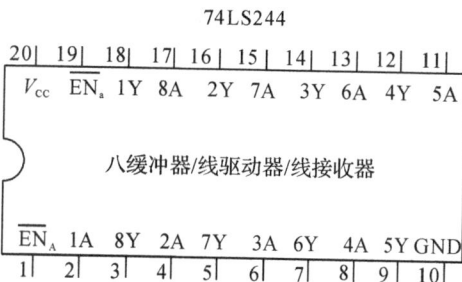

二、CD4000 系列

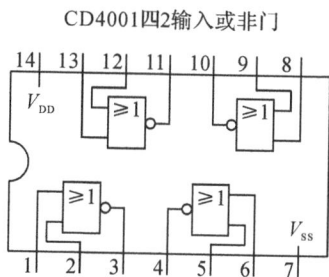

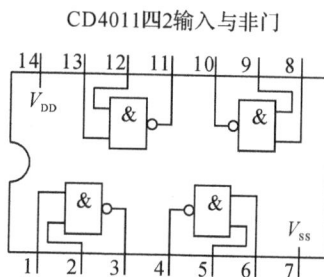

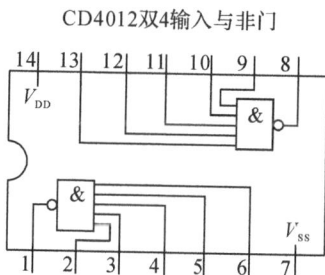

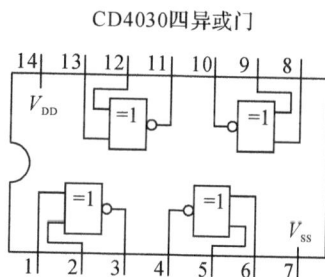

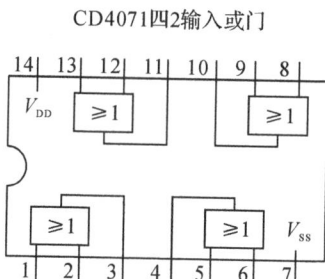

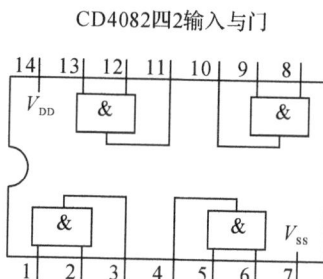

CD4001四2输入或非门

14 13 12 11 10 9 8

V_{DD}　≥1　≥1

≥1　≥1　V_{ss}

1　2　3　4　5　6　7

CD4011四2输入与非门

14 13 12 11 10 9 8

V_{DD}　&　&

&　&　V_{ss}

1　2　3　4　5　6　7

CD4012双4输入与非门

14 13 12 11 10 9 8

V_{DD}　　　　&

&　　　　V_{ss}

1　2　3　4　5　6　7

CD4030四异或门

14 13 12 11 10 9 8

V_{DD}　=1　=1

=1　=1　V_{ss}

1　2　3　4　5　6　7

CD4071四2输入或门

14 13 12 11 10 9 8

V_{DD}　≥1　≥1

≥1　≥1　V_{ss}

1　2　3　4　5　6　7

CD4082四2输入与门

14 13 12 11 10 9 8

V_{DD}　&　&

&　&　V_{ss}

1　2　3　4　5　6　7

CD4069六反相器

CD40106六施密特触发

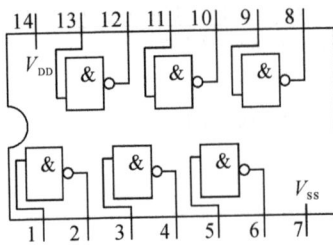
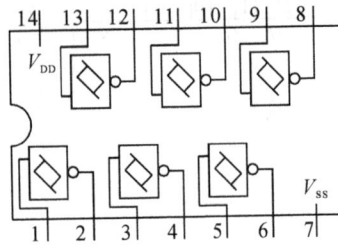

CD4027

双JK触发器

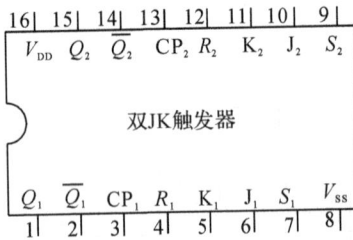

CD4028

BCD-十进制译码器

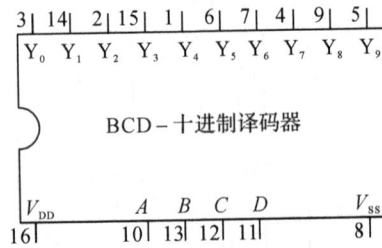

CD4013

双D触发器

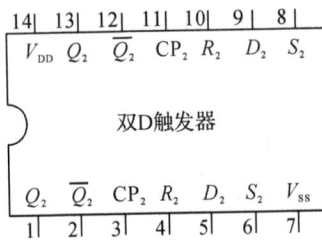

CD4042

四D锁存器

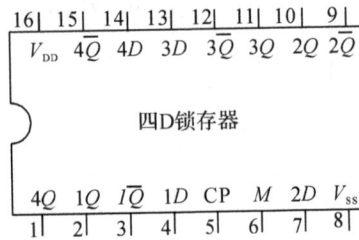

CD4068

8输入与非/与门

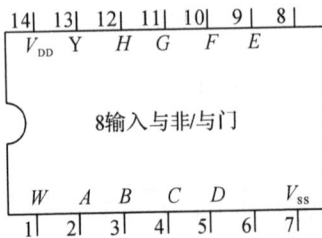

CD4020

14级二进制计数器

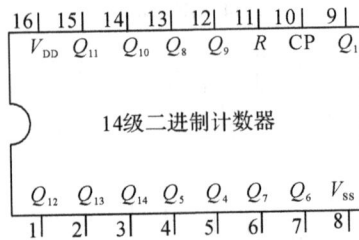

CD4017

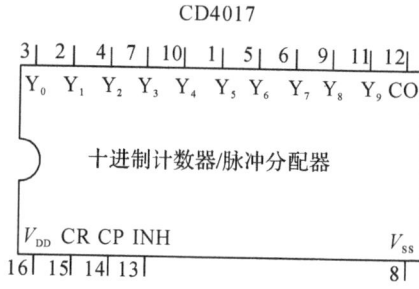

3	2	4	7	10	1	5	6	9	11	12
Y_0	Y_1	Y_2	Y_3	Y_4	Y_5	Y_6	Y_7	Y_8	Y_9	CO

十进制计数器/脉冲分配器

V_{DD} CR CP INH　　　　V_{SS}

16 15 14 13　　　　8

CD4022

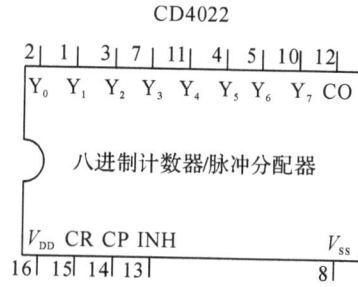

2	1	3	7	11	4	5	10	12
Y_0	Y_1	Y_2	Y_3	Y_4	Y_5	Y_6	Y_7	CO

八进制计数器/脉冲分配器

V_{DD} CR CP INH　　　　V_{SS}

16 15 14 13　　　　8

CD4082

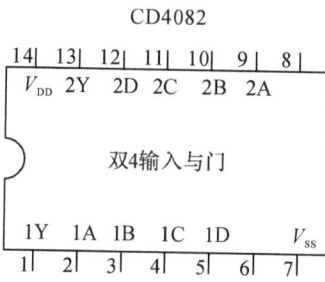

14	13	12	11	10	9	8
V_{DD}	2Y	2D	2C	2B	2A	

双4输入与门

| 1Y | 1A | 1B | 1C | 1D | | V_{SS} |
| 1 | 2 | 3 | 4 | 5 | 6 | 7 |

CD4085

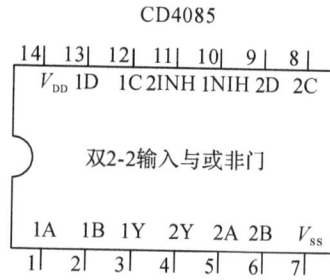

14	13	12	11	10	9	8
V_{DD}	1D	1C	2INH	1NIH	2D	2C

双2-2输入与或非门

| 1A | 1B | 1Y | 2Y | 2A | 2B | V_{SS} |
| 1 | 2 | 3 | 4 | 5 | 6 | 7 |

CD4086

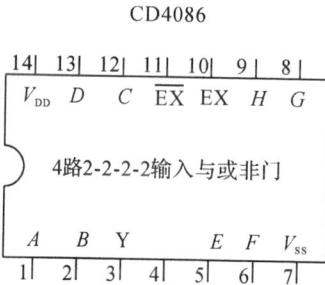

14	13	12	11	10	9	8
V_{DD}	D	C	$\overline{EX}$	EX	H	G

4路2-2-2-2输入与或非门

| A | B | Y | | E | F | V_{SS} |
| 1 | 2 | 3 | 4 | 5 | 6 | 7 |

CD4093施密特触发器

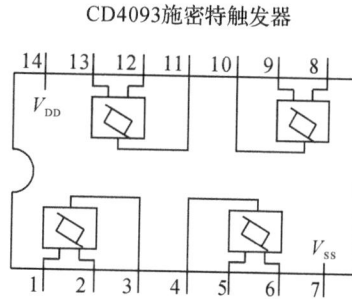

CD14528(CD4098)

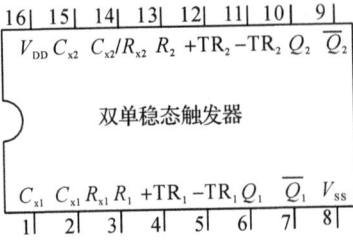

CD4024

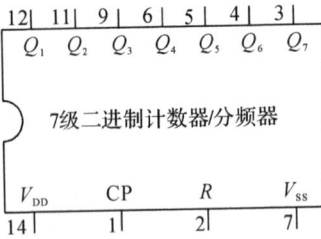

双时钟BCD可预置数
十进制同步加/减计数器

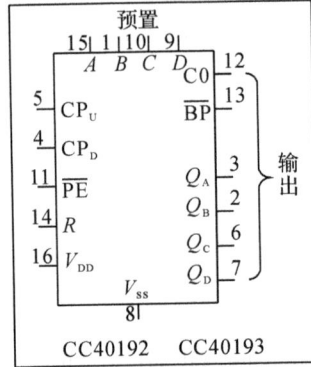

CC40192　　CC40193

CD40194

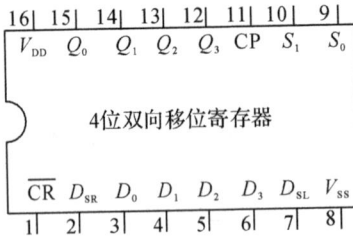

CD14433

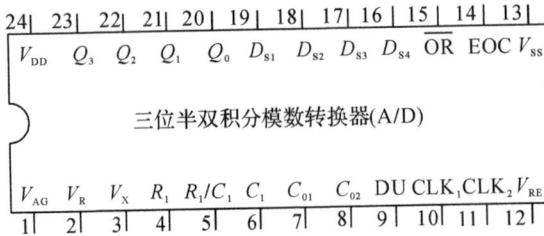

CC7107

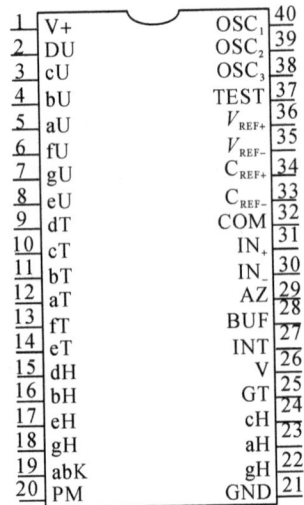

三、CD4500 系列

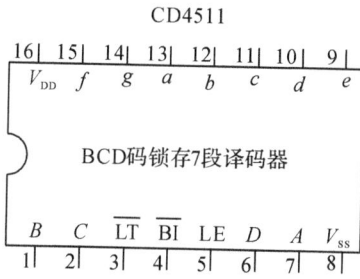

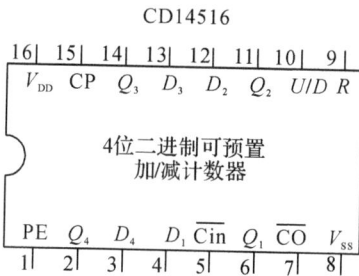

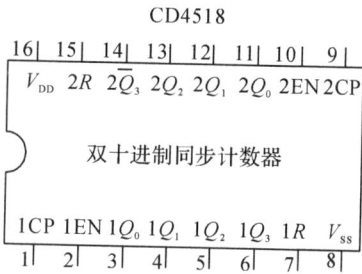

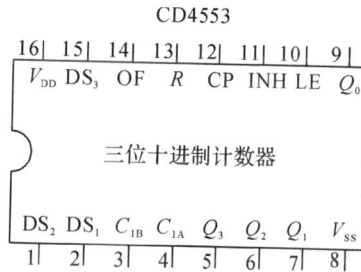

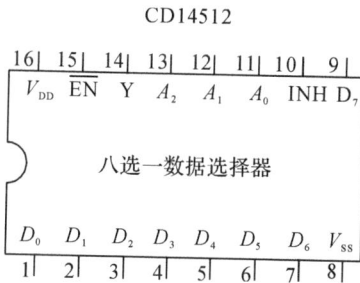

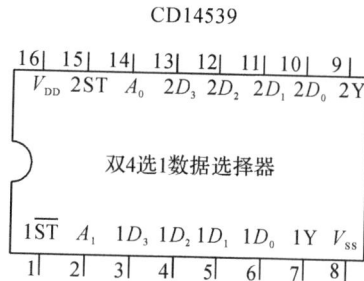

CD4511

```
16|  15|  14|  13|  12|  11|  10|  9|
V_DD  f   g   a   b   c   d   e
          BCD码锁存7段译码器
B    C   LT  BI  LE  D   A  V_ss
1|   2|  3|  4|  5|  6|  7|  8|
```

CD14516

```
16|  15|  14|  13|  12|  11|  10|  9|
V_DD CP  Q_3  D_3  D_2  Q_2  U/D  R
          4位二进制可预置
          加/减计数器
PE   Q_4  D_4  D_1  Cin  Q_1  CO  V_ss
1|   2|  3|  4|  5|  6|  7|  8|
```

```
                    24
                    V_DD   Y_0   11
                           Y_1   9
                           Y_2   10
                           Y_3   8
2    A                     Y_4   7
                    四     Y_5   6
3    B              位     Y_6   5
                    锁     Y_7
21   C              存     Y_8   4
                    4            18
22   D              线     Y_9   17
                    —
                    16     Y_10  20
1    LE             线     Y_11  19
                    译     Y_12  14
                    码     Y_13  13
                    器     Y_14  16
                           Y_15  15
          INH  V_ss
          23   12
```

CD4518

```
16|  15|  14|  13|  12|  11|  10|  9|
V_DD 2R  2Q_3 2Q_2 2Q_1 2Q_0 2EN 2CP
          双十进制同步计数器
1CP 1EN 1Q_0 1Q_1 1Q_2 1Q_3 1R  V_ss
1|   2|  3|  4|  5|  6|  7|  8|
```

CD4553

```
16|  15|  14|  13|  12|  11|  10|  9|
V_DD DS_3 OF  R   CP  INH LE  Q_0
          三位十进制计数器
DS_2 DS_1 C_1B C_1A Q_3 Q_2 Q_1 V_ss
1|   2|  3|  4|  5|  6|  7|  8|
```

CD14512

```
16|  15|  14|  13|  12|  11|  10|  9|
V_DD EN  Y   A_2  A_1  A_0  INH D_7
          八选一数据选择器
D_0  D_1  D_2  D_3  D_4  D_5  D_6  V_ss
1|   2|  3|  4|  5|  6|  7|  8|
```

CD14539

```
16|  15|  14|  13|  12|  11|  10|  9|
V_DD 2ST A_0  2D_3 2D_2 2D_1 2D_0 2Y
          双4选1数据选择器
1ST  A_1  1D_3 1D_2 1D_1 1D_0 1Y  V_ss
1|   2|  3|  4|  5|  6|  7|  8|
```

CD3130

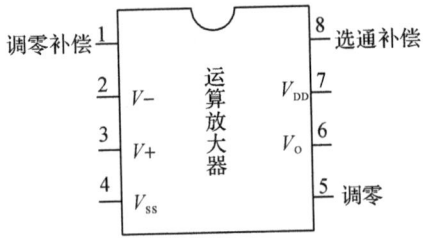

MC1413(ULN2003)七路
NPN达林顿列阵

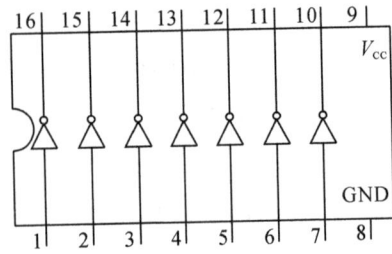

MC1403

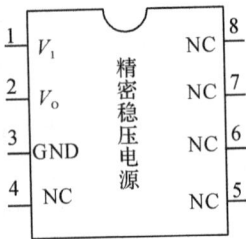

CD4068

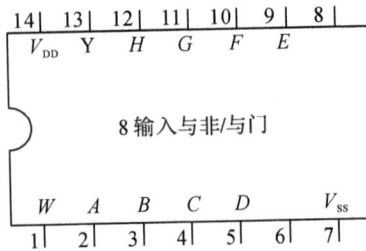

参考文献

[1] 李玲远,范绿蓉,陈小宇.电子技术基础实验[M].北京:科学出版社,2005

[2] 汪学典.电子技术基础实验[M].武汉:华中科技大学出版社,2006

[3] 梁明理,魏慧如.电子线路实验[M].北京:高等教育出版社,1999

[4] 谢自美.电子线路设计.实验测试[M].武汉:华中理工大学出版社,2001

[5] 黄永定,朱伟华.电子线路实验与课程设计[M].北京:机械工业出版社,2005

[6] 高吉祥.电子技术基础实验与课程设计[M].北京:电子工业出版社,2004

[7] 李永平.Pspice电路仿真程序设计[M].北京:国防工业出版社,2006

[8] 赵雅兴.Pspice与电子器件模型[M].北京:北京邮电大学出版社,2004

[9] 李万臣,谢红.模拟电子技术基础实验与课程设计[M].哈尔滨:哈尔滨工程大学出版社,2001

[10] 沈小丰,余琼蓉.电子线路实验——模拟电路实验[M].北京:清华大学出版社,2008

[11] 吴祖国,高卫东等.电子技术基础实验[M].北京:国防工业出版社,2008

[12] 吴慎山.电子技术基础实验[M].北京:电子工业出版社,2008